Einführung in die Lehre von der Wärmeübertragung

Ein Leitfaden für die Praxis

von

Dr.-Ing. Heinrich Gröber

Mit 60 Textabbildungen
und 40 Zahlentafeln

Berlin
Verlag von Julius Springer
1926

ISBN-13: 978-3-642-89315-5   e-ISBN-13: 978-3-642-91171-2
DOI: 10.1007/978-3-642-91171-2

Vorwort.

Der Begriff der Wärmeübertragung umfaßt die Teilbegriffe Wärmeleitung, Wärmekonvektion und Wärmestrahlung. Die Vorgänge, welche
durch diese Worte gekennzeichnet sind, spielen in der Technik eine
überaus wichtige Rolle, und ihre Besprechung ·nahm deshalb schon
in den ersten, technischen Lehrbüchern aus der Mitte des 19. Jahrhunderts neben den Aufgaben der Mechanik und der Thermodynamik
einen sehr breiten Raum ein. Dabei ist beachtenswert, daß alle diese
Aufgaben mit der gleichen Gründlichkeit und in engstem Anschluß
an den damaligen Stand der theoretischen Physik in Angriff genommen wurden. Während sich aber bis zum Ende des Jahrhunderts
aus diesen Anfängen heraus die technische Thermodynamik und die
verschiedenen Zweige der technischen Mechanik zu selbständigen,
wissenschaftlich hochstehenden und praktisch fruchtbaren Gebieten
entwickelt hatten, ging bei der Wärmeübertragung die Verbindung
mit der Wissenschaft wieder vollständig verloren. Man begnügte sich
mit einigen wenigen Faustformeln und suchte im übrigen durch erfahrungsmäßig gefundene Beiwerte den besonderen Bedingungen der
einzelnen Aufgabe gerecht zu werden. Auf die Dauer konnte aber
dieses reine Koeffizientenverfahren doch nicht befriedigen und die
Praxis selbst verlangte nach einwandfreieren Grundlagen für ihre Rechnungen.

Aus diesem Bedürfnis heraus entstanden in den beiden letzten
Jahrzehnten eine große Anzahl äußerst erfolgreicher theoretischer
und experimenteller Arbeiten, deren Hauptverdienst darin liegt, daß
sie die Verbindung mit der Wissenschaft wieder herstellten. Indem
sie das Wesen der Wärmeübertragung weitgehend klärten, zeigten
sie, daß man sich durch die einfache, äußere Erscheinungsform der
Vorgänge über deren innere Kompliziertheit und über die rechnerischen Schwierigkeiten nicht täuschen lassen darf. Die positiven Ergebnisse dieser Arbeiten bestehen in dem allmählichen Aufbau einer
Lehre von der Wärmeübertragung sowie in einer Fülle wichtiger
Einzelergebnisse, die in steigendem Maße in der Praxis Aufnahme
finden.

Trotz der großen Fortschritte der beiden letzten Jahrzehnte sind
die Lücken in unseren Kenntnissen immer noch recht zahlreich und
folgenschwer, ja bei vielen technisch überaus wichtigen Aufgaben ist
heute noch gar keine Möglichkeit abzusehen, wie man zu einer befriedigenden Lösung gelangen könnte.

Der gegenwärtige Zustand ist also dadurch gekennzeichnet, daß das rein empirische Verfahren den Bedürfnissen der Praxis in keiner Weise mehr genügt, daß aber auch die wissenschaftliche Lehre von der Wärmeübertragung noch nicht jenen Grad von Klarheit und Geschlossenheit erreicht hat wie andere Zweige der angewandten Physik. Immerhin ist es heute möglich, das ganze Gebiet der Wärmeübertragung nach einheitlichen Gesichtspunkten geordnet darzustellen.

Schon mein früheres, im gleichen Verlage erschienenes Buch „Die Grundgesetze der Wärmeleitung und des Wärmeüberganges" hatte dieses Ziel; es war jedoch in der Hauptsache für die technische Forschung und nur in beschränktem Maße für die ausführende Technik bestimmt; deshalb war auch Form und Inhalt mehr den Bedürfnissen des technischen Physikers als denen des Ingenieurs angepaßt.

Das vorliegende ·Buch soll nun ausschließlich der Praxis dienen; es soll aber kein Handbuch oder Nachschlagewerk sein, das man nur gelegentlich zur Lösung einer bestimmten Aufgabe hervorholt, sondern ein Lehrbuch, das in schrittweisem Aufbau den Leser mit dem Wesen der Wärmeübertragung und mit den rechnerischen Methoden vertraut macht.

Zu beiden Zwecken ließ sich bei der Natur des zu behandelnden Stoffes die Verwendung der höheren Mathematik nicht vermeiden, und darin lag die größte Schwierigkeit bei Abfassung dieses Buches, denn die Einstellung zur Mathematik ist bei den einzelnen Fachrichtungen der Technik eine ganz verschiedene. Während zum Beispiel in der Starkstrom- und der Schwachstromtechnik die Verwendung der höheren Mathematik als eine Selbstverständlichkeit gilt, stehen andere Zweige der Technik der Mathematik noch völlig ablehnend gegenüber, darunter gerade solche, für welche die Wärmeübertragung von besonderer Bedeutung ist. Es ist eben noch viel zu sehr die Anschauung verbreitet, daß es bei entsprechender Herabsetzung der Genauigkeitsansprüche immer irgendwie möglich sein müßte, mit den vier Grundrechnungsarten auszukommen, und daß die Mathematik erst zur Erzielung höchster Genauigkeit notwendig sei. Diese Auffassung bedeutet aber eine schwere Verkennung von Ziel und Wert der angewandten Mathematik. Bei Vorgängen, welche zu kompliziert sind, als daß sie das rein erfahrungsmäßig geschulte Denken zu durchschauen oder zu überblicken vermöchte, verspricht es immer noch den meisten Erfolg, wenn man versucht, das Problem rein mathematisch zu erfassen. Der Hauptwert solcher Rechnungen liegt dann nicht in der erhaltenen Schlußformel, sondern in der sicheren Führung, welche der mathematisch-physikalische Rechnungsgang unserem Denken gibt, indem er, von den getroffenen Annahmen ausgehend, zwangläufig durch das Problem hindurchführt.

Viele Vorgänge der Wärmeübertragung sind nun derart, daß sie sich nur an Hand solch mathematischer Rechnungen voll und ganz verstehen lassen. Damit jedoch der Leser bei einer ersten Durchsicht des Buches sich nicht zu sehr mit mathematischen Einzelheiten aufzuhalten braucht, sind — wo dies irgend möglich war — längere mathematische Entwicklungen in besonderen Absätzen zusammengefaßt, welche dann bei einem ersten Lesen des Buches überschlagen werden können. Solche Absätze sind durch die Überschrift „Mathematische Ableitung" gekennzeichnet und in dem nachfolgenden Abschnitt „Besprechung der Lösung" ist dann das Wesentliche aus dem Ergebnis besprochen.

So wichtig die Mathematik zum Verstehenlernen der Vorgänge ist, so notwendig ist es andererseits, daß die zahlenmäßige Auswertung der einzelnen Aufgabe möglichst erleichtert wird, denn die Ergebnisse der mathematisch-physikalischen Berechnungen erscheinen meist in Gestalt sehr unhandlicher Formeln, deren Auswertung ein vielstündiges, selbst tagelanges Rechnen erfordern würde. Bei dieser Sachlage war es im Interesse der Technik gelegen, daß diese Formeln für die wichtigsten Zahlenbereiche einmal durchgerechnet und die Ergebnisse in bequemer Form zusammengestellt werden. Einen Teil der in diesem Buche enthaltenen zahlenmäßigen Auswertungen habe ich selbst früher gerechnet und schon in den „Grundgesetzen" veröffentlicht, ein anderer Teil wurde mit finanzieller Unterstützung der bayrischen Landeskohlenstelle durch Studienassessor Rix und ein dritter Teil mit finanzieller Unterstützung des Reichskohlenrates und des Vereines deutscher Ingenieure durch den Studierenden der Mathematik Winterfeldt ausgeführt.

Das Buch soll seinem Titel gemäß nur eine Einführung in die Lehre von der Wärmeübertragung sein und kann auf Sonderfragen einzelner technischer Fachgebiete nicht eingehen.

Der Anfänger und vor allem der Studierende soll durch das Buch die wichtigsten Gesetze und Berechnungsverfahren kennen lernen, damit er mit einer festen Grundlage an Kenntnissen in die Praxis tritt. Er soll aber die so erworbenen Kenntnisse auch wirklich nur als Grundlage betrachten und darf nie vergessen, daß gerade auf dem Gebiete der Wärmeübertragung erst langjährige persönliche Erfahrung zu einer Sicherheit im Urteil führt.

Der Ingenieur der Praxis findet in dem Buche eine Einführung in die theoretische Behandlungsweise des Gebietes und er wird dabei zugleich mit den wissenschaftlichen Methoden soweit bekannt gemacht, als dies zum Verständnis der nicht immer leicht zu lesenden technischen Forschungsarbeiten notwendig ist.

Wilmersdorf, im Januar 1926.

H. Gröber.

Inhaltsverzeichnis.

Übersicht
über die gewählten Buchstabenbezeichnungen.

x, y, z [m]   rechtwinkelig, geradlinige Koordinaten,

r, φ, z [m]   Zylinderkoordinaten,

r, χ, φ [m]   Kugelkoordinaten mit χ als geographischer Breite und φ als Polabstand,

t [h]   Zeit.

T [⁰ C]   Temperatur in der 100-Teilung. Nullpunkt = Eispunkt,

T [⁰ abs.]   „   „   „   „   „   „ = abs. Nullpunkt,

Θ [Grad]   „   „   „   „   „   „ = je nach den besonderen Bedingnngen der Aufgabe,

Θ_0 Temperatur der Oberfläche bei Wärmeleitung in festen Körpern,

Θ_W Temperatur der Wand bei Wärmeleitung in Flüssigkeiten,

Θ_i „   in einem Innenraum,

Θ_a „   „   „   Außenraum,

Θ_1 „   der wärmeren Flüssigkeit,

Θ_2 „   „   kälteren   „

Θ_a Anfangstemperatur einer Flüssigkeit in Richt. d. Strömung,

Θ_e Endtemperatur   „   „   „   „   „   „

Θ_M maximaler Ausschlag bei Temperaturschwankungen.

λ $\left[\dfrac{\text{kcal}}{\text{m.h.Grad}}\right]$ Wärmeleitzahl,

a $\left[\dfrac{\text{m}^2}{\text{h}}\right]$ Temperaturleitzahl, $= \dfrac{\lambda}{c \cdot \gamma}$,

b $\left[\dfrac{\text{kcal}}{\text{m}^2 . \text{h}^{1/2}. \text{Gr.}}\right]$ $b =$ Wert (siehe S. 52), $= \sqrt{\lambda \cdot c \cdot \gamma}$,

α $\left[\dfrac{\text{kcal}}{\text{m}^2 . \text{h}.\text{Grad}}\right]$ Wärmeübergangszahl,

h $\left[\dfrac{1}{\text{m}}\right]$ relative Wärmeübergangszahl $= \alpha/\lambda$.

k $\left[\dfrac{\text{kcal}}{\text{m}^2 . \text{h}.\text{Grad}}\right]$ Wärmedurchgangszahl,

Q [kcal]   Wärmemenge,

Q_h $\left[\dfrac{\text{kcal}}{\text{h}}\right]$ „   je Stunde,

Q_{h, m^2} $\left[\dfrac{\text{kcal}}{\text{m}^2 . \text{h}}\right]$ „   „   „   und Quadratmeter.

w $\left[\dfrac{\text{m}}{\text{h}}\right]$ Strömungsgeschwindigkeit, bezogen auf die Stunde,

ω $\left[\dfrac{\text{m}}{\text{sec}}\right]$ „   „   „   „ Sekunde,

p $\left[\dfrac{\text{kg}}{\text{m}^2}\right]$ Druck,

ϱ $\left[\dfrac{\text{kg}.\text{h}^2}{\text{m}^4}\right]$ Massendichte,

γ $\left[\dfrac{\text{kg}}{\text{m}^3}\right]$ spez. Gewicht.

c $\left[\dfrac{\text{kcal}}{\text{kg}.\text{Grad}}\right]$ spez. Wärme bei festen und flüssigen Körpern,

c_p $\left[\dfrac{\text{kcal}}{\text{kg}.\text{Grad}}\right]$ „   „   „ Gasen [konst. Druck],

c_v $\left[\dfrac{\text{kcal}}{\text{kg}.\text{Grad}}\right]$ „   „   „   „ [„ Volumen],

μ $\left[\dfrac{\text{kg}.\text{h}}{\text{m}^2}\right]$ Zähigkeit,

ν $\left[\dfrac{\text{m}^2}{\text{h}}\right]$ kinematische Zähigkeit $= \mu/\varrho$,

g $\left[\dfrac{\text{m}}{\text{h}^2}\right]$ Erdbeschleunigung $= 9{,}81 \cdot 3600$,

π —   Ludolfsche Zahl $= 3{,}1416$,

e —   Basis des natürlichen Logarithmensystems $= 2{,}718$.

λ [m]   Wellenlänge einer Strahlung,

J_λ $\left[\dfrac{\text{kcal}}{\text{m}^3.\text{h}}\right]$ Strahlungsintensität bei der Wellenlänge λ,

E $\left[\dfrac{\text{kcal}}{\text{m}^2.\text{h}}\right]$ Emissionsvermögen einer Fläche,

A —   Absorptionsvermögen „   „

C $\left[\dfrac{\text{kcal}}{\text{m}^2.\text{h}.\text{Gr.}^4}\right]$ Strahlungszahl   „   „

ε $\left[\dfrac{\text{kcal}}{\text{m}^3.\text{h}}\right]$ Emissionsziffer der Raumeinheit eines Gases,

a $\left[\dfrac{1}{\text{m}}\right]$ Absorptionsziffer je Längeneinheit des Weges in einem Gas.

s —   als Index: bedeutet schwarze Strahlung.

Einige Kenngrößen.
(Siehe Seite 24.)

$\dfrac{a \cdot t}{l_0^2}$ Benennung: Fo (Fourier)   siehe Seite 34.

$\dfrac{\alpha}{\lambda} \cdot l_0 = h \cdot l_0$ „ Bi (Biot)   „   „   34.

$\dfrac{w \cdot l_0 \cdot \varrho}{\mu}$ „ Re (Reynolds)   „   „   71.

$\dfrac{w \cdot l_0}{a}$ „ Pe (Peclet)   „   „   82.

$\dfrac{a \cdot \varrho}{\mu} = \dfrac{\lambda}{c \cdot \mu \cdot g}$ „ St (Stanton)   „   „   83.

$\dfrac{l_0^3 \cdot \gamma^2 \cdot (T_W - T_R)}{g \cdot \mu^2 \cdot T_m}$ „ Gr (Grashof)   „   „   83.

Einleitung.

Der Begriff „Wärmeübertragung" umfaßt die Gesamtheit jener Erscheinungen, die in der Überführung einer Wärmemenge von einer Stelle des Raumes nach einer anderen Stelle bestehen. Diese Ortsveränderung der Wärme ist auf drei ihren Wesen nach gänzlich verschiedenen Wegen möglich. Diese drei Arten des Wärmetransportes sollen nun in ihren Hauptzügen gekennzeichnet werden.

Die erste Art der Wärmeübertragung ist diejenige durch Leitung. Sie ist dadurch ausgezeichnet, daß ihr Auftreten an das Vorhandensein von Materie gebunden ist, und daß ein Wärmeaustausch nur zwischen den unmittelbar benachbarten Teilchen des Körpers stattfindet. Man kann sich den Vorgang so vorstellen, daß die Wärme von Teilchen zu Teilchen weiterwandert.

Die zweite Art der Wärmeübertragung ist die Wärmeübertragung durch Konvektion oder Fortführung. Sie tritt auf, wenn materielle Teilchen eines Körpers ihre Stelle im Raum ändern, wobei sie ihren Wärmeinhalt mit sich fortführen. Dieser Vorgang findet in strömenden Flüssigkeiten und Gasen statt und ist, falls nicht in der ganzen strömenden Masse Temperaturgleichheit herrscht, stets von der Wärmeleitung von Teilchen zu Teilchen begleitet. Solange wir nur Stellen im Innern der Strömung betrachten, solange wir uns also um die Vorgänge an den festen Begrenzungsflächen und an der Oberfläche nicht kümmern, können wir die beiden ersten Arten des Wärmetransportes in der Bezeichnung Wärmeleitung in strömenden Körpern zusammenfassen. Wenn wir dagegen die festen Begrenzungswände mit in die Betrachtung hereinziehen, so werden wir im allgemeinen einen Wärmeaustausch zwischen den Wänden und den strömenden Körpern beobachten, der dadurch zustande kommt, daß diejenigen Teilchen des Körpers, die in der Nähe der Wand sind, von dieser Wand Wärme aufnehmen und mit sich fortführen. Man nennt diesen Wärmeaustausch den Wärmeübergang durch Konvektion, auch kurz den Wärmeübergang.

Eine besondere Art des Wärmeüberganges ist dann gegeben, wenn an der Grenze zwischen Wand und Strömung eine Aggregatzustandsänderung des strömenden Körpers eintritt. Es ist dies der Fall beim Wärmeübergang von Heizflächen an verdampfende Flüssigkeiten, von sich kondensierenden Dämpfen an Kühlflächen und beim Auftauen und Gefrieren.

Bei allen Vorgängen des Wärmetransportes durch Konvektion haben wir eine wichtige Unterscheidung zu machen hinsichtlich der Ursachen der Strömung. Wenn in einer Flüssigkeits- oder Gasmasse örtliche Temperaturungleichheiten vorhanden sind, so sind dieselben von Ungleichheiten der Dichte begleitet und diese führen zu einer Strömung in der Masse. Sind nun diese Dichteungleichheiten die einzige Ursache der Strömung, so sprechen wir von einer freien Strömung (auch von einem Strömungsfeld aus inneren Ursachen). Vielfach sind aber noch andere von außen kommende Ursachen für das Auftreten und Fortbestehen der Strömung vorhanden. Ist im Grenzfall deren Wirkung so groß, daß die Ungleichheiten der Dichte keinen Einfluß gewinnen können, so sprechen wir von einer aufgezwungenen Strömung (von einem Strömungsfeld aus äußeren Ursachen).

Die dritte Art der Wärmeübertragung ist dann gegeben, wenn die Wärme an einer Stelle des Raumes in eine andere Energieform übergeht, in dieser Gestalt den Raum durchmißt und an einer zweiten Stelle sich ganz oder teilweise in Wärme zurückverwandelt. In dieser großen Gruppe von Erscheinungen ist der wichtigste Fall der vorübergehende Übergang in strahlende Energie, kurz die Wärmestrahlung genannt.

Diese verschiedenen Arten des Wärmetransportes treten selten allein auf, sondern meist in irgendeiner Weise miteinander kombiniert. Sie können dann den Eindruck einer durchaus einheitlichen Erscheinung machen und unter Umständen kann es sogar zweckmäßig sein, sie in der Rechnung als solche zu behandeln. Zwei Fälle sind da herauszuheben.

Der erste Fall ist der Wärmeverlust, den ein heißer Körper erleidet, der an Luft grenzt und sich ohne künstliche Kühlung abkühlt. Er verliert seine Wärme durch Strahlung an die kältere Umgebung, sowie durch Leitung und Konvektion seitens der umgebenden Luft. In diesem Falle faßt man die drei Arten des Wärmetransportes zusammen unter dem Namen Gesamtabkühlung bzw. bei einem kalten Körper in heißer Umgebung unter dem Namen Gesamterwärmung.

Eine zweite hiervon ganz verschiedene Art der Zusammenfassung ist dann möglich, wenn dieselbe Wärmemenge aus einem ersten strömenden Körper an die feste Begrenzungswand dieser Strömung übergeht, diese Wand durchsetzt und auf der Gegenseite in einen zweiten strömenden Körper übertritt. Dieser Vorgang in seiner Gesamtheit betrachtet heißt Wärmedurchgang.

Erster Teil.

Die Wärmeleitung in festen Körpern.

Die Gliederung dieses ersten Hauptteiles erfolgt nach dem zeitlichen Verhalten der Temperaturen, wobei drei Fälle zu unterscheiden sind. Entweder die Temperaturen bleiben an allen Stellen des Körpers dauernd unverändert (z. B. die Isolierung eines Dampfrohres im Dauerbetrieb) oder die Temperaturen aller untersuchten Punkte streben einem festen Werte zu (z. B. Erwärmung eines Arbeitsstückes in einem Glühofen) oder alle Temperaturen erleiden periodische Schwankungen (z. B. Wärmespeicherung in den Gittersteinen einer Regenerativfeuerung).

A. Zeitlich unveränderliche Temperaturverteilung.

In diesem Abschnitt sollen nur solche Vorgänge betrachtet werden, bei welchen an keiner Stelle des untersuchten Gebietes sich die Temperatur mit der Zeit ändert, also nur Vorgänge, welche bereits so lange gedauert haben, daß ein vollständiger Beharrungszustand eingetreten ist.

I. Die rechnerischen Grundlagen.

a) Das Grundgesetz der Wärmeleitung.

Der einfachste Fall, mit dem wir unsere Betrachtungen beginnen können, ist die Wärmeleitung quer durch eine ebene Platte. Wir stellen uns zu diesem Zwecke eine sehr große, ebene Platte von der Dicke Δ vor, bei welcher durch irgendwelche Einwirkung von außen die Oberfläche „1" ständig auf der Temperatur Θ_1, die Oberfläche „2" ständig auf der Temperatur Θ_2 gehalten wird. Hierbei ist es, wie immer, wenn der Buchstabe Θ oder ϑ gewählt wird, gleichgültig, von welchem Nullpunkt aus wir die Temperatur zählen.

Die Erfahrung sagt uns, daß dann ein Wärmestrom die Platte durchsetzt, und daß die Stärke dieses Wärmestromes — also die Wärmemenge Q_h, welche durch ein Stück der Platte von der Größe F in der Zeiteinheit ($= 1\,h$) hindurchtritt — abhängig ist von der Größe F und der Dicke Δ der Platte, ferner vom Temperaturunterschied $(\Theta_1 - \Theta_2)$ und von den wärmeleitenden Eigenschaften des Plattenstoffes.

1*

Theoretische und experimentelle Arbeiten haben ergeben, daß alle drei Abhängigkeiten sehr einfacher Art sind, denn die Wärmemenge Q_h ist

der Größe F verhältnisgleich,
der Dicke $\varDelta$ umgekehrt verhältnisgleich und
dem Temperaturunterschied $\Theta_1 - \Theta_2$ verhältnisgleich.

Es gilt also die Gleichung:

$$Q_h = (\text{Verhältniszahl}) \cdot F \cdot \frac{\Theta_1 - \Theta_2}{\varDelta}.$$

In der Verhältniszahl kommen die wärmeleitenden Eigenschaften des Plattenstoffes zum Ausdruck und man nennt sie deshalb die „Wärmeleitzahl" λ des Plattenstoffes. Die Wärmeleitzahl gibt an, wieviel Kilokalorien in der Stunde durch eine Platte von der Größe $F = 1\ \mathrm{m^2}$ und der Dicke $\varDelta = 1\ \mathrm{m}$ bei einem Temperaturunterschied $\Theta_1 - \Theta_2 = 1^0$ hindurchgehen.

Setzt man diese Dimensionen in die obige Gleichung ein

$$\left[\frac{\mathrm{kcal}}{\mathrm{h}}\right] = [\text{Dimension } \lambda] \cdot [\mathrm{m^2}] \frac{[\mathrm{Grad}]}{[\mathrm{m}]}$$

so erhält man

$$[\text{Dimension } \lambda] = \left[\frac{\mathrm{kcal}}{\mathrm{m.Grad.h}}\right].$$

Der Zahlenwert von λ kann für jeden Stoff nur durch den Versuch bestimmt werden; er schwankt innerhalb weiter Grenzen und ist

für Isolierstoffe . . . . 0,02 — 0,10

„ Baustoffe, Gesteine usw. . 0,5 — 3,0

„ Metalle . . . . 10 — 360

Genauere Werte siehe Zahlentafel 35.

Die physikalischen Untersuchungen haben gezeigt, daß der Wert λ sich mit der Temperatur ändert und zwar im allgemeinen steigt. Wir müßten darum streng genommen die Wärmeleitzahl innerhalb desselben Körpers als veränderlich von Ort zu Ort annehmen. Dadurch würden aber alle Rechnungen ganz ungemein erschwert. Man nimmt deshalb meist für λ einen Mittelwert und betrachtet diesen als unveränderlich innerhalb des ganzen Körpers.

Die Gleichung für die Wärmeleitung durch die Platte lautet somit

$$Q_h = \lambda \cdot F \cdot \frac{\Theta_1 - \Theta_2}{\varDelta}. \tag{1}$$

Wir wollen nun feststellen, in welcher Weise sich die Temperatur quer durch die Platte vom Wert Θ_1 auf der einen Seite bis zum Werte Θ_2 auf der anderen Seite ändert, oder wie man auch sagen kann, die Temperaturkurve quer durch die Platte feststellen. In Abb. 1 ist in einem bestimmten Längenmaßstab ein Querschnitt durch die Platte gezeichnet, eine Achse MN eingetragen und senkrecht dazu in einem passenden Temperaturmaßstab die Temperaturen Θ_1 und Θ_2 eingezeichnet. Der Linienzug CD ist die Temperaturkurve, und wir werden sehen, daß sie im Falle des Beharrungszustandes für die Platte eine Gerade ist.

Um dies zu beweisen, unterteilen wir in Gedanken die Platte in sehr viele, gleich dicke Schichten δ und stellen für jede Schicht die Gl. (1) auf; dabei berücksichtigen wir, daß im Beharrungszustand die Wärme Q_h für alle Schichten gleich groß ist. Es ist

$$Q_h = \lambda \cdot F \frac{\Theta_1 - \Theta_a}{\delta}$$

$$= \lambda \cdot F \cdot \frac{\Theta_a - \Theta_b}{\delta} = \cdots$$

$$= \lambda \cdot F \cdot \frac{\Theta_z - \Theta_2}{\delta}$$

$$= \lambda \cdot F \cdot \frac{\Theta_1 - \Theta_2}{\varDelta} .$$

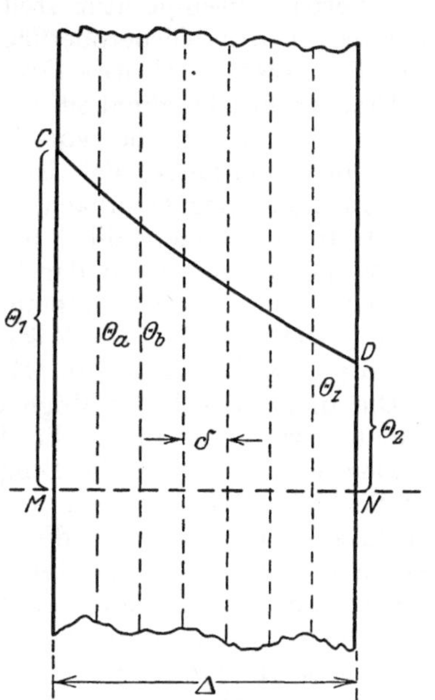

Abb. 1. Wärmeleitung durch die Platte.

Da F für alle Teilschichten gleich groß ist, und da wir ferner annehmen, daß λ von der Temperatur unabhängig sei, also ebenfalls für alle Schichten gleich ist, so folgt aus der letzten Gleichung:

$$\frac{\Theta_1 - \Theta_a}{\delta} = \frac{\Theta_a - \Theta_b}{\delta} = \cdots$$

$$= \frac{\Theta_z - \Theta_2}{\delta} = \frac{\Theta_1 - \Theta_2}{\varDelta} .$$

Die einzelnen Werte $(\Theta_m - \Theta_n) : \delta$ stellen die Neigung der Temperaturkurve oder das Temperaturgefälle in der betreffenden Teilschicht dar. Dies Gefälle ist zufolge der letzten Gleichung für alle Schichten gleich groß und dies besagt, daß die Temperaturkurve eine Gerade ist.

Nach der Definition des Differenzen- bzw. Differentialquotienten ist

$$\frac{\Theta_m - \Theta_n}{\delta} = - \frac{\varDelta \Theta}{\varDelta x} \text{ bzw. } = - \frac{d\Theta}{dx},$$

wenn wir mit $+x$ die Richtung unserer Achse MN in Sinne 1 gegen 2 bezeichnen.

Unsere Gl. (1) geht damit in die Gl. (2) über und dies ist die Grundgleichung der Wärmeleitung.

$$Q_h = - \lambda \cdot F \cdot \frac{d\Theta}{dx} . \tag{2}$$

b) Die Oberflächenbedingungen.

Außer der obigen Grundgleichung benötigt man zur Lösung einer Aufgabe noch gewisse Angaben über die Verhältnisse an der Körperoberfläche; es sind dies die sogenannten Oberflächenbedingungen.

Bisher hatten wir stets angenommen, daß die beiden Oberflächen der Platte „durch irgendwelche Einwirkung von außen" auf bestimmten Temperaturen gehalten werden. Diese unmittelbare Angabe der Oberflächentemperatur stellt eine erste Möglichkeit dar die Verhältnisse an der Körperoberfläche zu kennzeichnen. Man nennt sie kurz die „erste Art der Oberflächenbedingung".

Eine zweite Möglichkeit besteht darin, daß man nicht die Temperatur der Oberfläche vorschreibt, sondern den Wärmefluß $Q_{m^2,\,h}$ durch die Oberfläche, das ist jene Wärmemenge, welche durch die Flächeneinheit der Oberfläche in der Zeiteinheit hindurchtritt.

Ist die Wärmeleitzahl λ bekannt, so ist damit nach Gl. (2) auch das Temperaturgefälle in der letzten Teilschicht unter der Oberfläche gegeben. Die Oberflächentemperatur selbst ist dann eine gesuchte Größe. Die Angabe des Wärmeflusses durch die Oberfläche nennt man die „zweite Art der Oberflächenbedingung".

Die dritte und letzte Möglichkeit ist die technisch wichtigste. Sie besteht darin, daß nicht die Temperatur der Körperoberfläche angegeben wird, sondern die Temperatur der Umgebung, mit der diese Oberfläche im Wärmeaustausch steht. Man muß dann aber noch das Gesetz kennen, nach dem dieser Wärmeaustausch vor sich geht. Wir werden uns damit im zweiten Hauptteil des Buches noch eingehend befassen und dabei finden, daß dieser Wärmeaustausch äußerst verwickelten Gesetzen unterworfen ist. Aus mathematischen Gründen ist man aber gezwungen ein recht einfaches Gesetz zugrunde zu legen. Als solches wird heute allgemein das Newtonsche Abkühlungsgesetz gewählt. Dieses besteht in der Annahme, daß die Wärmemenge dQ, die ein Oberflächenelement von der Größe dF und der Temperatur Θ_0 in der Zeit dt an die Umgebung von der Temperatur ϑ abgibt, dem Temperaturunterschied $(\Theta_0 - \vartheta)$ und den Größen dF und dt direkt proportional ist, so daß die Gleichung gilt

$$dQ = \alpha \cdot (\Theta_0 - \vartheta) \cdot dF \cdot dt. \qquad (3)$$

Wenn wir annehmen, daß längs der ganzen Körperoberfläche Θ_0 und ϑ konstant sind, und daß Beharrungszustand besteht, geht diese Differentialgleichung in die gewöhnliche Gleichung über:

$$Q = \alpha \cdot (\Theta_0 - \vartheta) \cdot F \cdot t. \qquad (4)$$

Der Proportionalitätsfaktor α ist ein reiner Erfahrungswert, über dessen Bedeutung wir noch im zweiten Hauptteil des Buches ausführlich zu sprechen haben werden (vgl. S. 76).

Den Zahlenwert α nennt man die Wärmeübergangszahl. (In den physikalischen Lehrbüchern findet man dafür leider noch vielfach die irreführende Bezeichnung „äußere Wärmeleitfähigkeit".) Setzt man in die Gleichung die Dimensionen für Q, Θ_0, ϑ, F und t ein, so berechnet sich daraus

$$[\text{Dimension } \alpha] = \left[\frac{\text{kcal}}{\text{m}^2 . \text{Grad} . \text{h}}\right].$$

Zur ersten Orientierung über die vorkommenden Zahlenwerte soll nachstehende Übersicht dienen. Es ist

bei sogenannter ruhender Luft $\alpha = 3$ bis 30
  „   bewegter Luft $\alpha = 10$ „ 500
  „   bewegten, nicht siedenden Flüssigkeiten $\alpha = 200$ „ 5000
  „   siedenden Flüssigkeiten $\alpha = 4000$ „ 6000
  „   kondensierenden Dämpfen $\alpha = 7000$ „ 12000

Die „dritte Art der Oberflächenbedingung" setzt also die Gültigkeit des Newtonschen Abkühlungsgesetzes voraus und besteht in der Angabe der Umgebungstemperatur. Als unbekannte Größen erscheinen die Temperatur der Oberfläche und der Wärmefluß durch die Oberfläche.

Die drei Arten der Oberflächenbedingung bilden zusammen mit der Gleichung

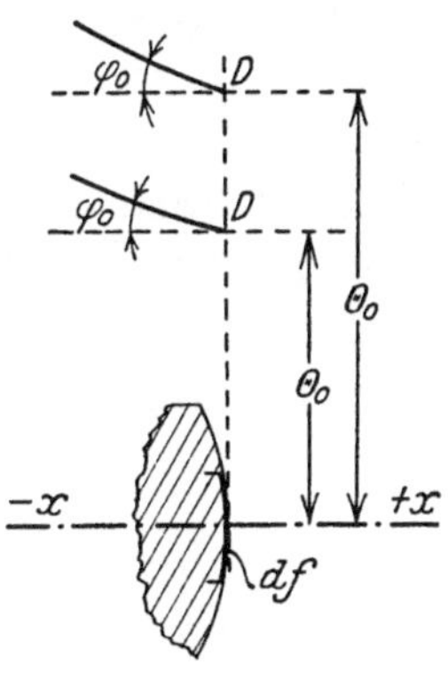

Abb. 2a. Oberflächenbedingung I. Art.

Abb. 2b. Oberflächenbedingung II. Art.

$$Q_h = - \lambda \cdot F \cdot \frac{dQ}{dx}$$

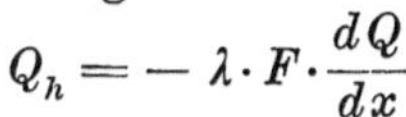

die Grundlage der ganzen Lehre von der Wärmeleitung, und sie sollen wegen dieser Wichtigkeit an Hand zeichnerischer Darstellung nochmal besprochen werden.

In den drei Abb. 2a, 2b und 2c ist jeweils ein kleines Stück df der Körperoberfläche und die Normale $-x$, $+x$ dazu gezeichnet. Wir wählen das Vorzeichen stets so, daß der nach außen gerichtete Teil der Normalen positiv wird. Senkrecht

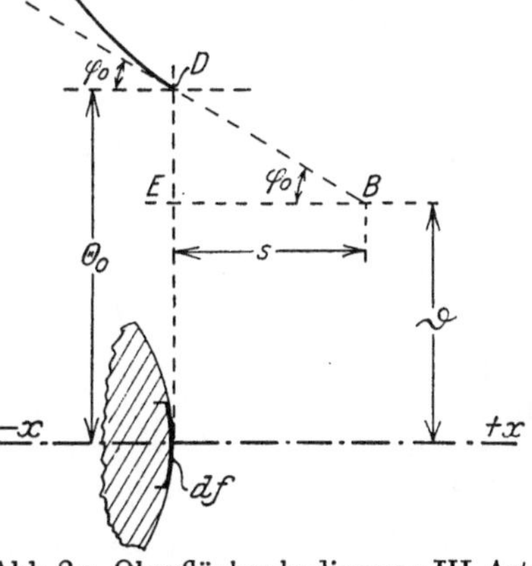

Abb. 2c. Oberflächenbedingung III. Art.

zu der Normalen sind die Temperaturen aufgetragen.

Bei der Oberflächenbedingung I. Art ist die Temperatur Θ_0 der Körperoberfläche gegeben, in der Zeichnung also der Punkt D. Dagegen ist der Wärmefluß durch die Oberfläche nicht bekannt, was sich in der Zeichnung dadurch ausdrückt, daß die Endneigung der Temperaturkurve, also der Winkel φ_0 nicht bekannt ist.

Gerade umgekehrt ist es bei der Oberflächenbedingung II. Art; hier ist der Winkel φ_0 bekannt, nicht aber die Lage des Punktes D.

Die III. Art der Oberflächenbedingung ist etwas weniger einfach darzustellen. In Abb. 2 c ist eine Parallele zur x-Achse im Abstande ϑ gezogen, welche die Temperaturachse im Punkte E schneidet. Auf dieser Parallelen liegt außerdem ein Punkt B, durch welchen die Endtangente der Temperaturkurve hindurchgehen muß. Der Beweis ergibt sich aus folgender Rechnung.

Die Wärme, welche aus dem Körperinnern an das Oberflächenelement heranströmt, errechnet sich nach der Grundgleichung der Wärmeleitung zu

$$dQ = -\lambda \cdot \left(\frac{d\Theta}{dx}\right)_0 \cdot df \cdot dt \, .$$

Dieselbe Wärme muß dann aus der Oberfläche heraustreten und an die Umgebung übergehen; dafür gilt die Gleichung

$$dQ = \alpha \cdot (\Theta_0 - \vartheta) \cdot df \cdot dt \, .$$

Durch Gleichsetzen beider Werte ergibt sich

$$-\left(\frac{d\Theta}{dx}\right)_0 = \frac{\alpha}{\lambda} \cdot (\Theta_0 - \vartheta) \, . \tag{5a}$$

Nun ist nach dem Begriff des Differentialquotienten

$$-\frac{d\Theta}{dx} = \operatorname{tg} \varphi_0 \, ,$$

und aus Abb. 2 c ist abzulesen:

$$\operatorname{tg} \varphi_0 = \frac{DE}{BE} = \frac{(\Theta_0 - \vartheta)}{s} \, . \tag{5b}$$

Durch Vergleich von (5a) mit (5b) finden wir

$$s = \frac{\lambda}{\alpha} \, ,$$

so daß also die Strecke BE gleich λ/α gemacht werden muß.

Die III. Art der Oberflächenbedingung gibt also in der Zeichnung einen Punkt B an, durch welchen die Endtangente hindurchgehen muß. Die Lage der Tangente, also der Punkt D und der Winkel φ_0, sind erst durch Rechnung zu finden.

Der Wert s ist von der Dimension

$$\left[\frac{\mathrm{kcal}}{\mathrm{m \cdot Grad \cdot h}}\right] : \left[\frac{\mathrm{kcal}}{\mathrm{m^2 \cdot Grad \cdot h}}\right] = [\mathrm{m}]$$

und die Strecke s ist die Subtangente zur Temperaturkurve für den

Durchdringungspunkt mit der Körperoberfläche. Wir werden sie in diesem Buche der Kürze wegen nur als „die Subtangente" bezeichnen.

Der reziproke Wert von s, also

$$\frac{1}{s} = \frac{\alpha}{\lambda} \, [\mathrm{m}^{-1}]$$

wird mit dem Buchstaben „h" bezeichnet und heißt die „relative Wärmeübergangszahl".

Die Ableitung dieser Beziehungen läßt erkennen, daß die Länge der Strecke s gänzlich unabhängig von der Form der Körperoberfläche ist; alle abgeleiteten Beziehungen gelten sowohl für den Beharrungszustand als auch für die später zu besprechende veränderliche Temperaturverteilung.

Wird α unendlich groß, so wird $s = 0$ und die drei Punkte B, E und D fallen in einen Punkt zusammen. Damit wird $\Theta_0 = \vartheta$ und die Oberflächenbedingung III. Art geht in diejenige I. Art über.

Zahlenbeispiel: Wie groß ist die Subtangente s für den Fall des Wärmeüberganges ($\alpha = 3{,}5$) an eine Steinmauer ($\lambda = 0{,}7$)?

Es ist:

$$s = \frac{0{,}7}{3{,}5} = 0{,}20 \, [\mathrm{m}].$$

II. Lösung von Aufgaben.

Aufgabe 1. Die Platte.

Wir legen unserer Betrachtung eine ebene Platte von der Dicke $\varDelta$ und der Wärmeleitzahl λ zugrunde und stellen uns die Platte so groß vor, daß die Wirkung der Ränder vernachlässigt werden kann. Es sind nun noch die Oberflächenbedingungen vorzuschreiben, und zwar sind — weil die Platte zwei Oberflächen hat — zur Lösbarkeit der Aufgabe unbedingt zwei solcher Bedingungen notwendig. Da diese Bedingungen für beide Oberflächen von verschiedener Art sein können, so ergeben sich daraus mehrere Zusammenstellungen.

Erster Fall. Auf beiden Seiten der Platte gilt eine Oberflächenbedingung I. Art.

„Die Oberfläche 1 werde ständig auf der Temperatur Θ_1, die Oberfläche 2 ständig auf der Temperatur Θ_2 gehalten. Welche Wärme durchströmt in der Stunde ein Stück von der Größe F der Platte?"

Die Lösung dieser Aufgabe ist durch die Gl. (1) bereits gegeben:

$$Q_h = \lambda \cdot F \cdot \frac{\Theta_1 - \Theta_2}{\varDelta}. \tag{1}$$

Zahlenbeispiel: Ein Kühlraum besitzt eine Wand in der Größe $4 \, \mathrm{m} \times 6 \, \mathrm{m}$ und der Dicke 40 cm. Die Wand besteht aus Hochofenschlackenbeton. Durch Messung wurde die Temperatur Θ_1 der Innenseite zu minus 8^0 C, die Temperatur Θ_2 der Außenseite zu plus 15^0 C festgestellt. — Welche Wärmemenge durchsetzt stündlich die Mauer?

Wir müssen zuerst die einzelnen Größen der rechten Seite von Gl. (1) festlegen bzw. ins richtige Maßsystem bringen. Es ist:

$$F = 4 \text{ m} \times 6 \text{ m} = 24 \text{ m}^2,$$

$$\Delta = 40 \text{ cm} = 0,40 \text{ m},$$

$$\Theta_1 - \Theta_2 = -8 - 15 = -23^0,$$

$$\lambda = 0,19 \ \frac{\text{kcal}}{\text{m} . \text{Grad} . \text{h}} \quad \text{(nach Zahlentafel 35)}.$$

Mit diesen Werten wird

$$Q_h = 0,19 \cdot 24 \cdot \frac{-23}{0,4} = -262 \left[\frac{\text{kcal}}{\text{h}} \right].$$

Die Wärmemenge ergibt sich hier negativ, das heißt die Wärme strömt nicht von Fläche 1 nach Fläche 2, sondern umgekehrt, wie dies ja den Temperaturwerten zufolge auch sein muß.

Zweiter Fall. Gleichzeitiges Bestehen von Oberflächenbedingung I. und II. Art.

„Durch die Platte strömt in der Stunde die Wärme Q_h in der Richtung von 1 nach 2; außerdem werde die Oberfläche 2 ständig auf der Temperatur Θ_2 gehalten. — Wie groß ist Θ_1?"

Da die Wärme von 1 nach 2 strömt, ist Q positiv einzusetzen; im übrigen ist es gleichgültig, welcher der beiden Oberflächen man diese Oberflächenbedingung II. Art zuordnet, denn wegen des Beharrungszustandes muß die Wärme, welche bei 1 eindringt, unverändert bei 2 wieder austreten.

In Gl. (1) ist jetzt Θ_1 die einzige Unbekannte und wir lösen sie darum nach Θ_1 auf:

$$\Theta_1 = \Theta_2 + \frac{Q_h \cdot \Delta}{\lambda \cdot F} \text{ [Grad]}. \tag{6}$$

Dritter Fall. Auf beiden Seiten der Platte gilt eine Oberflächenbedingung III. Art.

„Die Oberflächen stehen den Umgebungstemperaturen ϑ_1 bzw. ϑ_2 gegenüber und es gelten die Wärmeübergangszahlen α_1 bzw. α_2. — Welche Wärme durchsetzt in der Stunde die Platte und welche Temperaturen Θ_1 und Θ_2 stellen sich in den beiden Oberflächen ein?"

Die Rechnung baut sich auf dem Gedanken auf, daß im Beharrungszustand dieselbe Wärmemenge auf der einen Seite von der Umgebung an die Plattenoberfläche übergeht, dann die Platte durchsetzt und endlich auf der anderen Seite wieder von der Oberfläche in die Umgebung übertritt. Für diese Wärme Q_h lassen sich also drei Gleichungen aufstellen:

$$Q_h = \alpha_1 \cdot F \cdot (\vartheta_1 - \Theta_1),$$

$$Q_h = \lambda \cdot F \cdot \frac{\Theta_1 - \Theta_2}{\Delta},$$

$$Q_h = \alpha_2 \cdot F \cdot (\Theta_2 - \vartheta_2).$$

Schreibt man diese Gleichungen in der Form

$$\text{a)} \quad \vartheta_1 - \Theta_1 = \frac{Q_h}{F} \cdot \frac{1}{\alpha_1},$$

$$\text{b)} \quad \Theta_1 - \Theta_2 = \frac{Q_h}{F} \cdot \frac{\varDelta}{\lambda},$$

$$\text{c)} \quad \Theta_2 - \vartheta_2 = \frac{Q_h}{F} \cdot \frac{1}{\alpha_1}$$

und addiert alle drei, so fallen die Werte Θ_1 und Θ_2 aus der Rechnung fort und es bleibt:

$$\vartheta_1 - \vartheta_2 = \frac{Q_h}{F} \cdot \left(\frac{1}{\alpha_1} + \frac{\varDelta}{\lambda} + \frac{1}{\alpha_2} \right)$$

oder

$$Q_h = \left(\frac{1}{\dfrac{1}{\alpha_1} + \dfrac{\varDelta}{\lambda} + \dfrac{1}{\alpha_2}} \right) \cdot F \cdot (\vartheta_1 - \vartheta_2) \tag{7a}$$

oder mit Einführung eines neuen Buchstaben k:

$$Q_h = k \cdot F \cdot (\vartheta_1 - \vartheta_2). \tag{7b}$$

Dieser Wert

$$k = \frac{1}{\dfrac{1}{\alpha_1} + \dfrac{\varDelta}{\lambda} + \dfrac{1}{\alpha_2}} \tag{8a}$$

heißt die Wärmedurchgangszahl. Diese gibt an, wieviel Wärme durch ein Stück von der Größe 1 m² der Platte hindurchgeht, wenn der Unterschied der beiderseitigen Umgebungstemperaturen 1° beträgt. Sie ist von der Dimension

$$[\text{Dimension } k] = \left[\frac{\text{kcal}}{\text{m}^2. \text{ Grad. h}} \right].$$

Bildet man in Gl. (8a) beiderseits die Kehrwerte, so erhält man dieselbe Beziehung in der Form (8b)

$$\frac{1}{k} = \frac{1}{\alpha_1} + \frac{\varDelta}{\lambda} + \frac{1}{\alpha_2}. \tag{8b}$$

Nennt man

$\dfrac{1}{k}$ den Wärmedurchgangs-Widerstand

$\dfrac{1}{\alpha_1}$ bzw. $\dfrac{1}{\alpha_2}$ „ Wärmeübergangs- „

$\dfrac{\varDelta}{\lambda}$ „ Wärmeleitungs- „ ,

so besagt Gl. (8b), daß der gesamte Wärmedurchgangswiderstand gleich ist der Summe der einzelnen Teilwiderstände.

Wenn durch die Rechnung mittels Gl. (7) der Wärmefluß Q_h bekannt ist, so können durch Verwendung zweier der drei Gleichungen a, b oder c die Temperaturen Θ_1 und Θ_2 berechnet werden.

Anschaulicher ist jedoch folgendes zeichnerische Verfahren (vgl. Abb. 3).

Man zeichnet einen Querschnitt durch die Platte, wählt eine x-Achse und trägt senkrecht zu dieser eine Temperaturachse auf. Dann zieht man zu beiden Seiten der Platte Parallele zur x-Achse im Abstand ϑ_1 bzw. ϑ_2 und macht ihre Länge gleich s_1 und s_2, also gleich

$$\frac{\lambda}{\alpha_1} \quad \text{bzw.} \quad \frac{\lambda}{\alpha_2}.$$

Dadurch erhält man die beiden Punkte A und B, deren Verbindungslinie die Plattenoberflächen in den Punkten C und D schneidet und damit die Temperaturen Θ_1 und Θ_2 liefert.

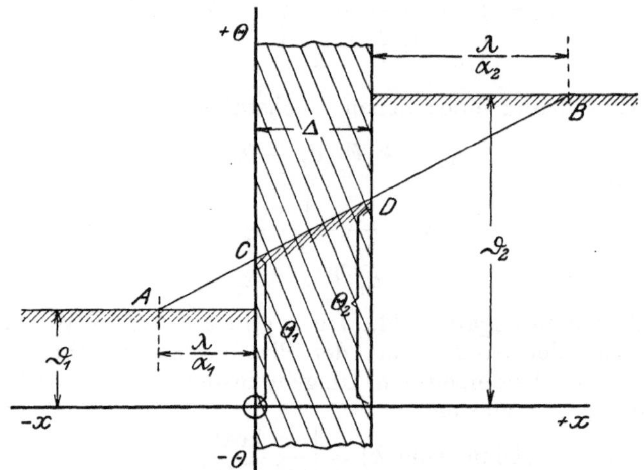

Abb. 3. Wärmedurchgang durch die Platte.

Der Beweis ergibt sich erstens aus der Bedingung, daß die Endtangenten der Temperaturkurve durch die Punkte A bzw. B gehen müssen und zweitens aus der Tatsache, daß die Temperaturkurve hier eine Gerade ist.

Es gibt noch zwei weitere Möglichkeiten die Oberflächenbedingungen verschiedener Art zu kombinieren. Die Aufstellung dieser Möglichkeiten und ihre Lösung möchte ich dem Leser überlassen.

Einige Zahlenbeispiele. 1. Wie groß ist die Wärmedurchgangszahl für eine Ziegelmauer ($\lambda = 0{,}76$) von 38 cm Stärke, wenn für die Innenseite der Wert $\alpha_1 = 5$, für die Außenseite $\alpha_2 = 20$ gilt? — Es ist:

$$k = \frac{1}{\dfrac{1}{5} + \dfrac{0{,}38}{0{,}76} + \dfrac{1}{20}} = \frac{1}{\dfrac{4}{20} + \dfrac{10}{20} + \dfrac{1}{20}} = \frac{20}{15} = 4/3 \left[\frac{\text{kcal}}{\text{m}^2 \cdot \text{Grad} \cdot \text{h}}\right].$$

Bei diesem Beispiel sind die drei Teilwiderstände des Wärmedurchganges ungefähr von gleicher Größenordnung. Die beiden nächsten Beispiele betreffen Fälle, bei denen dies nicht zutrifft.

2. Eine Milchkühlvorrichtung bestehe in ihrem wesentlichen Teil aus einem ebenen Kupferblech ($\lambda = 260$) von 1 mm Stärke, auf dessen einer Seite heiße Milch ($\alpha_1 = 1000$), auf dessen anderer Seite Kühlwasser ($\alpha_2 = 1300$) strömt. — Wie groß ist die Wärmedurchgangszahl?

$$k = \cfrac{1}{\cfrac{1}{1000} + \cfrac{0{,}001}{260} + \cfrac{1}{1300}} = \cfrac{1}{\cfrac{2{,}6 + 0{,}01 + 2{,}00}{2600}} = \frac{2600}{4{,}6} = 565\,.$$

Diese Rechnung zeigt, daß der Widerstand des dünnen, gut leitenden Kupferbleches fast ganz zu vernachlässigen ist gegenüber den Übergangswiderständen bei den Flüssigkeiten.

3. Wie groß ist die Wärmedurchgangszahl für ein Dampfkesselblech ($\varDelta = 10$ mm, $\lambda = 50$), wenn die Wärmedurchgangszahl auf der Wasserseite gleich 10000, auf der Heizgasseite gleich 200 ist?

$$k = \cfrac{1}{\cfrac{1}{200} + \cfrac{0{,}01}{50} + \cfrac{1}{10000}} = \cfrac{1}{\cfrac{50 + 2 + 1}{10000}} = \frac{10000}{53} = 189\,.$$

Die Rechnung zeigt, daß der Wärmeübergang fast allein durch die Verhältnisse auf der Feuerseite bestimmt wird.

Aufgabe 2. Das Rohr.

Wir betrachten ein Stück von der Länge L eines geraden, zylindrischen Rohres; dabei sei angenommen, daß das Rohr noch so weit beiderseits über die Strecke L hinausreicht, daß sich kein Einfluß der Rohrenden bemerkbar machen kann. Der innere Durchmesser des Rohres sei D_i, der äußere Durchmesser sei D_a und die Wärmeleitzahl der Rohrwand gleich λ. Ebenso wie bei der Platte sollen auch hier dieselben drei Fälle der Oberflächenbedingung besprochen werden.

Erster Fall. Auf der Innenseite und auf der Außenseite gilt eine Oberflächenbedingung I. Art.

In Abb. 4 ist ein Teil des Querschnittes durch das Rohr gezeichnet, wobei die Wandung ähnlich wie bei der ebenen Platte in verschiedene Schichten von der Dicke δ unterteilt ist.

Die Wärme, welche die Rohrwand und damit jede Teilschicht durchsetzt, berechnet sich für jede Teilschicht nach den Gesetzen für die ebene Platte und unter Verwendung der Buchstaben in Abb. 4 zu:

$$Q_h = \lambda \cdot D_m \cdot \pi \cdot L \cdot \frac{\Theta_m - \Theta_n}{\delta}\,. \tag{9a}$$

Da für alle Schichten Q_h, λ und L gleich sind, so muß das Temperaturgefälle $(\Theta_m - \Theta_n) : \delta$ um so steiler sein, je kleiner D_m ist;

daraus folgt, daß die Temperaturkurve keine Gerade mehr sein kann.
wie bei der ebenen Platte, sondern tatsächlich eine Kurve sein muß.
Damit hängt es aber auch zusammen, daß wir mit den gewöhnlichen
Rechenverfahren nicht zum Ziele kommen, sondern die Infinitesi-
malrechnung heranziehen müssen.

Mit dem Übergang zu unendlich dünnen Schichten, also mit:
$\Theta_m - \Theta_n = - d\Theta$ und $\delta = \frac{1}{2} dD$ nimmt Gl. (9a) die Form an

$$Q_h = - \lambda \cdot D \cdot \pi \cdot L \cdot 2 \cdot \frac{d\Theta}{dD} \quad (9\,\mathrm{b})$$

oder

$$\frac{dD}{D} = - 2\,\pi \cdot \lambda \cdot \frac{L}{Q_h} \cdot d\Theta .$$

Durch Integration vom Innen-
durchmesser bis zum Außendurchmesser folgt

$$\int_{D_i}^{D_a} \frac{dD}{D} = \ln D_a - \ln D_i$$

$$= - 2\,\pi \cdot \lambda \cdot \frac{L}{Q_h} \cdot (\Theta_a - \Theta_i)$$

oder

$$Q_h = 2\,\pi \cdot L \cdot \lambda \cdot \frac{\Theta_i - \Theta_a}{\ln D_a / D_i} . \quad (10)$$

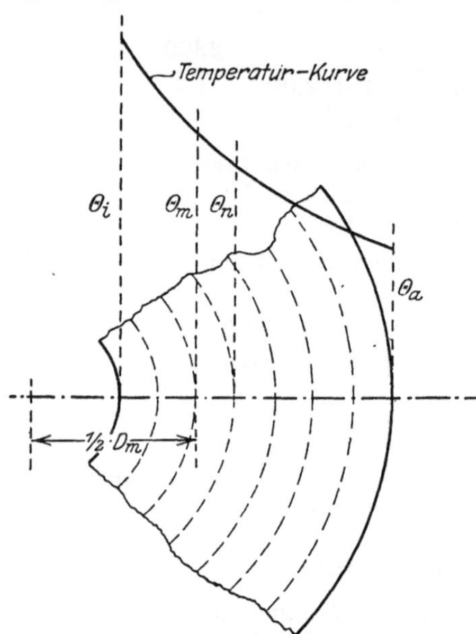

Abb. 4. Wärmeleitung durch eine Rohrwand.

Dies Ergebnis der mathematischen Berechnung besagt, daß
die stündlich austretende Wärme den Werten L, λ und
$(\Theta_i - \Theta_a)$ verhältnisgleich und dem natürlichen Logarithmus des un-
echten Bruches D_a / D_i umgekehrt verhältnisgleich ist. Sie hängt also
nicht von der Weite des Rohres oder von der Wandstärke ab, sondern nur von dem Verhältnis $D_a : D_i$.

Für die Werte $D_a : D_i$ gleich 1 bis $D_a : D_i$ gleich 2 sind die natürlichen Logarithmen in Zahlentafel 1 zusammengestellt.

Die Temperaturkurve ist eine logarithmische Linie.

Zahlentafel 1.

D_a/D_i	$\ln D_a/D_i$	D_a/D_i	$\ln D_a/D_i$	D_a/D_i	$\ln D_a/D_i$	D_a/D_i	$\ln D_a/D_i$
1,05	0,049	1,30	0,262	1,55	0,438	1,80	0,588
1,10	0,095	1,35	0,300	1,60	0,470	1,85	0,615
1,15	0,140	1,40	0,336	1,65	0,501	1,90	0,642
1,20	0,182	1,45	0,371	1,70	0,531	1,95	0,668
1,25	0,223	1,50	0,405	1,75	0,560	2,00	0,693

Zweiter Fall. Gleichzeitiges Bestehen von Oberflächenbedingung
I. und II. Art.

Es ist die Wärmemenge Q_h bekannt, ferner die Wandtemperatur an der Innenseite oder diejenige an der Außenseite. Durch Auflösen der Gl. (10) ergibt sich:

bei bekanntem Θ_i:
$$\Theta_a = \Theta_i - \frac{Q_h \cdot \ln D_a/D_i}{2\,\pi \cdot L \cdot \lambda}; \tag{11a}$$

bei bekanntem Θ_a:
$$\Theta_i = \Theta_a + \frac{Q_h \cdot \ln D_a/D_i}{2\,\pi \cdot L \cdot \lambda}. \tag{11b}$$

Dritter Fall. Auf der Innen- und auf der Außenseite gilt eine Oberflächenbedingung III. Art. Wie groß ist Q_h?

Wir gehen wieder von dem Gedanken aus, daß dieselbe Wärmemenge der Reihe nach die Innenoberfläche, die Wandung und die Außenoberfläche durchsetzen muß und erhalten die drei Gleichungen:

$$Q_h = \alpha_i \cdot D_i \pi \cdot L \cdot (\vartheta_i - \Theta_a),$$

$$Q_h = \lambda \cdot 2\,\pi \cdot L \cdot \frac{\Theta_i - \Theta_a}{\ln D_a/D_i},$$

$$Q_h = \alpha_a \cdot D_a \pi \cdot L \cdot (\Theta_a - \vartheta_a).$$

Löst man diese Gleichungen nach den Temperaturdifferenzen auf, so lauten sie:

$$\vartheta_i - \Theta_i = \frac{Q_h}{\pi \cdot L} \cdot \frac{1}{\alpha_i \cdot D_i},$$

$$\Theta_i - \Theta_a = \frac{Q_h}{\pi \cdot L} \cdot \frac{\ln D_a/D_i}{2\,\lambda}.$$

$$\Theta_a - \vartheta_a = \frac{Q_h}{\pi \cdot L} \cdot \frac{1}{\alpha_a \cdot D_a}.$$

Bei der Addition fallen wieder die Oberflächentemperaturen aus der Gleichung weg und es bleibt

$$\vartheta_i - \vartheta_a = \frac{Q_h}{\pi \cdot L} \cdot \left(\frac{1}{\alpha_i \cdot D_i} + \frac{\ln D_a/D_i}{2\,\lambda} + \frac{1}{\alpha_a \cdot D_a} \right)$$

oder

$$Q_h = \frac{1}{\dfrac{1}{\alpha_i \cdot D_i} + \dfrac{\ln D_a/D_i}{2\,\lambda} + \dfrac{1}{\alpha_a \cdot D_a}} \cdot \pi \cdot L \cdot (\vartheta_i - \vartheta_a)$$

$$= k_R \cdot \pi \cdot L \cdot (\vartheta_i - \vartheta_a); \tag{12}$$

k_R heißt die Wärmedurchgangszahl für das Rohr und zwar ist hier zu beachten, daß dieser Wert k_R sich nicht auf eine Fläche bezieht, sondern auf die Längeneinheit des Rohres; er ist darum von der Dimension: $\dfrac{\text{kcal}}{\text{m}^1 . \text{Grad} . \text{h}}$.

Aufgabe 3. Die Hohlkugel.

Wir legen unserer Betrachtung eine Hohlkugel mit den Durchmessern D_i und D_a und der Wärmeleitzahl λ zugrunde.

Eine Ableitung der Gleichungen soll nicht vorgenommen werden. Der Weg ist vollständig der gleiche wie bei Aufgabe 1 und 2.

Außer den Endformeln sei nur angegeben, daß die Temperaturkurve keine logarithmische Linie ist, sondern eine Hyperbel mit den Achsen als Asymptoten.

Erster Fall. Auf der Innenseite und auf der Außenseite gilt eine Oberflächenbedingung I. Art. Die der Gl. (10) entsprechende Gleichung lautet:

$$Q_h = 2\,\pi\cdot\lambda\cdot\frac{\Theta_i - \Theta_a}{1/D_i - 1/D_a}. \tag{13}$$

Zweiter Fall. Gleichzeitiges Bestehen von Oberflächenbedingung I. und II. Art.

$$\Theta_i = \Theta_a + \frac{Q_h}{2\,\pi\cdot\lambda}\cdot\left(\frac{1}{D_i} - \frac{1}{D_a}\right) \tag{14a}$$

oder

$$\Theta_a = \Theta_i - \frac{Q_h}{2\,\pi\cdot\lambda}\cdot\left(\frac{1}{D_i} - \frac{1}{D_a}\right). \tag{14b}$$

Dritter Fall. Für Innenseite und Außenseite gilt eine Oberflächenbedingung III. Art.

$$Q_h = \frac{1}{\dfrac{1}{\alpha_i\cdot D_i^2} + \dfrac{1}{2\,\lambda}\cdot\left(\dfrac{1}{D_i} - \dfrac{1}{D_a}\right) + \dfrac{1}{\alpha_a\cdot D_a^2}}\cdot\pi\cdot(\vartheta_i - \vartheta_a)$$
$$= k_K\cdot\pi\cdot(\vartheta_i - \vartheta_a). \tag{15a}$$

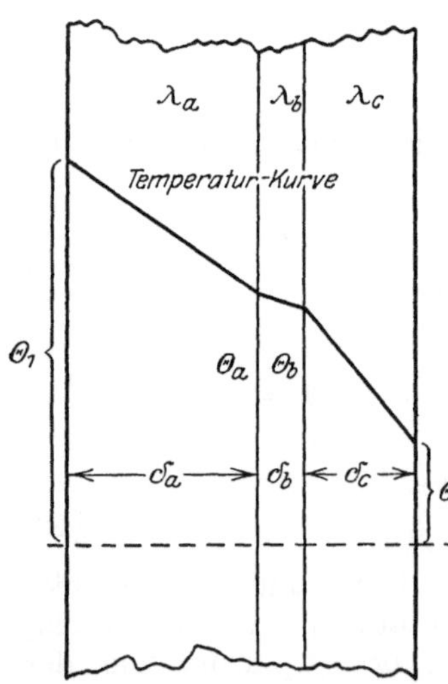

Abb. 5. Platte aus mehreren Schichten.

Der Wert k_K ist von der Dimension $\dfrac{\text{kcal}}{\text{Grad}\cdot\text{h}}$.

Aufgabe 4. Die Platte aus verschiedenartigen Schichten bestehend.

„Eine Platte von der Gesamtdicke $\varDelta$ soll aus mehreren Teilschichten von verschiedener Dicke δ_a, δ_b ... bestehen, wobei die Wärmeleitzahlen der einzelnen Schichten gleich λ_a, λ_b, λ_c seien (vgl. Abb. 5). — Wie groß ist die Wärme Q_h, wenn beiderseits Oberflächenbedingungen III. Art gelten?"

In Anlehnung an Aufgabe 1 können wir für Q_h die 5 Gleichungen aufstellen:

$$Q_h = \alpha_1 \cdot F \cdot (\vartheta_1 - \Theta_1) \qquad \text{oder} \qquad \vartheta_1 - \Theta_1 = \frac{Q_h}{F} \cdot \frac{1}{\alpha_1},$$

$$= \lambda_a \cdot F \cdot \frac{\Theta_1 - \Theta_a}{\delta_a} \qquad \text{„} \qquad \Theta_1 - \Theta_a = \frac{Q_h}{F} \cdot \frac{\delta_a}{\lambda_a},$$

$$= \lambda_b \cdot F \cdot \frac{\Theta_a - \Theta_b}{\delta_b} \qquad \text{„} \qquad \Theta_a - \Theta_b = \frac{Q_h}{F} \cdot \frac{\delta_b}{\lambda_b},$$

$$= \lambda_c \cdot F \cdot \frac{\Theta_b - \Theta_2}{\delta_c} \qquad \text{„} \qquad \Theta_b - \Theta_2 = \frac{Q_h}{F} \cdot \frac{\delta_c}{\lambda_c},$$

$$= \alpha_2 \cdot F \cdot (\Theta_2 - \vartheta_2) \qquad \text{„} \qquad \Theta_2 - \vartheta_2 = \frac{Q_h}{F} \cdot \frac{1}{\alpha_2}.$$

Durch Addition folgt:

$$\vartheta_1 - \vartheta_2 = \frac{Q_h}{F}\left(\frac{1}{\alpha_1} + \frac{\delta_a}{\lambda_a} + \frac{\delta_b}{\lambda_b} + \frac{\delta_c}{\lambda_c} + \frac{1}{\alpha_2}\right)$$

oder, wenn wir zugleich auf mehr als drei Schichten verallgemeinern:

$$Q_h = \frac{1}{\dfrac{1}{\alpha_1} + \dfrac{\delta_a}{\lambda_a} + \dfrac{\delta_b}{\lambda_b} + \cdots + \dfrac{1}{\alpha_2}} \cdot F \cdot (\vartheta_1 - \vartheta_2) = k \cdot F \cdot (\vartheta_1 - \vartheta_2). \qquad (16)$$

Man kann nun fragen, welche Wärmeleitzahl Λ müßte eine einheitliche Platte von der Dicke $\Delta = \delta_a + \delta_b + \cdots + \delta_n$ haben, damit sie der eben berechneten Platte gleichwertig ist? — Dieser Wert Λ berechnet sich aus der Gleichung:

$$\frac{\Delta}{\Lambda} = \frac{\delta_a}{\lambda_a} + \frac{\delta_b}{\lambda_b} + \cdots + \frac{\delta_n}{\lambda_n} = \sum_{i=a}^{i=n} \frac{\delta_i}{\lambda_i};$$

Zahlenbeispiel. Die Wandung eines Lokomotivkessels bestehe aus einem Kesselblech ($\lambda = 50$) von 12 mm Stärke, einer Isoliermatte ($\lambda = 0{,}06$) von 20 mm Stärke und einem Verkleidungsblech ($\lambda = 50$) von 2 mm Stärke. — Wie groß ist die Wärmedurchgangszahl, wenn für die Innenseite $\alpha_1 = 5000$ und für die Außenseite $\alpha_2 = 125$ gerechnet werden kann?

Da die Wandung als eben angenommen werden kann, gilt die Gl. (16); in dieser ist

$$k = \frac{1}{\dfrac{1}{5000} + \dfrac{0{,}012}{50} + \dfrac{0{,}02}{0{,}06} + \dfrac{0{,}002}{50} + \dfrac{1}{125}}.$$

Die einzelnen Summanden im Nenner haben hierbei folgende Werte:

0,000 20 = Einfluß des Übergangswiderstandes im Kesselinneren,
0,000 24 = Isolierwirkung des Kesselbleches,
0,33   =   „   der Isoliermatte,
0,000 04 =   „   des Verkleidungsbleches,
0,008   = Einfluß des Übergangswiderstandes an der Außenseite.

0,33848 .

Diese Rechnung zeigt, daß der Wärmeverlust des Kessels allein durch die Isoliermatte bestimmt wird, auf deren Güte darum der größte Wert zu legen ist.

Das Ergebnis lautet: $k = \dfrac{1}{0,34} = 2,94 \sim 3,0 \left[\dfrac{\text{kcal}}{\text{m}^2 . \text{Grad} . \text{h}}\right]$.

Aufgabe 5. Das Rohr mit geschichteter Wandung.

„Die Wandung eines geraden, zylindrischen Rohres soll aus mehreren verschiedenartigen Schichten mit den Wärmeleitzahlen $\lambda_1, \lambda_2, \ldots, \lambda_n$ bestehen. Die Durchmesser der Trennungsflächen der einzelnen Schichten seien mit $D_1, D_2, \ldots, D_{n-1}$, die Temperaturen in diesen Flächen mit $\Theta_1, \Theta_2, \ldots, \Theta_{n-1}$ bezeichnet. — Wie groß ist die Wärmedurchgangszahl, wenn innen und außen Oberflächenbedingungen III. Art gelten?"

Die Ableitung entspricht durchaus derjenigen in Aufgabe 4. Aus dem Gleichungssystem:

$$\vartheta_i - \Theta_i = \frac{Q_h}{\pi \cdot L} \cdot \frac{1}{\alpha_i \cdot D_i},$$

$$\Theta_i - \Theta_1 = \frac{Q_h}{\pi \cdot L} \cdot \frac{1}{2\,\lambda_1} \cdot \ln\frac{D_1}{D_i},$$

$$\Theta_1 - \Theta_2 = \frac{Q_h}{\pi \cdot L} \cdot \frac{1}{2\,\lambda_2} \cdot \ln\frac{D_2}{D_1},$$

$$\cdots \cdots \cdots \cdots \cdots$$

$$\Theta_{n-1} - \Theta_a = \frac{Q_h}{\pi \cdot L} \cdot \frac{1}{2\,\lambda_n} \cdot \ln\frac{D_a}{D_{n-1}},$$

$$\Theta_a - \vartheta_a = \frac{Q_h}{\pi \cdot L} \cdot \frac{1}{\alpha_a \cdot D_a}$$

folgt durch Addition und Umformung:

$$Q_h = \frac{1}{\dfrac{1}{\alpha_i \cdot D_i} + \dfrac{1}{2\,\lambda_1} \cdot \ln\dfrac{D_1}{D_i} + \dfrac{1}{2\,\lambda_2} \cdot \ln\dfrac{D_2}{D_1} + \cdots + \dfrac{1}{2\,\lambda_n} \cdot \ln\dfrac{D_a}{D_{n-1}} + \dfrac{1}{\alpha_a \cdot D_a}}$$

$$\cdot \pi \cdot L \cdot (\vartheta_1 - \vartheta_2) = k_R \cdot \pi \cdot L \cdot (\vartheta_1 - \vartheta_2). \tag{17}$$

Zahlenbeispiel. Ein Dampfleitungsrohr aus Eisen hat 16 cm inneren und 17 cm äußeren Durchmesser. Auf dieses Rohr sei zuerst eine 2 cm dicke Schicht eines für hohe Temperaturen beständigen Isoliermateriales ($\lambda = 0,10$) aufgetragen und dann 5 cm dicke Korkschalen ($\lambda = 0,035$) herumgelegt. Durch das Rohr ströme Dampf von 300^0 C und die Raumtemperatur sei 20^0 C. — 1. Wie groß ist die Wärmedurchgangszahl, wenn $\alpha_i = 70$ und $\alpha_a = 7,0$ angenommen wird? — 2. Welche Temperatur Θ_2 herrscht an der Innenseite der Korkschalen?

In vorbereitender Rechnung bestimmen wir:

$$D_i = 0,16 \qquad \ln \frac{D_1}{D_i} = \ln 1,06 = 0,05 \, ;$$

$$D_1 = 0,17 \qquad \ln \frac{D_2}{D_1} = \ln 1,24 = 0,21 \, ;$$

$$D_2 = 0,21$$

$$D_a = 0,31 \qquad \ln \frac{D_a}{D_2} = \ln 1,47 = 0,38 \, .$$

Damit ergibt sich für k_R der Ausdruck:

$$k_R = \frac{1}{\dfrac{1}{70\cdot0,16} + \dfrac{1}{2\cdot50}\cdot0,05 + \dfrac{1}{2\cdot0,10}\cdot0,21 + \dfrac{1}{2\cdot0,035}\cdot0,38 + \dfrac{1}{7\cdot0,31}} \, .$$

Die einzelnen Summanden im Nenner haben hierbei folgende Werte:

$$
\begin{array}{ll}
0,09 & = \text{Einfluß des inneren Übergangswiderstandes,} \\
0,0005 & = \text{Isolierwirkung der eisernen Rohrwand,} \\
1,05 & = \quad\quad\text{''} \quad\quad\quad \text{der Unterlage,} \\
5,43 & = \quad\quad\text{''} \quad\quad\quad \text{der Korkschalen,} \\
\underline{0,46} & = \text{Einfluß des äußeren Übergangswiderstandes,} \\
7,03 & = \text{Summe.}
\end{array}
$$

Für die Wärmedurchgangszahl erhalten wir

$$k_R = \frac{1}{7,03} = 0,142 \left[\frac{\text{kcal}}{\text{m}\,.\,\text{Grad}\,.\,\text{h}} \right] \, .$$

Um den Wert Θ_2 zu finden, addieren wir in dem Gleichungssystem auf S. 18 die ersten drei Gleichungen und erhalten einen Ausdruck für $\vartheta_i - \Theta_2$. In bekannter Weise erhalten wir durch Addition aller $(n+1)$ Gleichungen einen Ausdruck für $(\vartheta_i - \vartheta_a)$. Durch Dividieren beider Ausdrücke finden wir die Beziehung:

$$\frac{\vartheta_i - \Theta_2}{\vartheta_i - \vartheta_a} = \frac{\dfrac{1}{\alpha_i\cdot D_i} + \dfrac{1}{2\,\lambda_1}\cdot\ln\dfrac{D_1}{D_i} + \dfrac{1}{2\,\lambda_2}\cdot\ln\dfrac{D_2}{D_1}}{\dfrac{1}{\alpha_i\cdot D_i} + \dfrac{1}{2\,\lambda_1}\cdot\ln\dfrac{D_1}{D_i} + \cdots + \dfrac{1}{\alpha_a\cdot D_a}} \, .$$

Mit den Zahlenwerten unserer Aufgabe lautet dies:

$$\frac{300 - \Theta_2}{300 - 20} = \frac{0,09 + 0,00 + 1,05}{0,09 + 0,00 + 1,05 + 5,43 + 0,46} = \frac{1,14}{7,03}$$

und daraus finden wir: $\Theta_2 = 300 - 45 = 255^0$ C.

Diese Rechnung zeigt, daß die untersuchte Isolierung fehlerhaft ist, denn die Unterlage, welche auf das Rohr unmittelbar aufgetragen ist, erfüllt ihre Aufgabe, die Korkschalen vor zu hohen Temperaturen zu schützen, nur ganz ungenügend.

2*

Aufgabe 6. Der unendlich lange Stab.

„Ein unendlich langer Stab vom Querschnitt F und vom Umfang U befinde sich in einer Umgebung, deren Temperatur wir der Einfachheit halber gleich Null setzen wollen. Das eine Ende des Stabes, welches im Endlichen liegt, werde ständig auf der Temperatur Θ_C gehalten; das andere Ende liegt im unendlich Fernen. Bekannt sei ferner die Wärmeleitzahl des Stabes und die Wärmeübergangszahl von der Staboberfläche an die Umgebung. — Welches ist der Temperaturverlauf längs des Stabes unter der vereinfachenden Annahme, daß innerhalb jeden Querschnitts ein völliger Temperaturausgleich stattfindet?“

In Abb. 6 ist der Anfang des Stabes gezeichnet und darüber in einem Schaubild als Abszissen die Entfernungen x vom Stabanfang, als Ordinaten die Temperaturen Θ aufgetragen.

Wir betrachten das kurze Stabstück dx. Von der einen Seite her strömt die Wärme q_I in das Stabelement ein, nach der anderen Seite strömt die Wärme q_{II} heraus. Außerdem gibt das

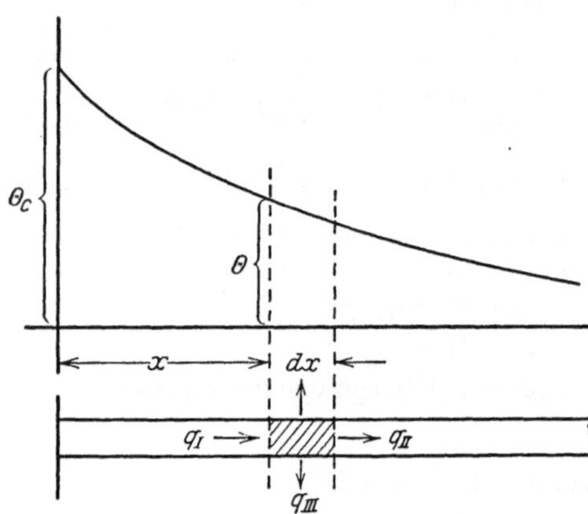

Abb. 6. Temperaturverlauf längs eines unendlich langen Stabes.

Stabelement an seinem Umfang die Wärme q_{III} an die Umgebung ab. Im Beharrungszustand muß die aufgenommene Wärme gleich der Summe der abgegebenen sein, also

$$q_I = q_{II} + q_{III}.$$

Auf dieser Gleichung baut sich die Ableitung der Temperaturkurve $\Theta = f(x)$ auf.

Mathematische Ableitung. Es ist nach der Grundgleichung der Wärmeleitung:

$$q_I = -\lambda \cdot F \cdot \left(\frac{d\Theta}{dx}\right)_x,$$

$$q_{II} = -\lambda \cdot F \cdot \left(\frac{d\Theta}{dx}\right)_{x+dx},$$

wobei die negativen Differentialquotienten das Temperaturgefälle an den Stellen x bzw. $x + dx$ darstellen.

Nach Gl. (4) ist

$$q_{III} = \alpha \cdot U \cdot dx \cdot \Theta_x,$$

weil die wärmeabgebende Fläche gleich $U \cdot dx$ ist. Durch Einsetzen dieser Werte erhalten wir

$$- \lambda \cdot F \cdot \left(\frac{d\Theta}{dx}\right)_x = - \lambda \cdot F \cdot \left(\frac{d\Theta}{dx}\right)_{x+dx} + \alpha \cdot U \cdot dx \cdot \Theta_x$$

oder

$$\left(\frac{d\Theta}{dx}\right)_{x+dx} - \left(\frac{d\Theta}{dx}\right)_x = \frac{\alpha \cdot U}{\lambda \cdot F} \cdot dx \cdot \Theta_x \,.$$

Nun ist (vgl. mathemat. Anhang: Gl. (154))

$$\left(\frac{d\Theta}{dx}\right)_{x+dx} - \left(\frac{d\Theta}{dx}\right)_x = \frac{d^2\Theta}{dx^2} \cdot dx \,.$$

Durch Einsetzen dieses Wertes in die vorletzte Gleichung entsteht die Differentialgleichung der Temperaturkurve:

$$\frac{d^2\Theta}{dx^2} = \frac{\alpha \cdot U}{\lambda \cdot F} \cdot \Theta \,. \tag{18}$$

Dies ist eine lineare Differentialgleichung 2. Ordnung. Ihre Lösung ist eine gewöhnliche Gleichung $\Theta = f(x)$, in welcher die Funktion $f(x)$ die Eigenschaft haben muß, daß sie bei zweimaliger Differentiation sich nur um einen konstanten Faktor ändert. Aus der Zusammenstellung im Anhang (Gln. (155)) ersehen wir, daß die Sinusfunktion, die Cosinusfunktion und die Exponentialfunktion diese Eigenschaft besitzen. Nun lehrt uns die Erfahrung, daß die Temperaturkurve keinen periodischen Verlauf haben kann, sondern eine ständig fallende Kurve sein muß. Wir scheiden darum die beiden trigonometrischen Funktionen aus und versuchen mit der Exponentialfunktion zum Ziele zu gelangen, das heißt also mit dem Ansatz

$$\Theta = C \cdot e^{mx},$$

in welchem C und m zwei vorerst noch willkürliche Größen sind.

Der zweite Differentialquotient hiervon lautet:

$$\frac{d^2\Theta}{dx^2} = C \cdot m^2 \cdot e^{mx} \,.$$

Setzen wir diese beiden Werte in die Gl. (18), so lautet diese:

$$m^2 \cdot C \cdot e^{mx} = \frac{\alpha \cdot U}{\lambda \cdot F} \cdot C \cdot e^{mx}$$

oder

$$m^2 = \frac{\alpha \cdot U}{\lambda \cdot F} \quad \text{oder} \quad m = \pm \sqrt{\frac{\alpha \cdot U}{\lambda \cdot F}} \,.$$

Damit ist m bis auf das Vorzeichen bestimmt.

Wir müssen vorerst beide Vorzeichen gelten lassen und erhalten somit zwei Lösungen unserer Differentialgleichung (18), nämlich

$$\Theta_1 = C_1 \cdot e^{+\sqrt{\frac{\alpha \cdot U}{\lambda \cdot F}} \cdot x} \quad \text{und} \quad \Theta_2 = C_2 \cdot e^{-\sqrt{\frac{\alpha \cdot U}{\lambda \cdot F}} \cdot x}$$

Wie man sich durch eine Probe überzeugen kann, bildet die Summe beider Lösungen wieder eine Lösung. Sie lautet:

$$\Theta = C_1 \cdot e^{+\sqrt{\frac{a \cdot U}{\lambda \cdot F}} \cdot x} + C_2 \cdot e^{-\sqrt{\frac{a \cdot U}{\lambda \cdot F}} \cdot x}. \tag{19}$$

Daß diese Lösung zwei vorerst noch willkürliche Konstanten C_1 und C_2 enthält, ist dadurch erklärlich, daß wir uns die Lösung durch zweimalige Integration der Differentialgleichung zweiter Ordnung entstanden denken können und bei jeder Integration eine willkürliche Konstante auftritt. Diese Konstanten werden erst festgelegt durch die Bedingungen, welche für die Stabenden gelten.

$$\text{Für } x = 0 \text{ muß sein } \Theta = \Theta_C,$$
$$\text{„ } x = \infty \text{ „ „ } \Theta = 0.$$

Nach der Tabelle 23 ist $e^{+\infty} = \infty$ und $e^{-\infty} = 0$. In Gl. (19) kann also Θ_∞ nur dann null werden, wenn $C_1 = 0$ ist, so daß also von Gl. (19) nur der zweite Summand überbleibt.

Setzen wir darin $x = 0$ und beachten, daß die Exponentialfunktion e^{-0} gleich eins ist, so erhalten wir

$$\Theta_{x=0} = \Theta_C = C_2 \cdot 1, \quad \text{also} \quad C_2 = \Theta_C.$$

Die endgültige Lösung unserer Aufgabe heißt:

$$\Theta_x = \Theta_C \cdot e^{-\sqrt{\frac{a \cdot U}{\lambda \cdot F}} \cdot x}. \tag{20a}$$

Besprechung der Lösung. Aus der Erfahrung allein, also ohne jede Rechnung, können wir voraussagen, daß die Temperatur an der Stelle x von folgenden Größen abhängen muß:

1. von der Temperatur Θ_C am Stabanfang,
2. „ der Entfernung x vom Stabanfang,
3. „ dem Umfang U des Stabes,
4. „ dem Querschnitt F des Stabes,
5. „ der Wärmeleitzahl λ des Stoffes,
6. „ der Wärmeübergangszahl α.

Wir können also schreiben

$$\Theta_x = F(\Theta_C, x, U, F, \lambda, \alpha). \tag{a}$$

Die Erfahrung sagt uns auch noch mit ziemlicher Sicherheit, ob die Temperatur Θ_x mit wachsendem Wert des einen oder anderen Argumentes ebenfalls wächst oder abnimmt, aber über das Gesetz dieser einzelnen Abhängigkeiten kann doch nur die Rechnung oder der Versuch Auskunft geben.

Das Verlangen nach einem klaren Einblick in die Verhältnisse, verbunden mit einer etwas einseitigen Schulung führt zu dem Streben, die in Gl. (a) verdeckt enthaltenen sechs Abhängigkeiten in der Formel einzeln und voneinander unabhängig erkennen zu lassen, indem man die Gl. (a) zum Beispiel in ein Produkt von Einzelfunktionen auflöst nach der Form:

$$\Theta_x = f_1(\Theta_C) \cdot f_2(x) \cdot f_3(U) \cdot f_4(F) \cdot f_5(\lambda) \cdot f_6(\alpha). \qquad (b)$$

Es muß aber leider festgestellt werden, daß dies bei den Problemen der Wärmeübertragung nur in den seltensten Fällen zulässig ist, und manche theoretische und experimentelle Arbeit ist allein aus dem Grunde zu keinem befriedigenden Ergebnis gelangt, weil der betreffende Forscher entweder schon bei seinem Arbeitsplan oder doch bei der Auswertung der Versuchsergebnisse allein dies Produkt von Teilfunktionen im Auge hatte.

Unsere Gl. (20) ist ein bezeichnendes Beispiel für eine Funktion, bei der diese Zerlegung in Produkte nicht durchführbar ist. Nach den Lehren der Mathematik ist zwar eine Funktion von der Form:

$$e^{l \cdot m \cdot n} \text{ darstellbar als } \left(\left(e^l\right)^m\right)^n \text{ oder als } \left(\left(e^n\right)^l\right)^m \text{ usw.,}$$

aber eine Zerlegung in Produkte ist nicht möglich.

In unserer Gl. (20) können also die einzelnen Abhängigkeiten von λ, U usw. nicht unabhängig voneinander dargestellt werden. Da es sich ferner um eine Funktion mit 6 Veränderlichen handelt, ist es auch nicht möglich, in ein oder einigen wenigen Zahlentafeln oder Figuren einen Überblick über die in Gl. (20) enthaltenen Gesetzmäßigkeiten zu geben.

Unseren Wunsch nach Übersichtlichkeit und unser Vorstellungsvermögen befriedigt also Gl. (20) durchaus nicht; dies ist aber bedauerlicherweise eine wesentliche und darum unvermeidbare Eigenschaft der meisten Ergebnisse bei Aufgaben der Wärmeleitung.

Aber einen Vorzug hat Gl. (20) doch, indem sie zu äußerst einfachen Rechnungen führt. All die sechs Abhängigkeiten sind durch eine einzige, verhältnismäßig einfache Funktion dargestellt, sobald man den Exponenten als eine einzige Größe auffaßt, die wir K nennen wollen. Wir setzen also

$$K = \sqrt{\frac{\alpha \cdot U}{\lambda \cdot F}} \cdot x \qquad (21)$$

und erhalten

$$\Theta / \Theta_C = e^{-K}. \qquad (20\,\text{b})$$

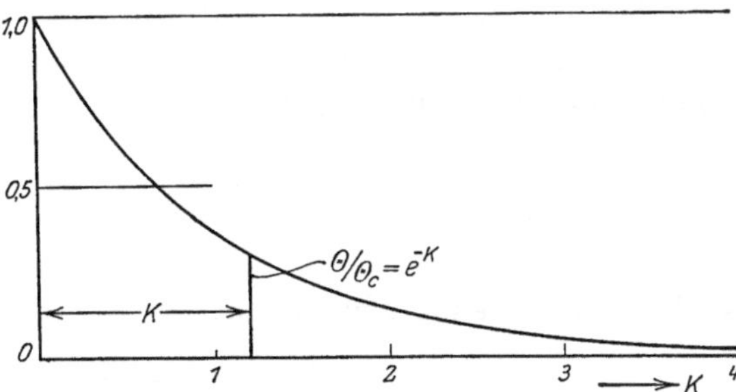

Abb. 7. Die Exponentialfunktion e^{-K}.

Die Exponentialfunktion mit negativem Exponenten hat für $K = 0$ den Wert Eins und nähert sich mit wachsendem Wert K so rasch der Null, daß sie schon für $K = 4$ nur mehr den Wert 0,018 besitzt (vgl. Abb. 7 und S. 172).

Auf unsere Gleichung

$$\Theta/\Theta_C = e^{-\sqrt{\frac{a\cdot U}{\lambda \cdot F}}\cdot x}$$

bezogen besagt dies, daß das Maß, um das sich der Stab an der untersuchten Stelle schon abgekühlt hat, nicht vom Absolutwert λ oder U, auch nicht von der Entfernung x, in Metern gemessen, abhängt, sondern allein von der Zusammenstellung dieser Werte zu der Größe K. Diese Größe allein kennzeichnet das Maß der Abkühlung und man nennt sie darum eine Kenngröße.

Es wird sich noch an vielen Stellen des Buches zeigen, daß diese Kenngrößen ein sehr geeignetes Mittel sind, um scheinbar recht verwickelte Gesetzmäßigkeiten in verhältnismäßig einfacher Weise festzulegen.

Wegen der großen Wichtigkeit des Begriffes der Kenngrößen sollen noch zwei Eigenschaften derselben besonders hervorgehoben werden.

Erstens sind alle Kenngrößen reine Zahlenwerte, also Größen ohne Dimension. Dies ist schon vom rein mathematischen Standpunkte aus erklärlich, denn Ausdrücke wie Cosinus (5 kg) oder e hoch (50^0) hätten ja keinen Sinn. Es empfiehlt sich bei allen Rechnungen, die man ausführt, die gefundenen Kenngrößen daraufhin nachzuprüfen. Dies gibt eine wenn auch nicht absolut sichere, so doch stets nützliche Kontrolle der Rechnung.

Zweitens haben die meisten Kenngrößen die Eigenschaft, daß sie sich durch verschiedenartige Zusammenfassung ihrer Bestandteile in mannigfaltiger Weise umformen lassen.

In unserer Kenngröße (Gl. (21)) ist U/F ein Wert, welcher von der Gestalt des Querschnittes abhängt. Für den kreisförmigen Querschnitt ist er am kleinsten, für einen rechteckigen Querschnitt ist er stets größer und je nach dem Seitenverhältnis verschieden; für einen sternförmigen Querschnitt (Kühlrippen) ist er besonders groß.

Beschränken wir unsere Betrachtungen auf den kreisförmigen Querschnitt, für welchen die Gleichung gilt

$$\frac{U}{F} = \frac{d\pi}{\dfrac{d^2\pi}{4}} = \frac{4}{d},$$

so heißt die Kenngröße in einer ersten Form:

$$K = 2\cdot\sqrt{\frac{\alpha}{\lambda\cdot d}}\cdot x.$$

Das Verhältnis α/λ heißt (vgl. S. 9) die relative Wärmeübergangszahl h, so daß die zweite Form der Kenngrößen lautet:

$$K = 2\cdot\sqrt{\frac{h}{d}}\cdot x.$$

Entsprechend der Ausführung auf S. 8 heißt der reziproke Wert von h die Subtangente s; damit ergibt sich die dritte Form der Kenngröße:

$$K = 2 \cdot \sqrt{\frac{1}{s \cdot d}} \cdot x \,.$$

Die vierte Form ergibt sich aus der Überlegung, daß für die Temperatur Θ_x weniger der absolute Betrag der Strecke x maßgebend ist, sondern ihr Verhältnis zum Durchmesser des Stabes, also der Wert x/d. Zu diesem Zweck multiplizieren wir die Kenngröße mit d/d und erhalten die vierte Form:

$$K = 2 \cdot \sqrt{\frac{d}{s}} \cdot \left(\frac{x}{d}\right) \,.$$

Es hängt vollständig von den besonderen Verhältnissen der einzelnen Aufgabe ab, welche dieser Formen die zweckmäßigste oder anschaulichste ist.

Aufgabe 7. Der Stab von endlicher Länge.

„Der Wortlaut der Aufgabe ist der gleiche wie in Aufgabe 6, nur ist jetzt der Stab von der endlichen Länge L".

Statt der Bedingung, daß die Temperatur im Unendlichen gleich Null werden muß, gilt jetzt die andere Bedingung, daß die Wärme q_{IV}, welche dem letzten Stabelement zufließt, gleich der Wärme q_V sein muß, welche die Stirnfläche des Stabes an die Umgebung abgibt.

Es ist

$$q_{IV} = -\lambda \cdot F \cdot \left(\frac{d\Theta}{dx}\right)_{x=L}$$

und

$$q_V = \alpha_L \cdot F \cdot \Theta_{x=L} \,,$$

wenn für die Stirnfläche eine andere Wärmeübergangszahl α_L gilt, als für die Mantelfläche.

Aus der Bedingung $q_{IV} = q_V$ folgt:

$$\left(\frac{d\Theta}{dx}\right)_{x=L} = -\frac{\alpha_L}{\lambda} \cdot \Theta_{x=L} \,.$$

Mathematische Ableitung. Die Ableitung ist vollständig die gleiche wie bei der letzten Aufgabe bis zur Aufstellung der Lösung in Gestalt der Gl. (19), und auch diese selbst gilt noch unverändert.

Erst die Integrationskonstanten C_1 und C_2 erhalten hier andere Werte; zu ihrer Bestimmung dienen die Bedingungen, welche für die Enden des Stabes gelten.

1. Für $x = 0$ werden beide Exponentialfunktionen gleich eins; damit

$$\Theta_C = C_1 \cdot e^{+0} + C_2 \cdot e^{-0} = C_1 + C_2 \,;$$

oder

$$C_2 = \Theta_C - C_1 \,.$$

Damit läßt sich die Lösung in zweierlei Form schreiben:

entweder:
$$\Theta = C_1 \cdot e^{+mx} + (\Theta_C - C_1) \cdot e^{-mx} \tag{a}$$

oder:
$$\Theta = C_1 (e^{+mx} - e^{-mx}) + \Theta_C \cdot e^{-mx}. \tag{b}$$

2. Für $x = L$ gilt die Bedingung $q_{IV} = q_V$.

Aus (b) folgt
$$\frac{d\Theta}{dx} = m \cdot \left\{ C_1 \cdot (e^{+mx} + e^{-mx}) - \Theta_C \cdot e^{-mx} \right\}.$$

Setzt man zur Abkürzung $\dfrac{\alpha_L}{m \cdot \lambda} = B$, so heißt damit die Bedingung $q_{IV} = q_V$:

$$C_1 \cdot (e^{+mL} + e^{-mL}) - \Theta_C \cdot e^{-mL} = - B \cdot C_1 \cdot (e^{+mL} - e^{-mL}) - B \cdot \Theta_C \cdot e^{-mL}$$

oder

$$C_1 = \Theta_C \cdot \frac{(1 - B) \cdot e^{-mL}}{e^{+mL} + e^{-mL} + B \cdot (e^{+mL} - e^{-mL})}.$$

Auch die Integrationskonstante $C_2 = \Theta_C - C_1$ können wir jetzt berechnen; es ist:

$$C_2 = \Theta_C \cdot \left(1 - \frac{(1 - B) \cdot e^{-mL}}{e^{+mL} + e^{-mL} + B \cdot (e^{+mL} - e^{-mL})} \right)$$

$$= \Theta_C \cdot \frac{(1 + B) \cdot e^{+mL}}{e^{+mL} + e^{-mL} + B \cdot (e^{+mL} - e^{-mL})}.$$

3. Die Gleichung des Temperaturverlaufes längs des ganzen Stabes ist nun ebenfalls gegeben, wenn man in die Gleichung

$$\Theta = C_1 \cdot e^{+mx} + C_2 \cdot e^{-mx}$$

die eben gefundenen Werte für C_1 und C_2 einsetzt.

4. Von besonderem Interesse ist die Temperatur Θ_L am Ende des Stabes.

Man findet sie, indem man die Gleichung des Temperaturverlaufs x gleich L setzt und dann beachtet,

1. daß $e^{+m \cdot L} \cdot e^{-mL} = 1$ und

2. daß $(1 + B) \cdot 1 + (1 - B) \cdot 1 = 2$ ist.

Die Rechnung ergibt:

$$\Theta_L = \Theta_C \cdot \frac{2}{(e^{+mL} + e^{-mL}) + B \cdot (e^{+mL} - e^{-mL})} \tag{22 a}$$

$$= \Theta_C \cdot \frac{1}{\mathfrak{Cof}\,(mL) + B \cdot \mathfrak{Sin}\,(mL)} \tag{22 b}$$

oder

$$\frac{\Theta_L}{\Theta_C} = \Phi(mL, B) = \Phi(K_1, K_2). \tag{22 c}$$

Besprechung der Lösung. Die Temperatur Θ_L am Ende des Stabes kann immer nur ein Bruchteil der Temperatur Θ_C am Anfang des Stabes sein. Der Zahlenwert dieses Bruches ist, zufolge Gl. (22 c), eine Funktion mit nur zwei Veränderlichen K_1 und K_2, die wir beide als Kenngrößen im oben abgeleiteten Sinne auffassen können.

Die erste Kenngröße

$$K_1 = m \cdot L = \sqrt{\frac{\alpha \cdot U}{\lambda \cdot F}} \cdot L$$

ist die schon von Aufgabe 6 her bekannte Kenngröße.

Die zweite Kenngröße ist:

$$K_2 = \frac{\alpha_L}{\lambda} \cdot \frac{1}{m} = \frac{\alpha_L}{\lambda} \cdot L \cdot \frac{1}{m \cdot L} = \left(\frac{\alpha_L}{\lambda} \cdot L\right) \cdot \frac{1}{K_1}.$$

Mit Benützung dieser Kenngrößen heißt das Ergebnis der Rechnung:

$$\frac{\Theta_L}{\Theta_C} = \frac{1}{\mathfrak{Cof}(K_1) + \left(\frac{\alpha_L}{\lambda} \cdot L\right) \cdot \frac{1}{K_1} \cdot \mathfrak{Sin}(K_1)}. \tag{22 d}$$

Über die Zahlenwerte der Funktionen $\mathfrak{Cof}$ und $\mathfrak{Sin}$ vergleiche man Abb. 58 im mathematischen Anhang auf S. 173 oder Taschenbuch Hütte I. Bd.

Der erste Summand im Nenner berücksichtigt die Abkühlung der Mantelfläche des Stabes, der zweite Summand die Abkühlung der Stirnfläche. In allen Fällen, in denen man glaubt den Einfluß der Stirnfläche vernachlässigen zu können, darf man statt Gl. (22 d) die einfachere Gleichung

$$\frac{\Theta_L}{\Theta_C} = \frac{1}{\mathfrak{Cof}(K_1)} \tag{22 e}$$

verwenden.

Zahlenbeispiel. Bei einer Kompressoranlage wird die Temperatur der Luft im Windkessel mittels eines Thermometers gemessen, das in einem eisernen Thermometerrohr nach Abb. 8 steckt. Wie groß ist ungefähr der Meßfehler, der dadurch entsteht, daß das untere Ende des Thermometerrohres infolge Wärmeableitung längs der Wandung nicht die Temperatur der Preßluft annimmt, wenn

1. das Thermometer 100⁰ C anzeigt,

2. die Temperatur der Kesselwandung zu 50⁰ C geschätzt wird.

3. die Wärmeübergangszahl von der Preßluft an das Thermometerrohr zu $\alpha = 25$ angenommen wird?

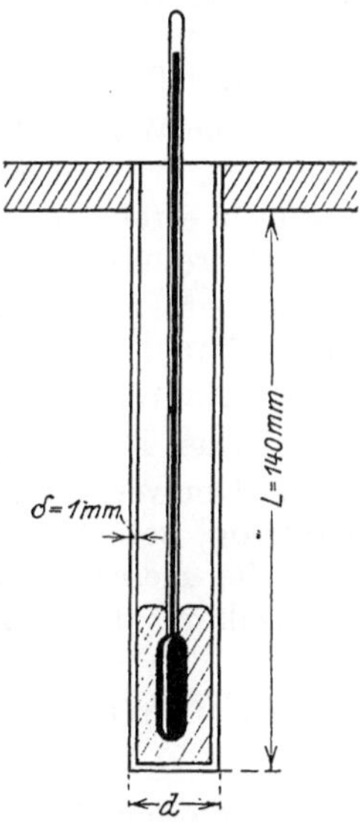

Abb. 8. Thermometerrohr.

Da die Stirnfläche des Thermometerrohres sehr klein ist im Vergleich zur Mantelfläche, können wir mit großer Annäherung bei der Rechnung in Gl. (22b) den ganzen zweiten Summanden im Nenner vernachlässigen; wir können also setzen:

$$\text{Meßfehler} = \Theta_L = \Theta_C \cdot \frac{1}{\mathfrak{Cof}(K_1)} \,.$$

Zur Ermittlung von $K_1 = \sqrt{\dfrac{\alpha \cdot U}{\lambda \cdot F}} \cdot L$ berechnen wir

$$U = d\pi,$$

$$F = \frac{\pi}{4}\left(d^2 - (d - 2\,\delta)^2\right) = \pi \cdot (d - \delta) \cdot \delta$$

oder näherungsweise $= \pi \cdot d \cdot \delta$;

damit wird

$$K_1 = \sqrt{\frac{\alpha \cdot d \cdot \pi}{\lambda \cdot d \cdot \delta \cdot \pi}} \cdot L = \sqrt{\frac{\alpha}{\lambda \cdot \delta}} \cdot L; \tag{23}$$

$$= \sqrt{\frac{25}{50 \cdot 0{,}001}} \cdot 0{,}14 = 3{,}14\,.$$

Der Meßfehler ist:

$$\Theta_L = \left(100^0 - 50^0\right) \cdot \frac{1}{\mathfrak{Cof}\,(3{,}14)} = 50^0 \cdot \frac{1}{11{,}6} = 4{,}3^0\,.$$

Bei einer Temperatur von 100^0 C ist ein Meßfehler von $4{,}3^0$ immerhin schon recht beachtenswert.

Die Gl. (23) zeigt den Weg, auf welchem sich dieser Fehler verkleinern läßt:

1. Die Wärmeübergangszahl α muß möglichst groß sein. — Dies läßt sich, wie im zweiten Hauptteil des Buches gezeigt werden wird, dadurch erreichen, daß man den äußeren Durchmesser d des Thermometerrohres klein macht.

2. Der Wert λ muß möglichst klein sein. — Es würde sich also empfehlen das Rohr aus Nickelstahl ($\lambda = 11$) herzustellen.

3. Die Wandstärke des Rohres muß möglichst klein sein.

4. Das Thermometerrohr soll sehr lang sein.

5. Der Wert Θ_C ($=$ Lufttemperatnr minus Temperatur der Kesselwandung) soll sehr klein sein. — Dies ist dadurch zu erreichen, daß man die Kesselwand, dort wo das Thermometerrohr eingesetzt ist, gut isoliert, damit sie möglichst ebenso heiß ist als die Preßluft.

III. Die Wärmeleitung im Beharrungszustand als Problem der Potentialtheorie.

In diesem Abschnitt sollen einige mathematische Begriffe und Beziehungen besprochen werden, deren Kenntnis für später nötig ist.

1. Die räumliche Temperaturverteilung im Beharrungszustand findet ihren mathematischen Ausdruck durch eine Gleichung zwischen den drei Koordinaten des Raumes als unabhängigen Veränderlichen und der Temperatur als der abhängigen Veränderlichen, also

$$\Theta = f(x, y, z) \text{ in kartesischen Koordinaten,}$$
$$\Theta = f(r, \varphi, z) \text{ „ Zylinder- „ ,}$$
$$\Theta = f(r, \chi, \varphi) \text{ „ Kugel- „ .}$$

Im Interesse der Einfachheit sollen jedoch nur solche Fälle besprochen werden, bei denen die Temperatur jeweils nur mit einer Koordinate (x, bzw. r, bzw. r) sich ändert, so daß sich die drei einfacheren Gleichungen

$$\Theta = f(x) \text{ bzw. } \Theta = f(r) \text{ bzw. } \Theta = f(r)$$

ergeben.

2. Nach den Lehren der mathematischen Physik muß für den Fall der reinen Wärmeleitung im Beharrungszustand die Temperaturverteilung der Bedingungsgleichung:

$$\Delta^2 \Theta = 0 \tag{24a}$$

genügen.

$\Delta^2 \Theta$ heißt der Laplacesche Differentialparameter oder auch der Differentialparameter 2. Ordnung; er ist ein kurzes Symbol für eine Rechenoperation, welche ermittelt, um wieviel die Temperatur in einem untersuchten Punkt von dem Durchschnittswert der Temperatur der unmittelbar benachbarten Punkte abweicht.

Der besseren Vorstellbarkeit wegen wollen wir um den untersuchten Punkt, den sogenannten Aufpunkt, eine sehr kleine Kugel gelegt denken und vergleichen dann den Durchschnitts- oder Mittelwert aller Temperaturen an der Kugeloberfläche mit der Temperatur im Kugelmittelpunkt. Nur wenn diese beiden Werte einander gleich sind, ändert sich die Temperatur im Aufpunkt nicht, nur dann ist Beharrungszustand möglich. Dies ist der Sinn von Gl. (24a).

Bringt man Gl. (24a) auf Koordinatenform, so lautet sie

$$\text{in kartesischen Koordinaten:}\quad \frac{d^2\Theta}{dx^2} = 0$$

$$\text{„ Zylinder- „}\quad \frac{d^2\Theta}{dr^2} + \frac{1}{r}\cdot\frac{d\Theta}{dr} = 0 \tag{24b}$$

$$\text{„ Kugel- „}\quad \frac{d^2\Theta}{dr^2} + \frac{2}{r}\cdot\frac{d\Theta}{dr} = 0.$$

3. Vom Standpunkt der mathematischen Physik aus betrachtet ist das Gebiet der reinen Wärmeleitung nur ein Teilgebiet der allgemeinen Potentialtheorie.

Liegen die das Potential ψ erzeugenden Massen ϱ innerhalb des Feldes, so muß das Potential der Bedingungsgleichung

$$\Delta^2 \psi = 4\pi\cdot\varrho$$

genügen.

Dem entspricht bei der Wärmeleitung der Fall, daß innerhalb des Feldes sogenannte Wärmequellen vorhanden sind, in welchen durch Umwandlung anderer Energiearten (z. B. Elektrizität) Wärme entsteht.

Liegen dagegen die das Potential erzeugenden Massen außerhalb des Feldes, so muß das Potential der Bedingungsgleichung

$$\Delta^2 \psi = 0$$

genügen.

Dies entspricht dem Fall der reinen Wärmeleitung.

Die Potentialtheorie bildet somit die mathematische Grundlage der Lehre von der Wärmeleitung im Beharrungszustand.

B. Abklingende Temperaturverteilung.

Dieser Abschnitt umfaßt Vorgänge, bei welchen ursprünglich Temperaturunterschiede vorhanden waren, die nun dem Ausgleich zustreben.

I. Die rechnerischen Grundlagen.

a) Die Differentialgleichung.

Wenn die Temperatur im untersuchten Gebiet nicht mehr konstant ist, gilt statt der Gl. (24) die Gleichung

$$\frac{\partial \Theta}{\partial t} = a \cdot \Delta^2 \Theta. \tag{25}$$

$\partial \Theta / \partial t$ ist hierbei der zeitliche Temperaturanstieg im Aufpunkt und Gl. (25) können wir wie folgt deuten:

Ist die Temperatur in der Umgebung des Aufpunktes höher als im Aufpunkt selbst ($\Delta^2 \Theta$ positiv), so strömt Wärme aus der Umgebung nach dem Aufpunkt hin und erhöht damit dessen Temperatur ($\partial \Theta / \partial t$ ebenfalls positiv).

Wenn im umgekehrten Fall die Temperatur in der Umgebung niederer ist als im Aufpunkt, so strömt vom Aufpunkt Wärme weg und seine Temperatur sinkt.

Der Proportionalitätsfaktor a hängt von den Eigenschaften des untersuchten Stoffes ab, und zwar wird er gebildet aus der Wärmeleitzahl λ, der Dichte γ und der spezifischen Wärme c nach der Gleichung:

$$a = \frac{\lambda}{\gamma \cdot c} \left[\frac{\mathrm{m}^2}{\mathrm{h}} \right]. \tag{26}$$

Man nennt a die „Temperaturleitzahl". In der Literatur, vor allem in rein mathematischen Schriften findet man häufig die Schreibweise a^2 statt a. In der letzten Zeit bürgert sich aber mehr und mehr die Schreibweise a ein. Auf diese Unstimmigkeit ist beim Vergleich mit anderen Schriften zu achten.

b) Die Randbedingungen.

Neben der Differentialgleichung gelten völlig unverändert die drei Arten der Oberflächenbedingung, wie wir sie bei der zeitlich konstanten Temperaturverteilung kennengelernt haben.

Dazu tritt jetzt noch eine weitere Bedingung, welche vorschreibt, wie die ursprüngliche Temperaturverteilung, deren Abklingen wir verfolgen, beschaffen war.

Im Grunde genommen könnte diese Temperaturverteilung zur Zeit $t=0$ ganz beliebig beschaffen sein. Wir wollen uns jedoch auf solche Fälle beschränken, bei welchen die Temperatur ursprünglich im ganzen Körperinnern den gleichen Wert Θ_C hatte und dann eine allgemeine Abkühlung oder Erwärmung des Körpers durch seine Oberfläche bei konstanter Umgebungstemperatur stattfindet.

Die mathematische Physik bevorzugt statt der Namen Oberflächenbedingungen und Anfangsbedingung die Bezeichnungen räumlich und zeitliche Randbedingungen und nennt das ganze Gebiet Randwertaufgaben. Die Wärmeleitung in festen Körpern erscheint in diesem Zusammenhang nur als ein Teil eines sehr viel größeren Aufgabengebietes.

c) Das Temperaturfeld.

Wenn wir uns die Aufgabe stellen das Abklingen der Temperaturverteilung zu verfolgen, so heißt das, wir wollen feststellen, wie sich die Temperatur an einer festgehaltenen Stelle mit der Zeit ändert und zugleich, wie sie sich in einem festgehaltenen Augenblick von Ort zu Ort ändert. Rechnerich gesprochen heißt dies, wir wollen Θ als Funktion des Ortes und der Zeit bestimmen in der Form

$$\Theta = f(t, x) \quad \text{bei kartesischen Koordinaten,}$$
$$\Theta = f(t, r) \quad \text{bei Zylinder-Koordinaten,}$$
$$\Theta = f(t, r) \quad \text{bei Kugel-Koordinaten.}$$

Von dieser Funktion wird verlangt, daß sie

1. der Differentialgeichung (25) genügt,
2. die vorgeschriebene Oberflächenbedingung erfüllt,
3. für $t = 0$ in die verlangte Anfangstemperaturverteilung übergeht.

d) Der mathematische Weg zur Lösung.

Im nachstehenden soll ein Weg angedeutet werden, der zwar nicht bei allen, aber doch bei vielen Aufgaben zum Ziele führt.

Wir suchen eine Funktion, von der wir vorerst nur die eine Bedingung verlangen, daß sie die Differentialgleichung (25) befriedigt, und zwar machen wir den Versuch mit einer Funktion, die sich als Produkt zweier Teilfunktionen darstellen läßt, von denen die eine nur von t, die andere nur von x (bzw. r, bzw. r) abhängt. Wir setzen also

$$\Theta = f(t, r) = \varphi(t) \cdot \psi(r). \tag{a}$$

Da nach den Ausführungen auf S. 175 die Exponentialfunktion mit negativem Exponenten sich besonders zur Darstellung von abklingenden Vorgängen eignet, so empfiehlt sich ein Versuch mit der Funktion

$$\Theta = e^{-kt} \cdot \psi(r),$$

in welcher k eine vorerst noch unbestimmte Größe ist. Die Formeln schreiben sich später einfacher, wenn wir schon jetzt statt der unbestimmten Größe k eine andere unbestimmte Größe n einführen nach der Gleichung $k = n^2 \cdot a$.

Wir gelangen so zu dem Ansatz

$$\Theta = e^{-n^2 \cdot a \cdot t} \cdot \psi(r). \qquad\qquad (b)$$

Um zu kontrollieren, ob diese Exponentialfunktion mit der Differentialgleichung verträglich ist, bilden wir die Ableitungen:

$$\frac{\partial \Theta}{\partial t} = -n^2 \cdot a \cdot e^{-n^2 \cdot a \cdot t} \cdot \psi(r)$$

sowie

$$\Delta^2 \Theta = e^{-n^2 \cdot a \cdot t} \cdot \Delta^2 \psi(r)$$

und setzen diese in Gl. (25) ein, welche dann lautet:

$$-n^2 \cdot a \cdot e^{-n^2 \cdot a \cdot t} \cdot \psi = a \cdot e^{-n^2 \cdot a \cdot t} \cdot \Delta^2 \psi$$

oder

$$\Delta^2 \psi + n^2 \cdot \psi = 0. \qquad\qquad (27a)$$

Dies beweist, daß die Exponentialfunktion mit der Differentialgleichung verträglich ist, wenn es gelingt, für Gl. (27a) eine Lösung zu finden.

Statt der Funktion $f(t, x)$ haben wir jetzt nur mehr die Funktion $\psi(x)$ zu suchen und dies ist bedeutend einfacher, weil Gl. (27) nur mehr eine totale Differentialgleichung ist, während Gl. (25) eine partielle war.

Die Gl. (27a) lautet in Koordinatenform, vgl. Gl. (24b):

in kartesischen Koordinaten: $\dfrac{d^2 \psi(x)}{dx^2} + n^2 \cdot \psi(x) = 0,$ \qquad (27b)

in Zylinderkoordinaten: $\dfrac{d^2 \psi(r)}{dr^2} + \dfrac{1}{r} \cdot \dfrac{d\psi(r)}{dr} + n^2 \cdot \psi(r) = 0,$ (27c)

in Kugelkoordinaten: $\dfrac{d^2 \psi(r)}{dr^2} + \dfrac{2}{r} \cdot \dfrac{d\psi(r)}{dr} + n^2 \cdot \psi(r) = 0.$ (27d)

Von den Gl. (27) kennt man verschiedene Lösungen, von denen für die Zwecke des Buches die nachstehenden von Bedeutung sind:

zu Gl. (27b): die Kosinusfunktion

$$\psi(x) = C \cdot \cos(n x),$$

zu Gl. (27c): die Besselsche Funktion 0-ter Ordnung, I. Art.

$$\psi(r) = C \cdot J_0(n r),$$

zu Gl. (27d): die Funktion

$$\psi(r) = C \cdot \frac{\sin(n r)}{(n r)}.$$

Als Lösung unserer Differentialgleichung (25) erscheinen somit

$$\Theta = C \cdot e^{-n^2 a t} \cdot \psi(n r) \quad \text{in allgemeiner Form} \tag{28a}$$

$$\Theta = C \cdot e^{-n^2 a t} \cdot \cos(n x) \quad \text{in Koordinatenform} \tag{28b}$$

$$\Theta = C \cdot e^{-n^2 a t} \cdot J_0(n r) \qquad " \qquad\qquad " \tag{28c}$$

$$\Theta = C \cdot e^{-n^2 a t} \cdot \frac{\sin(n r)}{(n r)} \qquad " \qquad\qquad " \tag{28d}$$

Darin stellen C und n vorläufig noch willkürliche, konstante Werte dar.

Unsere Lösungen erfüllen bis jetzt nur die eine Bedingung, daß sie der Differentialgleichung (25) genügen. Dagegen entsprechen sie noch nicht der Oberflächenbedingung und der Anfangsbedingung.

Durch das Anpassen der Lösung (28) an die Oberflächenbedingung wird der Wert n bestimmt und durch das Anpassen an die Anfangsbedingung der Wert C.

An der Oberfläche, also für $r = R$, gilt die Bedingung

$$\alpha \cdot \Theta_{r=R} = -\lambda \cdot \left(\frac{\partial \Theta}{\partial r}\right)_{r=R},$$

welche bei Anwendung auf Gl. (28a) lautet

$$\frac{\alpha}{\lambda} \cdot \psi(n R) = -n \cdot \psi'(n R).$$

Wir multiplizieren beiderseits mit R und setzen zugleich statt α/λ den Buchstaben h (vgl. S. 9).

$$(h \cdot R) \cdot \psi(n R) = -(n R) \cdot \psi'(n R). \tag{29a}$$

Nun fassen wir nicht mehr n sondern $(n R)$ als Unbekannte auf und bezeichnen sie mit ν.

$$(h R) \cdot \psi(\nu) = -\nu \cdot \psi'(\nu). \tag{29b}$$

Diese Gleichung hat stets unendlich viele Wurzeln ν_1, ν_2, ..., ν_k ...; dabei hängt das System dieser unendlich vielen Zahlenwerte ν nur von der einen unabhängigen Veränderlichen $(h \cdot R)$ in der Bedingungsgleichung (29b) ab.

Da wir gesetzt hatten

$$n \cdot R = \nu,$$

so ist

$$n \cdot r = \nu \cdot \frac{r}{R}$$

und

$$n^2 \cdot a \cdot t = \nu^2 \cdot \frac{a \cdot t}{R^2}.$$

Unsere Lösung (28 a) zerfällt somit in unendlich viele Einzellösungen von der Form

$$\Theta_1 = C_1 \cdot e^{-\nu_1^2 \cdot \frac{at}{R^2}} \cdot \psi \left(\nu_1 \cdot \frac{r}{R} \right)$$

$$\Theta_2 = C_2 \cdot e^{-\nu_2^2 \cdot \frac{at}{R^2}} \cdot \psi \left(\nu_1 \cdot \frac{r}{R} \right)$$

$$\cdot \cdot = \cdot \cdot \cdot \cdot \cdot \cdot \cdot \cdot$$

$$\Theta_k = C_k \cdot e^{-\nu_k^2 \cdot \frac{at}{R^2}} \cdot \psi \left(\nu_k \cdot \frac{r}{R} \right).$$

$$\cdot \cdot = \cdot \cdot \cdot \cdot \cdot \cdot \cdot \cdot$$

Es läßt sich beweisen, daß auch die Summe all dieser einzelnen Lösungen, nämlich

$$\Theta = \sum_{k=1}^{k=\infty} C_k \cdot e^{-\nu_k^2 \cdot \frac{at}{R^2}} \cdot \psi \left(\nu_k \cdot \frac{r}{R} \right), \tag{30a}$$

wieder eine Lösung der Differentialgleichung ist und zugleich die Oberflächenbedingung befriedigt. Um auch noch der Anfangsbedingung zu genügen, müssen wir in Gl. (30 a) $t = 0$ setzen und dann die Beiwerte C so bestimmen, daß die Gleichung

$$\Theta_{t=0} = \sum_{k=1}^{k=\infty} C_k \cdot \psi \left(\nu_k \cdot \frac{r}{R} \right)$$

die Anfangstemperaturverteilung darstellt. Das hierbei einzuschlagende Verfahren heißt die harmonische Analyse.

Da wir uns in diesem Buche auf Aufgaben beschränken wollen, bei denen die Anfangstemperatur im ganzen Innern der Körper konstant, nämlich gleich Θ_C ist, so bilden die C_k ein unveränderliches Wertesystem. Aus Gl. (30 a) folgt dann, daß die Temperatur an der Stelle r abhängt:

1. von dem Verhältnis r/R,

2. von dem Werte der Kenngröße $\dfrac{a \cdot t}{R^2}$,

3. von dem Wertesystem: $\nu_1, \nu_2, \ldots, \nu_k \ldots$, und damit indirekt von der Kenngröße $(h \cdot R)$.

Wir können also schreiben:

$$\Theta_r = \Theta_C \cdot \Phi \left(h R, \frac{at}{R^2}, \frac{r}{R} \right). \tag{30b}$$

Die Ergebnisse dieser mathematischen Entwicklungen wollen wir nun zur Darstellung des Abkühlungsvorganges von geometrisch einfachen Körpern verwenden (siehe Lit.-Verz. 23).

II. Die Lösung von Aufgaben.

Aufgabe 8. Abkühlung der Kugel.

„Eine Kugel vom Halbmesser R, die zuerst in ihrer ganzen Masse auf die Temperatur T_1 °C erwärmt war, werde plötzlich in eine Umgebung von der niedrigeren Temperatur T_2 °C gebracht. Unter der Annahme, daß die Stoffwerte der Kugel sowie die Wärmeübergangszahl bekannt sind, ist der Abkühlungsvorgang zu berechnen und zwar sind nachstehende drei Fragen zu beantworten: Welches ist für einen gegebenen späteren Zeitpunkt

1. die Temperatur der Oberfläche,
2. die Temperatur im Mittelpunkt,
3. die von der Kugel bis dahin abgegebene Wärme?“

Die Schreibweise aller Gleichungen vereinfacht sich wesentlich, wenn wir die Temperaturen nicht nach Celsiusgraden rechnen, sondern wenn wir die Umgebungstemperatur T_2 °C gleich null setzen. Alle Temperaturen der Kugel gelten dann als Übertemperaturen und sollen mit Θ bezeichnet werden. (Bei der Erwärmung einer kalten Kugel in heißer Umgebung ergeben sich dabei die Temperaturen Θ von selbst negativ.)

In gleicher Weise soll nicht mit dem Wärmeinhalt der Kugel gerechnet werden, sondern nur mit ihrem Wärmeüberschuß über Umgebungstemperatur.

Die Temperatur Θ_r eines Punktes im Abstand r vom Mittelpunkt ist nach den Lehren der mathematischen Physik gleich:

$$\Theta_r = \Theta_C \cdot \sum_{k=1}^{k=\infty} 2 \, \frac{\sin \nu_k - \nu_k \cdot \cos \nu_k}{\nu_k - \sin \nu_k \cdot \cos \nu_k} \cdot e^{-\nu_k{}^2 \cdot \frac{at}{R^2}} \cdot \frac{\sin \left(\nu_k \cdot \dfrac{r}{R} \right)}{\nu_k \cdot \dfrac{r}{R}},$$

worin ν_k das System der unendlich vielen Wurzeln der transzendenten Gleichung

$$(1 - hR) \cdot \sin \nu = \nu \cdot \cos \nu$$

ist.

Die Größe h ist dabei wieder die relative Wärmeübergangszahl α/λ.

Wir übernehmen nun aus den mathematischen Entwicklungen der letzten Seiten das wichtige Ergebnis, daß sich die unendliche Reihe in dem Ausdruck für Θ_r als eine Funktion von nur drei Veränderlichen auffassen läßt. Die Veränderlichen sind die drei Kenngrößen

$$hR, \quad \frac{at}{R^2}, \quad \frac{r}{R}.$$

Wenn wir statt des veränderlichen Wertes r die beiden festen Werte $r = R$ und $r = 0$ betrachten, uns also nur um die Temperatur an der Oberfläche und die Temperatur im Mittelpunkte kümmern, so vermindert sich die Zahl der Veränderlichen auf zwei und wir erhalten:

Temperatur der Oberfläche:

$$\Theta_0 = \Theta_C \cdot \Phi_0\left(h\,R,\ \frac{a\,t}{R^2}\right),\tag{31}$$

Temperatur im Mittelpunkt:

$$\Theta_m = \Theta_C \cdot \Phi_m\left(h\,R,\ \frac{a\,t}{R^2}\right).\tag{32}$$

Für die Wärmemenge, welche die Kugel bis zur Zeit t abgegeben hat, liefert die mathematische Physik die Gleichung

$$Q_h = \frac{4}{3}\cdot R^3\,\pi\cdot c\cdot\gamma\cdot\Theta_C\cdot\sum_{k=1}^{k=\infty} 6\cdot\frac{1}{v_k{}^3}\cdot\frac{(\sin v_k - v_k\cdot\cos v_k)^2}{v_k - \sin v_k\cdot\cos v_k}\cdot\left(1 - e^{-v_k{}^2\frac{a\,t}{R^2}}\right).\tag{33a}$$

Da Θ_C die Übertemperatur der Kugel zur Zeit $t = 0$ bedeutet, so ist

$$\tfrac{4}{3}\,R^3\,\pi\cdot c\cdot\gamma\cdot\Theta_C = (\text{W.-Ü.})_0$$

gleich dem Wärmeüberschuß der Kugel zur Zeit $t = 0$.

Unter Hervorhebung der Kenngrößen können wir schreiben:

$$Q = (\text{W.-Ü.})_0\cdot\Psi\left(h\,R,\ \frac{a\,t}{R^2}\right).\tag{33b}$$

Die Werte der drei Funktionen Φ_0, Φ_m und Ψ sind in Form von Schaubildern in den Abb. 9, 10 und 11 dargestellt[1]).

Aufgabe 9. Abkühlung des Zylinders.

„Ein sehr langer Zylinder vom Halbmesser R werde plötzlich aus hoher Temperatur in niedrige Umgebungstemperatur gebracht. — Es soll für einen beliebigen späteren Zeitpunkt berechnet werden:

1. die Temperatur der Oberfläche,
2. die Temperatur der Achse,
3. die vom Zylinder bis dahin abgegebene Wärme bezogen auf ein Stück des Zylinders von der Länge L.“

Wenn wir wegen der großen Länge des Zylinders von der Abkühlung der Endflächen absehen, so gelangen wir zu einer Rechnung, die derjenigen bei der Kugel durchaus ähnlich ist. Es gilt nämlich für die Temperatur im Abstand r von der Achse die Gleichung

$$\Theta_r = \Theta_C\cdot\sum_{k=1}^{k=\infty} 2\cdot\frac{1}{\mu_k}\cdot\frac{J_1(\mu_k)}{J_0{}^2(\mu_k) + J_1{}^2(\mu_k)}\cdot e^{-\mu_k\cdot\frac{a\,t}{R^2}}\cdot J_0\left(\mu_k\cdot\frac{r}{R}\right)$$

und für die abgegebene Wärme gilt

$$Q = R^2\,\pi\cdot L\cdot c\cdot\gamma\cdot\Theta_C\cdot\sum_{k=1}^{k=\infty} 4\cdot\frac{1}{\mu_k{}^2}\cdot\frac{J_0(\mu_k)}{J_0{}^2(\mu_k) + J_1{}^2(\mu_k)}\cdot\left(1 - e^{-\mu_k{}^2\cdot\frac{a\,t}{R^2}}\right),$$

---

[1]) Ausführliche Zahlentafeln zu den Abb. 9 bis 17 finden sich in der ersten Veröffentlichung (Z. d. V. d. I. 1925, S. 705), aus der auch die Schaubilder übernommen sind.

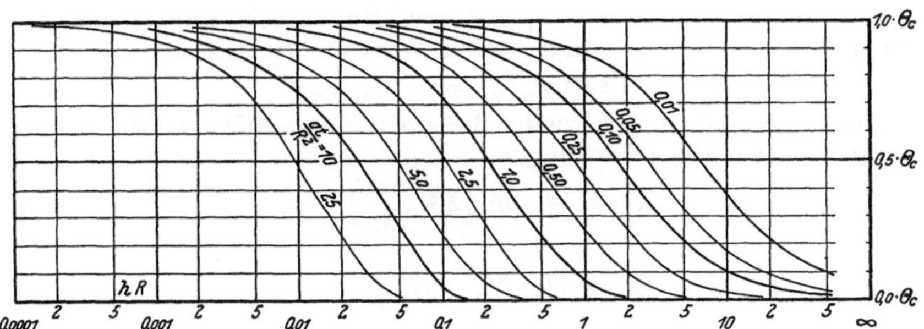

Abb. 9. Oberflächentemperatur der Kugel bei $\Theta_C = 1^0$:

$$\Theta_0 = \Theta_C \cdot \Phi_0 \left(\frac{a\,t}{R^2}, h\,R \right).$$

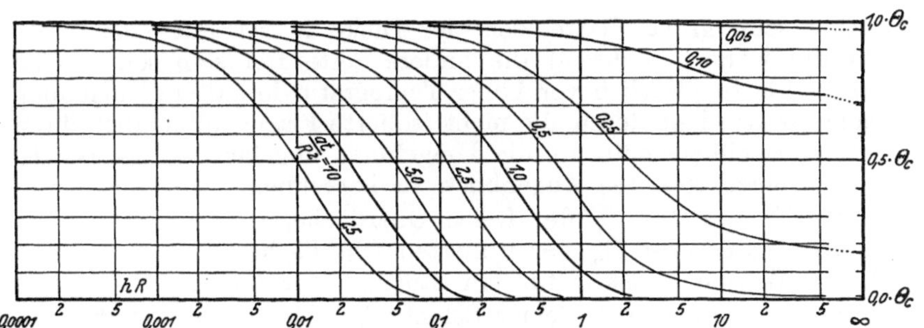

Abb. 10. Temperatur im Mittelpunkt der Kugel bei $\Theta_C = 1^0$:

$$\Theta_m = \Theta_C \cdot \Phi_m \left(\frac{a\,t}{R^2}, h\,R \right).$$

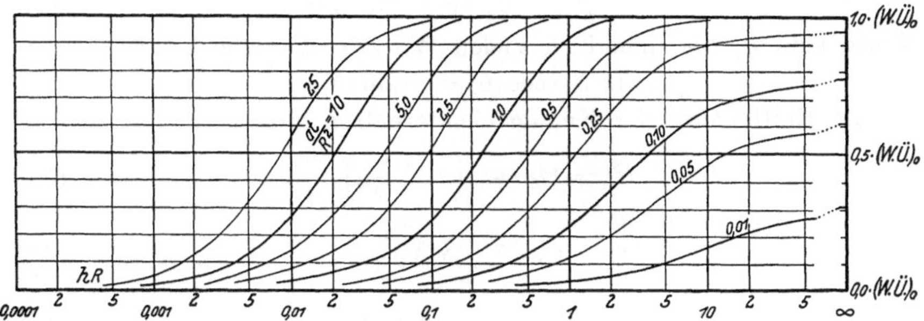

Abb. 11. Wärmeverlust der Kugel bei $\Theta^C = 1^0$:

$$Q = (\text{W.-Ü.})_0 \cdot \Psi \left(\frac{a\,t}{R^2}, h\,R \right).$$

darin bedeuten $J_0(\cdots)$ und $J_1(\cdots)$ zwei Besselsche Funktionen und μ_k das System der unendlich vielen Wurzeln der Gleichung

$$(h R) \cdot J_0(\mu) = \mu \cdot J_1(\mu).$$

Auch hier lassen sich wieder dieselben Kenngrößen einführen und es ergeben sich die Gleichungen:

$$\Theta_0 = \Theta_C \cdot \Phi_0\left(h R, \frac{a t}{R^2}\right), \tag{34}$$

$$\Theta_m = \Theta_C \cdot \Phi_m\left(h R, \frac{a t}{R^2}\right), \tag{35}$$

$$Q = (\text{W.-Ü.})_0 \cdot \Psi\left(h R, \frac{a t}{R^2}\right). \tag{36}$$

Die Werte auch dieser Funktionen sind nachstehend in Schaubildern wiedergegeben (Abb. 12, 13 und 14).

Aufgabe 10.   Einseitige Abkühlung der Platte.

„Eine sehr große Platte von der Dicke X sei auf einer Seite vollständig isoliert, während die andere Seite frei sein soll. Wird nun diese Platte plötzlich von hoher Temperatur in kältere Umgebung gebracht, so wird sie durch die nicht isolierte Fläche allmählich ihren ganzen Wärmeüberschuß an die Umgebung abgeben. — Es ist für einen beliebigen späteren Augenblick zu berechnen:

1. die Temperatur Θ_0 der freien Oberfläche,
2. die Temperatur Θ_m der isolierten Oberfläche
3. der Wärmeverlust Q für ein Stück F der Platte.“

Für die Temperatur Θ_x einer Schicht im Abstand x von der isolierten Oberfläche liefert die Rechnung

$$\Theta_x = \Theta_C \cdot \sum_{k=1}^{k=\infty} 2 \cdot \frac{\sin \delta_k}{\delta_k + \sin \delta_k \cdot \cos \delta_k} \cdot e^{-\delta_k{}^2 \cdot \frac{a t}{X^2}} \cdot \cos\left(\delta_k \cdot \frac{x}{X}\right)$$

und

$$Q = X \cdot F \cdot c \cdot \gamma \cdot \Theta_C \cdot \sum_{k=1}^{k=\infty} 2 \cdot \frac{\sin^2 \delta_k}{\delta_k{}^2 + \delta_k \cdot \sin \delta_k \cdot \cos \delta_k} \cdot \left(1 - e^{-\delta_k{}^2 \cdot \frac{a t}{X^2}}\right).$$

Hierin sind δ_k die unendlich vielen Wurzeln der Gleichung

$$(h X) \cdot \cos(\delta) = \delta \cdot \sin(\delta).$$

Mit Einführung der Kenngrößen erhalten wir:

$$\Theta_0 = \Theta_C \cdot \Phi_0\left(h X, \frac{a t}{X^2}\right), \tag{37}$$

$$\Theta_m = \Theta_C \cdot \Phi_m\left(h X, \frac{a t}{X^2}\right), \tag{38}$$

$$Q = (\text{W.-Ü.})_0 \cdot \Psi\left(h X, \frac{a t}{X^2}\right). \tag{39}$$

Über die Werte dieser Funktionen vergleiche man wieder die Schaubilder (Abb. 15, 16 und 17).

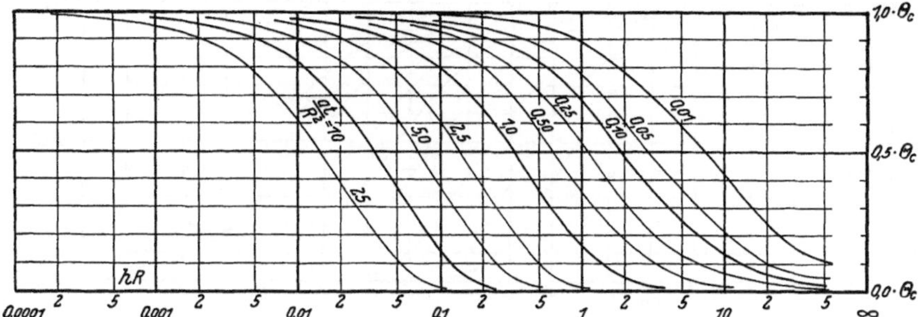

Abb. 12. Oberflächentemperatur des Zylinders bei $\Theta_C = 1^0$:
$$\Theta_0 = \Theta_C \cdot \Phi_0\left(\frac{a\,t}{R^2},\, h\,R\right).$$

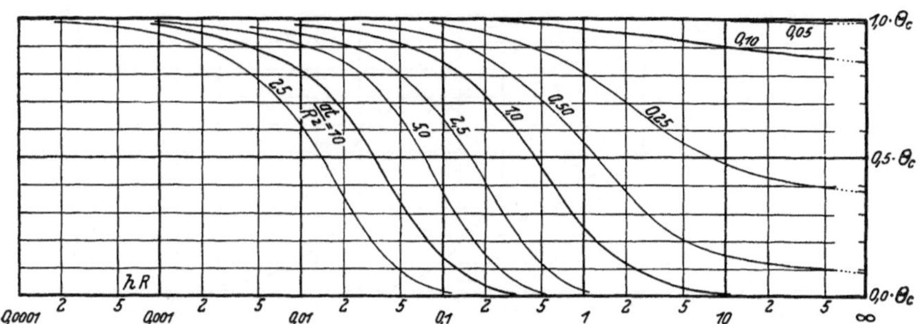

Abb. 13. Temperatur in der Achse des Zylinders bei $\Theta_C = 1^0$:
$$\Theta_m = \Theta_C \cdot \Phi_m\left(\frac{a\,t}{R^2},\, h\,R\right).$$

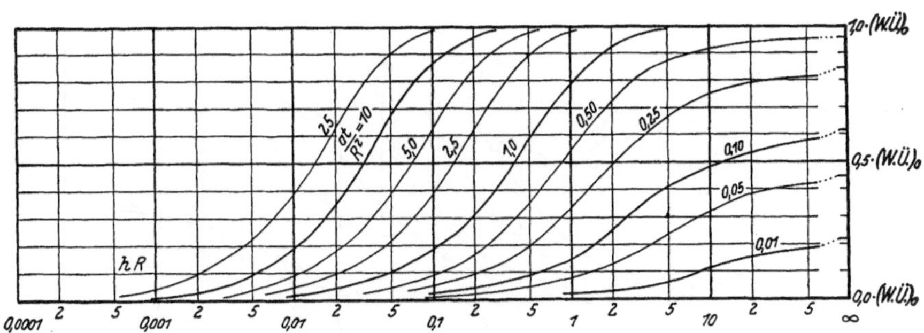

Abb. 14. Wärmeverlust des Zylinders bei $\Theta_C = 1^0$:
$$Q = (\text{W. Ü.})_0 \cdot \Psi\left(\frac{a\,t}{R^2},\, h\,R\right).$$

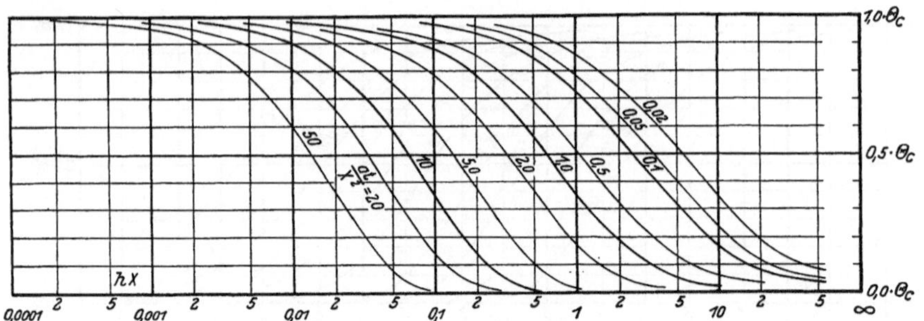

Abb. 15. Temperatur der freien Plattenoberfläche bei $\Theta_C = 1^0$:

$$\Theta_0 = \Theta_C \cdot \Phi_0 \left(\frac{a\,t}{X^2}, h\,X \right).$$

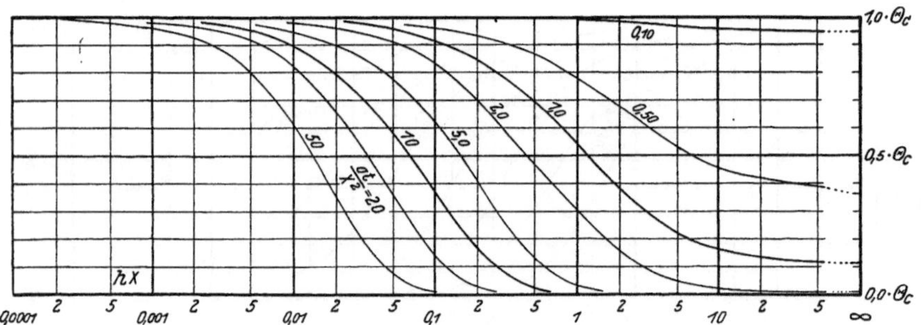

Abb. 16. Temperatur der isolierten Plattenoberfläche bei $\overline{\Theta_C} = 1^0$:

$$\Theta_m = \Theta_C \cdot \Phi_m \left(\frac{a\,t}{X^2}, h\,X \right).$$

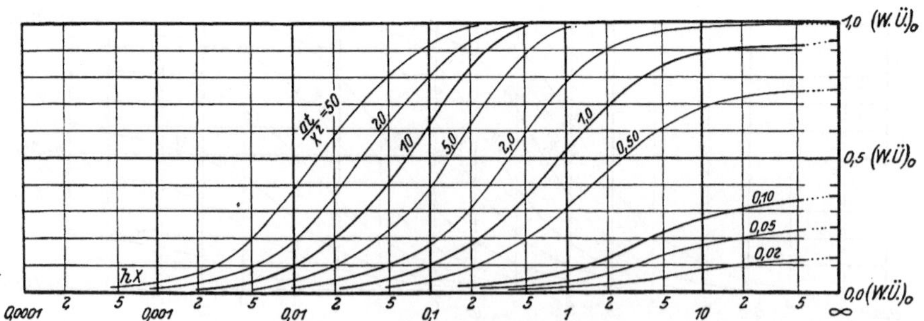

Abb. 17. Wärmeverlust der sich einseitig abkühlenden Platte bei $\Theta_C = 1^0$:

$$Q = (\text{W.\,Ü.})_0 \cdot \Psi \left(\frac{a\,t}{X^2}, h\,X \right).$$

Aufgabe 11. Beiderseitige Abkühlung der Platte.

Die letzte Aufgabe gibt zugleich die Lösung für eine beiderseits gleiche Abkühlung der Platte. Denn wenn die Abkühlungsverhältnisse der Platte beiderseits vollkommen gleich sind, so muß aus Symmetriegründen das Temperaturgefälle in der Mitte der Platte gleich null sein. Nun war aber bei der letzten Aufgabe durch die Bedingung der vollkommenen Isolierung dort ebenfalls das Temperaturgefälle null vorgeschrieben. Bei der beiderseitig sich abkühlenden Platte verhält sich also jede Plattenhälfte genau wie eine einseitig sich abkühlende Platte.

Ist D die ganze Dicke der Platte, so benutzt man eine Hilfsgröße

$$X = \frac{D}{2}$$

und kann mit dieser Größe aus den Abbildungen der letzten Aufgabe die Werte der Funktionen Φ_0, Φ_m und Ψ entnehmen. Zu beachten ist, daß hier

$$(\text{W.-Ü.})_0 = 2 \cdot X \cdot F \cdot c \cdot \gamma \cdot \Theta_C$$

ist.

Besprechung der vier Abkühlungsaufgaben.

a) Gebrauchsanweisung für die Schaubilder.

Da der Rechnungsgang bei allen Aufgaben der gleiche ist, soll der Gebrauch der Schaubilder nur an einem Beispiel — der Abkühlung einer Kugel — gezeigt worden.

Zahlenbeispiel. „Eine Stahlkugel von 20 cm Durchmesser, die in ihrer ganzen Masse auf 280^0 C erwärmt ist, wird rasch in ein Ölbad von 30^0 C getaucht. — Welches ist die Oberflächentemperatur und die Temperatur des Mittelpunktes sowie die im ganzen abgegebene Wärme nach 36 sek, 3 min und 12 min, wenn für die Wärmeübergangszahl von der Kugel an das Ölbad der Wert

$$\alpha = 500 \, [\text{kcal.m}^{-2}.\text{h}^{-1}.\text{Grad}^{-1}]$$

angenommen wird?“

1. Vorbereitende Rechnung. Der Halbmesser der Kugel ist in Metern anzugeben: also

$$R = 0{,}10 \, [\text{m}].$$

Die Zeit ist in Stunden einzusetzen:

$$t_1 = \tfrac{36}{3600} = 0{,}01 \, [\text{h}],$$
$$t_2 = \tfrac{3}{60} = 0{,}05 \, [\text{h}],$$
$$t_3 = \tfrac{12}{60} = 0{,}20 \, [\text{h}].$$

Aus physikalischen Tabellen entnimmt man für Stahl:

$$\lambda = 50 \, [\text{kcal.m}^{-1}.\text{h}^{-1}.\text{Grad}^{-1}],$$
$$\gamma = 7700 \, [\text{kg.m}^{-3}],$$
$$c = 0{,}13 \, [\text{kcal.kg}^{-1}.\text{Grad}^{-1}],$$

daraus errechnet sich:

$$a = \frac{\lambda}{c \cdot \gamma} = \frac{50}{0{,}13 \cdot 7700} = 0{,}05 \; [\mathrm{m^2 . h^{-1}}] \,.$$

2. Berechnung der Kenngrößen aus diesen Werten:

$$h R = \frac{\alpha}{\lambda} \cdot R = \frac{500}{50} \cdot 0{,}10 = 1{,}0 \,,$$

$$\left(\frac{a \cdot t}{R^2}\right)_1 = \frac{0{,}05}{0{,}01} \cdot 0{,}01 = 0{,}05 \,,$$

$$\left(\frac{a \cdot t}{R^2}\right)_2 = \frac{0{,}05}{0{,}01} \cdot 0{,}05 = 0{,}25 \,,$$

$$\left(\frac{a \cdot t}{R^2}\right)_3 = \frac{0{,}05}{0{,}01} \cdot 0{,}20 = 1{,}00 \,.$$

Ferner berechnet man den Wert

$$(\text{W.-Ü.})_0 = \frac{4}{3} \cdot \frac{1}{10^3} \cdot \pi \cdot 0{,}13 \cdot 7700 \cdot (280 - 30) = 1047 \; [\mathrm{kcal}] \,.$$

3. Endergebnis. Aus den Schaubildern liest man bei den Kenngrößen die Verhältnisse Θ_0/Θ_C, Θ_m/Θ_C und $Q/(\text{W.-Ü.})_0$ ab und berechnet dann noch die Temperaturen in Celsiusgraden nach der Gleichung:

$$\text{Temp. (Cels.)} = 30^0 + 250^0 \cdot \frac{\Theta}{\Theta_C} \,.$$

Man gelangt auf diese Weise zu den Werten der folgenden Übersicht:

	$t_1 = 36$ sek	$t_2 = 3$ min	$t_3 = 12$ min
$\Theta_0/\Theta_C =$	0,75	0,44	0,07
$\Theta_m/\Theta_C =$	1,00	0,69	0,11
$Q/(\text{W.-Ü.})_0 =$	0,12	0,47	0,92
Temp. der Oberfläche	217,5^0 C	140^0 C	47,5^0 C
Temp. im Mittelpunkt	280^0 C	202,5^0 C	57,5^0 C
Abgegebene Wärme	126 kcal	492 kcal	963 kcal

b) Der Temperaturverlauf längs des Radius.

Bei den meisten Abkühlungsaufgaben der Technik genügt die Kenntnis der Temperatur an der Oberfläche und in der Mitte. Will man in besonderen Fällen die ganze Temperaturverteilung kennen, so wählt man am besten das folgende, zeichnerische Verfahren, welches wieder an dem Beispiel der Kugel erläutert werden soll, welches aber in gleicher Weise bei Zylinder und Platte gilt.

Man trägt (vgl. nachstehende Abb. 18) über den beiden End-
punkten des Radius der Kugel die Werte Θ_0/Θ_C und Θ_m/Θ_C auf;
dann müssen die Temperaturkurven durch die Endpunkte dieser Or-
dinaten gehen. Für den Mittelpunkt müssen die Temperaturkurven
aus Symmetriegründen eine
wagrechte Tangente haben
und an der Oberfläche muß
die Tangente eine solche
Neigung haben, daß sie
auf der Abszissenachse die
Subtangente $s = 1/h = \lambda/\alpha$
abschneidet (vgl. S. 9).

Bei unserem Zahlen-
beispiel ist

$$s = \frac{50}{500} = 0{,}1\ [\mathrm{m}],$$

also zufälligerweise gleich
dem Radius. Von der Tem-
peraturkurve sind somit
zwei Tangenten bekannt,
und damit kann sie mit
genügender Genauigkeit gezeichnet werden.

Dieses zeichnerische Ver-
fahren versagt, wenn die
Wärmeübergangszahl un-
endlich groß wird, weil
dann die Subtangente un-
endlich klein und die Richtung der Tangente unbe-
stimmt wird.

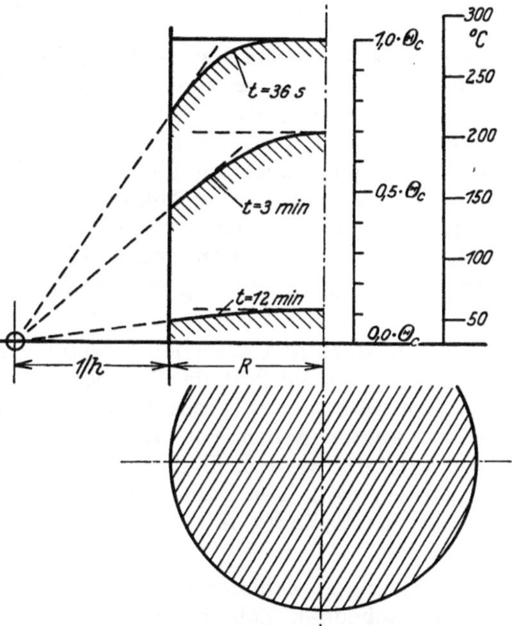

Abb. 18. Zeichnerisches Verfahren zur
Bestimmung der Temperaturen längs
eines Halbmessers der Kugel.

In diesem Falle können bei der Abkühlung einer Kugel die
Zahlenwerte der nachstehenden Tabelle entnommen werden.

Zahlentafel 2.

Temperaturen im Innern der Kugel bei $\Theta_C = 1^0\,\mathrm{C}$ und $\alpha = \infty$.

$$\Theta_r = \Theta_C \cdot \Phi_r\left(\frac{at}{R^2},\ \frac{r}{R}\right).$$

$\dfrac{a\,t}{R^2}$	r/R								
	0	$^5/_{100}$	$^1/_4$	$^1/_3$	$^1/_2$	$^2/_3$	$^3/_4$	$^9/_{10}$	1
0,000	1,00	1,00	1,00	1,00	1,00	1,00	1,00	1,00	1,00
0,004	1,00	1,00	1,00	1,00	1,00	1,00	0,99	0,39	0,00
0,016	1,00	1,00	1,00	1,00	0,99	0,91	0,79	0,18	0,00
0,036	0,99	0,99	0,98	0,96	0,88	0,68	0,53	0,10	0,00
0,064	0,91	0,91	0,86	0,81	0,68	0,47	0,35	0,06	0,00
0,100	0,71	0,70	0,65	0,60	0,47	0,32	0,23	0,04	0,00
0,196	0,29	0,29	0,26	0,24	0,18	0,12	0,09	0,02	0,00
0,256	0,16	0,16	0,14	0,13	0,10	0,07	0,05	0,01	0,00
0,400	0,04	0,04	0,03	0,03	0,02	0,02	0,01	0,00	0,00
∞	0,00	0,00	0,00	0,00	0,00	0,00	0,00	0,00	0,00

Die Zahlentafel 2 ist einer amerikanischen Arbeit von Williamson
und L. H. Adams (s. Lit.-Verz. 24) entnommen. Entsprechende Tabellen
für Zylinder und Platte sind mir nicht bekannt.

c) Vergleich zwischen Kugel, Zylinder und Platte.

Die Abkühlungsgeschwindigkeit eines Körpers ist um so größer,
je kleiner sein Volumen und damit sein Wärmeinhalt ist, und sie ist
um so größer, je größer seine Oberfläche ist. Da aber bei gleicher
linearer Abmessung R, R oder X das Verhältnis „Volumen zu Oberfläche" bei der Kugel am kleinsten und bei der Platte am größten
ist, so ist umgekehrt die Abkühlungsgeschwindigkeit bei der Kugel
am größten, bei der Platte am kleinsten. Dies findet man bestätigt,
wenn man in den zusammengehörigen Schaubildern 9 bis 17 die
Verhältnisse Θ_0/Θ_C und Θ_m/Θ_C bei gleichen Werten der Kenngrößen
vergleicht.

In den stark ausgezogenen Linien der Abb. 19 ist, für den Sonderfall $\alpha = \infty$, der Verlauf der Temperatur Θ_m für Kugel, Zylinder und
Platte aufgezeichnet. Dieses Schaubild konnte durch Werte aus der
oben erwähnten Arbeit von Williamson und Adams in wertvoller
Weise ergänzt werden, indem dort der Verlauf von Θ_m auch noch
für den quadratischen Balken von unendlicher Länge, für den Würfel
und für den Zylinder mit einer Länge gleich dem Durchmesser berechnet ist.

Die genauen Zahlenwerte der Williamsonschen Arbeit sind in
der nachstehenden Zahlentafel 3 wiedergegeben.

Zahlentafel 3.

**Temperaturen im Mittelpunkt oder der Achse verschiedener
Körper bei $\Theta_C = 1^0\,C$ und $\alpha = \infty$.**

$$\Theta_m = \Theta_e\,\Phi_m\left(\frac{a\,t}{X^2}\right).$$

$\dfrac{a\,t}{X^2}$	Platte	quadrat. Balken Länge $= \infty$	Würfel	Zylinder Länge $= \infty$	Zylinder Länge $=$ Dmr.	Kugel
0,032	1,00	1,00	1,00	1,00	1,00	1,00
0,080	0,98	0,95	0,93	0,92	0,89	0,83
0,100	0,95	0,90	0,86	0,85	0,81	0,71
0,160	0,85	0,72	0,61	0,63	0,53	0,41
0,240	0,70	0,49	0,35	0,40	0,28	0,19
0,320	0,58	0,33	0,19	0,25	0,15	0,09
0,800	0,18	0,03	0,01	0,02	0,00	0,00
1,600	0,02	0,00	0,00	0,00	—	—
3,200	0,00	—	—	—	—	—

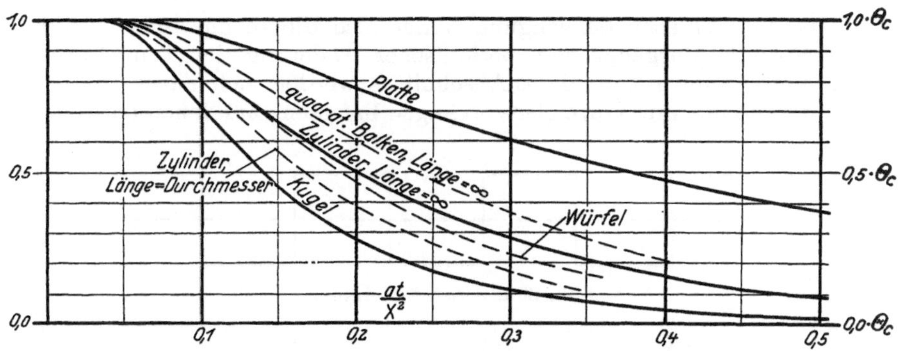

Abb. 19. Abkühlungsgeschwindigkeit für den Mittelpunkt oder die Achse verschiedener Körper.

C. Schwingende Temperaturverteilung.

Ein großer Teil der Arbeitsvorgänge im Maschinenbau besteht in einer ständigen Wiederholung desselben stets gleichbleibenden Arbeitsspieles, wodurch alle beteiligten Zustandsgrößen, darunter auch die Temperatur, periodischen Schwankungen unterworfen sind. Aber auch bei anderen Vorgängen aus dem großen Gebiet der Technik treten häufig durch stetig wiederkehrende Eingriffe — z. B. geregelte Betriebspausen — periodische Zustandsänderungen ein. Ein besonders wichtiges Beispiel sind die Umschaltevorgänge bei den Regeneratoren der großen technischen Feuerungen (Hochöfen, Siemens-Martin-Öfen, Glasschmelzöfen, Gaserzeugungsöfen).

Die Dauer eines vollständigen Arbeitsspieles heißt die Periode. Der zeitliche Verlauf der Temperatur während einer Periode kann dabei ein durchaus verschiedenartiger sein, z. B. sprungweise veränderlich, stetig steigend und fallend, usw. (vgl. Abb. 20). Für die Rechnung ist nur der in Abb. 20d dargestellte Verlauf unmittelbar brauchbar. Es ist dies die sogenannte harmonische Schwingung, welche nach dem Gesetz

$$\Theta = \Theta_M \cdot \cos\left(2\pi\frac{t}{t_0}\right) \quad \text{oder} \quad \Theta = \Theta_M \cdot \sin\left(2\pi\frac{t}{t_0}\right) \tag{41}$$

erfolgt. Dabei bedeutet t_0 die Periode und Θ_M den größten Ausschlag der Schwingung.

Das Verfahren der sogenannten harmonischen Analyse gestattet es jedoch, jede irgendwie gestaltete periodische Kurve mit beliebiger Annäherung als Übereinanderlagerung mehrerer verschiedenartiger Kosinuslinien darzustellen.

So ist z. B. die in Abb. 20e stark gezeichnete Kurve $F(x)$ durch Summierung der beiden Kosinuslinien

$$f_1(x) = 1{,}0 \cdot \cos\left(\frac{2\pi}{t_0} \cdot t\right) \quad \text{und} \quad f_2(x) = 0{,}5 \cdot \cos\left(\frac{2\pi}{t_0} \cdot \frac{t}{2} + \frac{\pi}{8}\right)$$

entstanden.

Die harmonische Schwingung bildet also die rechnerische Grundlage für alle Vorgänge mit periodischer Änderung der Temperatur, und die Ausführungen dieses Abschnittes werden sich darum in der Hauptsache nur mit Wärmeleitvorgängen befassen, bei denen entweder

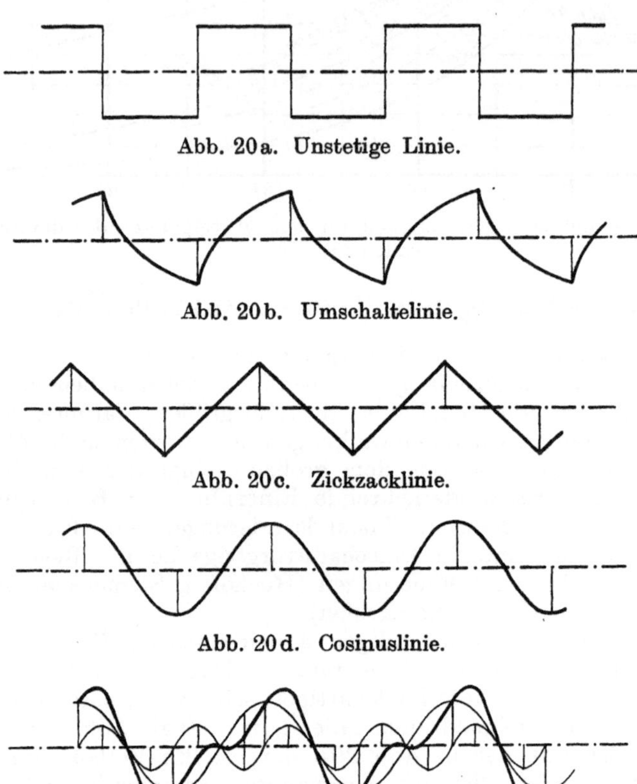

Abb. 20a. Unstetige Linie.

Abb. 20b. Umschaltelinie.

Abb. 20c. Zickzacklinie.

Abb. 20d. Cosinuslinie.

Abb. 20e. Linie: $1{,}0 \cdot \cos\left(2\,\pi\,t/t_0\right) + 0{,}5 \cdot \cos\left(\dfrac{2\,\pi}{t_0} \cdot \dfrac{t}{2} + \dfrac{\pi}{8}\right)$.

für die Oberflächentemperatur das Gesetz:

$$\Theta_0 = \Theta_M \cdot \cos\left(\frac{2\,\pi}{t_0} \cdot t\right)$$

oder für die Umgebungstemperatur das Gesetz:

$$\vartheta = \vartheta_M \cdot \cos\left(\frac{2\,\pi}{t_0} \cdot t\right)$$

vorgeschrieben ist.

Des weiteren wird stets angenommen, daß der Vorgang schon so lange gedauert hat, daß die ursprünglich vorhandene Temperaturverteilung ihren Einfluß verloren hat.

I. Die rechnerischen Grundlagen.

Da die Temperaturen sich mit der Zeit ändern, so bildet wieder die Differentialgleichung (25)

$$\frac{\partial \Theta}{\partial t} = a \cdot \Delta^2 \Theta$$

den Ausgangspunkt für die Rechnung.

Auch hier versuchen wir es mit einer Funktion, die sich als Produkt zweier Teilfunktionen nach der Form

$$\Theta = \varphi(t) \cdot \psi(x)$$

darstellen läßt.

Die nächstliegende Annahme, für $\varphi(t)$ die allgemeine periodische Funktion

$$\varphi(t) = C_1 \cdot \cos(nt) + C_2 \cdot \sin(nt)$$

zu setzen, führt nicht zum Ziel. Der Weg zur Lösung führt vielmehr mit Hilfe der Gleichung aus der Analysis

$$e^{\pm i\omega} = \cos \omega \pm i \cdot \sin \omega$$

durch das imaginäre Gebiet.

Wir setzen

$$\Theta = e^{+i \cdot n^2 \cdot a \cdot t} \cdot \psi(x) \tag{42}$$

und leiten durch Differentiation daraus ab:

$$\frac{\partial \Theta}{\partial t} = + i \cdot n^2 \cdot a \cdot e^{+i \cdot n^2 \cdot a \cdot t} \cdot \psi$$

und

$$\Delta^2 \Theta = e^{+i \cdot n^2 \cdot a \cdot t} \cdot \Delta^2 \psi.$$

Mit diesen Werten nimmt Gl. (25) die Gestalt an

$$+ i \cdot n^2 \cdot a \cdot e^{+i \cdot n^2 \cdot a \cdot t} \cdot \psi = a \cdot e^{+i \cdot n^2 \cdot a \cdot t} \cdot \Delta \psi$$

oder

$$\Delta^2 \psi - i \cdot n^2 \cdot \psi = 0 \tag{43}$$

bzw.

$$\Delta^2 \psi - [\sqrt{i} \cdot n]^2 \cdot \psi = 0.$$

Diese Gleichung entspricht durchaus der Gl. (27) bei den abklingenden Temperaturverteilungen, nur ist an die Stelle des reellen Parameters n der komplex-imaginäre Parameter $\sqrt{i} \cdot n$ getreten. Daß $\sqrt{i}$ keine rein imaginäre, sondern eine komplexe Größe ist, erkennt man aus der Gleichung

$$\sqrt{i} = \pm (1 + i) \cdot \sqrt{\tfrac{1}{2}} = \pm \left(\sqrt{\tfrac{1}{2}} + i \cdot \sqrt{\tfrac{1}{2}} \right), \tag{44}$$

von deren Richtigkeit man sich durch Quadrieren der rechten Seite überzeugen kann.

Über die Lösungen der Gl. (43) wird später bei den einzelnen Aufgaben noch gesprochen werden.

Die dann entstehenden Lösungen müssen noch den Oberflächenbedingungen angepaßt werden. Ein Anpassen an die Anfangsbedingung fällt immer dann fort, wenn der Vorgang schon so lange gedauert hat, daß die Anfangstemperaturverteilung sich ausgeglichen hat.

II. Die Lösung von Aufgaben.

Aufgabe 12. Der unendlich dicke Körper.

Wir denken uns bei der in Abb. 1 gezeichneten Platte die Dicke $\varDelta$ dadurch ständig wachsend, daß zwar die Oberfläche 1 an der Stelle $x = 0$ bleibt, die Oberfläche 2 aber nach $x = \infty$ hinausrückt. Auf diese Weise entsteht ein unendlich dicker Körper, welcher den ganzen Halbraum auf der positiven Seite der x-Achse erfüllt und nur mehr eine Oberfläche hat, nämlich die Ebene $x = 0$, welche wir durch den Zeiger Null (z. B. Θ_0) kennzeichnen wollen.

a) Oberflächenbedingung I. Art.

„Unter dem Einfluß irgendwelcher äußerer Vorgänge soll die Oberflächentemperatur des unendlich dicken Körpers harmonische Schwingungen nach dem Gesetz

$$\Theta_0 = \Theta_{0,\,M} \cdot \cos\left(2\,\pi \cdot \frac{t}{t_0}\right)$$

ausführen.

1. Welches ist der Temperaturverlauf im Innern des Körpers?

2. Wie groß ist die Wärme $Q_{t_0/2}$, welche innerhalb einer halben Periode in den Körper eindringt und während der nächsten halben Periode wieder zurückströmt?"

Mathematische Ableitung. Die Gl. (43) heißt in kartesischen Koordinaten:

$$\frac{d^2\,\psi(x)}{dx^2} - [\pm \sqrt{i} \cdot n]^2 \cdot \psi(x) = 0$$

und eine Lösung ist:

$$\psi(x) = C \cdot e^{\pm \sqrt{i} \cdot n x}.$$

Als Lösung der Wärmeleitungsgleichung ergibt sich mit den gefundenen Werten von $\varphi(t)$ und $\psi(x)$:

$$\Theta = C \cdot e^{+i \cdot n^2 \cdot a \cdot t} \cdot e^{\pm \sqrt{i} \cdot n x} = C \cdot e^{+i \cdot n^2 \cdot a \cdot t \,\pm\, \sqrt{i} \cdot n x}.$$

Durch Verwendung der Beziehung (44) lassen sich im Exponenten die reellen Teile von den rein imaginären Teilen trennen, und so ergibt sich die komplexe Lösung:

$$\Theta_1 + i \cdot \Theta_2 = C \cdot e^{\pm \sqrt{\frac{1}{2}} \cdot n x} \cdot e^{i \cdot (n^2 \cdot a \cdot t \,\pm\, \sqrt{\frac{1}{2}} \cdot n x)}$$

$$= C \cdot e^{\pm \sqrt{\frac{1}{2}} \cdot n x} \cdot \left(\cos\left(n^2 \cdot a \cdot t \pm \sqrt{\tfrac{1}{2}}\, n \cdot x\right) + i \cdot \sin\left(n^2 \cdot a \cdot t \pm \sqrt{\tfrac{1}{2}}\, n \cdot x\right)\right).$$

Durch Trennen des reellen Teiles von dem rein imaginären Teil ergeben sich zwei Lösungen:

$$\Theta_1 = C \cdot e^{\pm \sqrt{\frac{1}{2}} \cdot n x} \cdot \cos\left(n^2 \cdot a \cdot t \pm \sqrt{\tfrac{1}{2}} \cdot n x\right),$$

$$\Theta_2 = C \cdot e^{\pm \sqrt{\frac{1}{2}} \cdot n x} \cdot \sin\left(n^2 \cdot a \cdot t \pm \sqrt{\tfrac{1}{2}} \cdot n x\right),$$

welche aber gleichwertig sind, da nach den Regeln der Trigonometrie $\sin \alpha = \cos\left(\alpha \pm \dfrac{\pi}{4}\right)$ und wir ja den Zeitpunkt Null beliebig

wählen können. Wir beachten darum nur mehr die erste der beiden
Lösungen.

Von den beiden Vorzeichen $\pm$ dürfen wir aus physikalischen
Gründen nur das untere beachten, denn bei dem positiven Vorzeichen
würde sich ergeben, daß die Temperaturausschläge mit zunehmender
Tiefe unter der Oberfläche ständig wachsen würden, weil die Exponentialfunktion $e^{+\sqrt{\frac{1}{2}}\cdot nx}$ mit zunehmendem x über alle Grenzen wächst;
dies ist aber laut Erfahrung nicht möglich.

In der verbleibenden Gleichung:

$$\Theta = C \cdot e^{-\sqrt{\frac{1}{2}}\cdot nx} \cdot \cos\left(n^2 \cdot a \cdot t - \sqrt{\tfrac{1}{2}} \cdot nx\right)$$

sind die beiden noch unbekannten Konstanten C und n mit Hilfe
der Oberflächenbedingung zu bestimmen. Wir setzen $x = 0$ und erhalten:

$$\Theta_0 = C \cdot 1 \cdot \cos\left(n^2 \cdot a \cdot t - 0\right).$$

Dies muß nach Voraussetzung gleich sein:

$$\Theta_0 = \Theta_{0M} \cdot \cos\left(\frac{2\pi}{t_0} \cdot t\right).$$

Diese Gleichheit kann nur bestehen, wenn:

1. $C = \Theta_{0M}$ und

2. $n^2 = \dfrac{2\pi}{a \cdot t_0}$ ist.

Als Ergebnis der Rechnung erhalten wir für die Gleichung des
Temperaturfeldes die Beziehung:

$$\Theta = \Theta_{0M} \cdot e^{-x\cdot\sqrt{\frac{\pi}{a\cdot t_0}}} \cdot \cos\left(\frac{2\pi}{t_0} \cdot t - x \cdot \sqrt{\frac{\pi}{a\cdot t_0}}\right). \qquad (45)$$

Besprechung des Ergebnisses. Die Gl. (45) gibt uns die Temperatur als Funktion des Ortes und der Zeit.

Wir betrachten zuerst die Temperatur in einer bestimmten Tiefe x
unter der Oberfläche, lassen also x vorübergehend als Konstante
gelten und erhalten damit Θ als Funktion von t allein, finden also
die zeitliche Temperaturschwankung an dieser Stelle.

Θ erscheint hier als eine harmonische Schwingung (cos-Funktion)
von derselben Schwingungsdauer als die Schwingung der Oberflächentemperatur. Aber sie erleidet gegenüber dieser eine zeitliche Ver-
zögerung — eine Phasenverschiebung —, die durch das Glied $-x \cdot \sqrt{\dfrac{\pi}{a\cdot t_0}}$
zum Ausdruck kommt.

Der größte Ausschlag dieser Schwingung ist durch den Wert

$$\Theta_{0M} \cdot e^{-x\cdot\sqrt{\frac{\pi}{a\cdot t_0}}}$$

gegeben.

Dieser Ausschlag nimmt also mit zunehmender Tiefe unter der Oberfläche entsprechend dem Gesetz der Exponentialfunktion sehr rasch ab.

Eine andere Art, das Temperaturfeld zu betrachten, besteht darin, daß man vorübergehend t als Konstante betrachtet, daß man also ein Augenblicksbild der Temperaturkurve aufnimmt.

Da nach den Regeln der Trigonometrie $\cos(+\alpha) = \cos(-\alpha)$ ist, so können wir Gl. (45) auch in der Form

$$\Theta = \Theta_{0M} \cdot e^{-x \cdot \sqrt{\frac{\pi}{a \cdot t_0}}} \cdot \cos\left(x \cdot \sqrt{\frac{\pi}{a \cdot t_0}} - 2\pi \cdot t/t_0\right)$$

schreiben. Diese Gleichung wollen wir besprechen, indem wir sie aus einfacheren Formen allmählich aufbauen.

Eine Gleichung von der Form

$$f_1(x) = \Theta_{0M} \cdot \cos\left(x \cdot \sqrt{\frac{\pi}{a \cdot t_0}}\right)$$

würde eine einfache Wellenlinie darstellen, mit dem größten Ausschlag Θ_{0M}. Die Länge x_0 einer ganzen Welle ergibt sich aus der Bedingung

$$x_0 \cdot \sqrt{\frac{\pi}{a \cdot t_0}} = 2\pi;$$

daraus errechnet sich

$$x_0 = 2 \cdot \sqrt{\pi \cdot a \cdot t_0}.$$

Eine andere Gleichung

$$f_2(x) = \Theta_{0M} \cdot \cos\left(x \cdot \sqrt{\frac{\pi}{a \cdot t_0}} - 2\pi \cdot t/t_0\right)$$

stellt dieselbe Wellenlinie dar, nur ist die ganze Linie um den Betrag $(2\pi t):t_0$ in Richtung der positiven x-Achse verschoben. Bei stetig wachsendem t wandert also die ganze Wellenlinie in dieser Richtung, sie bildet einen Wellenstrahl. Da nach der Wellenlehre

Fortpflanzungsgeschwindigkeit = Wellenlänge : Schwingungsdauer

ist, so ist die Geschwindigkeit, mit der ein Punkt der Welle, z. B. ein Maximum, wandert, gleich

$$2 \cdot \sqrt{\frac{\pi \cdot a}{t_0}}.$$

Die dritte Gleichung, die wir besprechen, ist unsere Temperaturfunktion. Im Vergleich zur Funktion $f_2(x)$ tritt hier noch die Exponentialfunktion hinzu. Diese verändert weder die Wellenlänge noch die Fortpflanzungsgeschwindigkeit, aber sie bewirkt ein sehr rasches Abnehmen des größten Ausschlages.

Abb. 21 zeigt zwei Augenblicksbilder der Temperaturkurve.

Man kann nun die Frage stellen, in welcher Tiefe x haben die Temperaturschwankungen auf den ν-ten Teil ihres Oberflächenwertes abgenommen?

Um dies zu finden, ist die Gleichung

$$\frac{1}{\nu} = e^{-x\cdot\sqrt{\frac{\pi}{a\cdot t_0}}}$$

nach x aufzulösen.

Man logarithmiert sie und erhält:

$$x = \sqrt{\frac{a\cdot t_0}{\pi}}\cdot\frac{\log\nu}{\log e} = \sqrt{a\cdot t_0}\cdot\text{funkt}\,(\nu). \tag{46}$$

Einige Werte von funkt (ν) sind hier zusammengestellt:

$1/\nu = {}^1/_2\,,\quad$ funkt $(\nu) = 0{,}391.$
$\qquad = {}^1/_4\,,\qquad\qquad = 0{,}782.$
$\qquad = {}^1/_{10}\,,\qquad\qquad = 1{,}299.$
$\qquad = {}^1/_{20}\,,\qquad\qquad = 1{,}690.$
$\qquad = {}^1/_{50}\,,\qquad\qquad = 2{,}208.$
$\qquad = {}^1/_{100}\,,\qquad\quad\;\; = 2{,}599.$
$\qquad = {}^1/_{1000}\,,\qquad\quad = 3{,}888.$

Es ist nun noch die Wärme zu berechnen, welche während einer halben Periode durch ein Stück F der Oberfläche in den Körper eindringt.

Wir gehen aus von der Gleichung

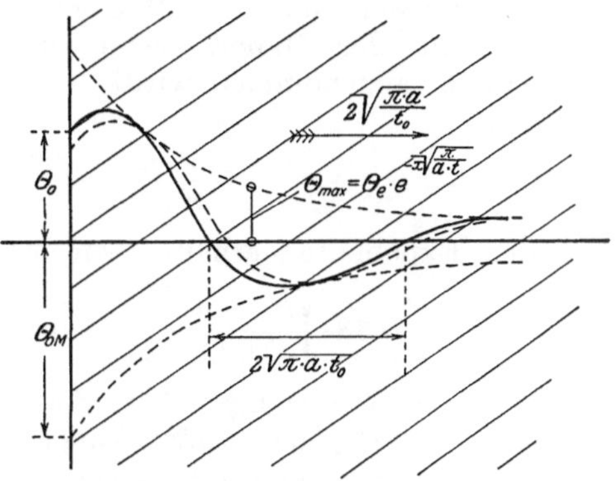

Abb. 21. Temperaturverlauf bei periodischer Oberflächentemperatur.

$$dq = -\lambda\cdot F\cdot\left(\frac{d\Theta}{dx}\right)_{x=0}\cdot dt.$$

Durch Differentiation der Gl. (45) und Einsetzen von $x = 0$ ergibt sich

$$\left(\frac{d\Theta}{dx}\right)_{x=0} = \Theta_{0M}\cdot\sqrt{\frac{\pi}{a\cdot t^0}}\cdot\sqrt{2}\cdot\sin\left(2\,\pi\cdot t/t_0 - \frac{\pi}{4}\right).$$

Diesen Wert muß man in obige Gleichung einfügen und über eine halbe Periode integrieren. Man erhält dann:

$$Q_{t_0/2} = \sqrt{\frac{2}{\pi}}\cdot\sqrt{\lambda\cdot c\cdot\gamma}\cdot\sqrt{t_0}\cdot\Theta_{0M}\cdot F = 0{,}80\cdot b\cdot\sqrt{t_0}\cdot\Theta_{0M}\cdot F. \tag{47}$$

Diese Wärmemenge ist also der Quadratwurzel aus der Schwingungsdauer und der Quadratwurzel aus dem Produkt der Stoffwerte λ, c und γ proportional. Die zuletzt besprochene Wurzel kann man zu einem neuen Stoffwert zusammenfassen, der mit b bezeichnet sei.

Dieser Wert b ist also ebenso wie die

$$\text{Temperaturleitzahl}\quad a = \frac{\lambda}{\gamma\cdot c}$$

ein zusammengesetzter Stoffwert.

Da die in einer halben Periode aufgespeicherte Wärme diesem Stoffwert verhältnisgleich ist, könnte man ihn die Wärmespeicherzahl nennen.

Nachdem aber bei den Wärmespeichern der Technik noch andere Verhältnisse zu berücksichtigen sind, könnte diese Bezeichnung leicht zu vorschnellen Schlüssen führen. Ich will deshalb keine Benennung einführen und nur von dem „b-Wert" sprechen.

Zahlenbeispiel. Unter dem wechselnden Einfluß von Sonnenbestrahlung und nächtlicher Abkühlung erleidet die Außenschicht einer Gebäudemauer Temperaturschwankungen, die wir als harmonische auffassen wollen. — Wie groß sind die Schwankungen in der Innenschicht der Mauer, wenn die Mauer 38 cm dick ist und $a = 0{,}0013$ angenommen wird?

Es ist

$$\frac{\Theta_{xM}}{\Theta_{0M}} = e^{-x \cdot \sqrt{\frac{\pi}{a \cdot t_0}}} .$$

Für den Exponenten erhalten wir den Zahlenwert

$$0{,}38 \cdot \sqrt{\frac{\pi}{0{,}0013 \cdot 24}} = 0{,}38 \cdot \sqrt{\frac{3{,}14}{0{,}0314}} = 3{,}8 .$$

Es ist: $e^{-3,8} = 0{,}022$; d. h. die Schwankungen der Innenschicht betragen nur $2\,^0/_0$ der Schwankungen der Außenschicht. Dieser geringe Betrag rechtfertigt es nachträglich, daß wir auf unsere Mauer von endlicher Dicke die Rechenverfahren für den unendlich dicken Körper anwendeten.

Dieser Rechnung zufolge müßten wir in unseren Wohnräumen die täglichen Schwankungen der Außentemperatur gar nicht wahrnehmen.

Die Erfahrungstatsache, daß dies doch der Fall ist, beweist, daß noch andere Wege für die Wärme vorhanden sind, als die Leitung durch die Mauer. Es sind dies vor allem der starke Luftwechsel durch die Undichtheiten der Fensterstöcke, der Fensterrahmen, der Rolladenkästen sowie des Mauerwerkes selbst und dann der starke Strahlungsaustausch durch die Glasscheiben, am Tag nach innen und bei Nacht nach außen.

b) Oberflächenbedingung III. Art.

„Es sei jetzt angenommen, daß nicht die Temperatur der Oberfläche, sondern die Temperatur der Umgebung harmonische Schwingungen nach dem Gesetz

$$\vartheta = \vartheta_M \cdot \cos\left(2\,\pi \cdot t/t_0\right)$$

ausführt. Welches ist der zeitliche Temperaturverlauf an der Oberfläche?"

Ich will auf die mathematische Ableitung verzichten und das Ergebnis aus der Enzyklopädie der math. Wissenschaften V. 4., S. 186 übernehmen. Darnach ist

$$\Theta_0 = \vartheta_M \cdot \sqrt{\dfrac{1}{1 + 2 \cdot \sqrt{\dfrac{\pi}{h^2 \cdot a \cdot t_0}} + \dfrac{2\pi}{h^2 \cdot a \cdot t_0}}}$$

$$\cdot \cos\left(2\pi \cdot \frac{t}{t_0} - \operatorname{arctg} \frac{\sqrt{\dfrac{\pi}{h^2 \cdot a \cdot t_0}}}{1 + \sqrt{\dfrac{\pi}{h^2 \cdot a \cdot t_0}}}\right). \qquad (48)$$

Diese Gleichung sagt aus, daß die Oberflächentemperatur ebenso eine harmonische Schwingung ausführt, wie die Umgebungstemperatur und daß beide Schwingungen auch gleiche Dauer der Periode haben. Aber beide Schwingungen unterscheiden sich doch in zweifacher Hinsicht.

Erstens hinkt die Oberflächentemperatur zeitlich nach um einen Betrag, der durch das arctg-Glied gekennzeichnet ist. Zweitens ist ihr größter Ausschlag stets kleiner als derjenige der Umgebungstemperatur. Es ist

$$\frac{\Theta_{0M}}{\vartheta_M} = \frac{1}{\sqrt{1 + 2 \cdot \sqrt{\dfrac{\pi}{h^2 \cdot a \cdot t_0}} + 2 \cdot \dfrac{\pi}{h^2 \cdot a \cdot t_0}}} = f(h^2 \cdot a \cdot t_0). \qquad (49)$$

Der Wert dieser Funktion ist in Zahlentafel 4 zusammengestellt.

Zahlentafel 4.

$h^2 \cdot a \cdot t_0$	$f(h^2 \cdot a \cdot t_0)$	$h^2 \cdot a \cdot t_0$	$f(h^2 \cdot a \cdot t_0)$	$h^2 \cdot a \cdot t_0$	$f(h^2 \cdot a \cdot t_0)$
∞	1,00	50	0,79	1,0	0,30
1000	0,95	10	0,60	0,5	0,24
500	0,93	5	0,51	0,1	0,12
100	0,84	2	0,39	0,01	0,04

Die Kenngröße $h^2 \cdot a \cdot t_0$ kann man auch in andere Form bringen, denn es ist

$$h^2 \cdot a \cdot t_0 = \left(\frac{\alpha}{\lambda}\right)^2 \cdot \frac{\lambda}{c \cdot \gamma} \cdot t_0 = \frac{\alpha^2}{\lambda \cdot c \cdot \lambda} \cdot t_0 = \frac{\alpha^2}{b^2} \cdot t_0 \,;$$

diese zweite Form hat den Vorzug, daß in ihr α ein reiner Erfahrungswert und b ein reiner Stoffwert ist.

Durch die Gl. (48) ist die Randwertaufgabe III. Art auf eine solche I. Art zurückgeführt, denn man braucht nur aus ihr das Gesetz für die Schwingungen der Oberflächentemperatur zu ermitteln und kann dann auf dieser Grundlage, nach den Angaben des vorigen Abschnittes, das Temperaturfeld und die gespeicherte Wärmemenge berechnen.

Zahlenbeispiel. Bei den Dampfmaschinen sowohl als bei den Verbrennungskraftmaschinen führt die Temperatur des Wärmeträgers periodische Schwingungen aus, welche wir als harmonische annehmen wollen. — Es sollen die beiden Fragen beantwortet werden:

a) In welchem Betrage macht die Innenseite der Zylinderwandung diese Schwankungen mit?

b) Wie tief dringt eine Schwankung von $2\,^0/_0$ der Temperaturchwankung des Wärmeträgers in die Zylinderwandung ein?

Der Vergleich soll durchgeführt werden mit

1. einer Sattdampfmaschine mit $n_1 = 100$ Umdr./Min.,

2. einem Automobil- (4-Takt-) Motor mit $n_2 = 2600$ Umdr./Min., und die Wandung soll hierbei als unendlich dick angenommen werden. Die Rechnung wird nachträglich erweisen, ob diese Annahme zulässig war.

Aus den Drehzahlen ergibt sich

$$t_{0,1} = \frac{1}{100 \cdot 60} = \frac{1}{6 \cdot 10^3}\,[\mathrm{h}],$$

$$t_{0,2} = \frac{2}{2600 \cdot 60} = \frac{1}{7,8 \cdot 10^4}\,[\mathrm{h}].$$

Für die Zylinderwandung gilt in beiden Fällen:

$$\lambda = 50, \quad a = 0,05, \quad b = 210.$$

Der Wert α ist natürlich in beiden Maschinen sehr verschieden; er sei geschätzt

$$\text{für die Sattdampfmaschine zu } \alpha_1 = 10\,000,$$
$$\text{für den Automobilmotor zu } \alpha_2 = 500.$$

Zu Frage a): Mit diesen Werten für α, b und t_0 wird

$$\left(\frac{\alpha^2}{b^2} \cdot t_0\right)_1 = \frac{10^8}{4,4 \cdot 10^4} \cdot \frac{1}{6 \cdot 10^3} = \frac{10}{26,4} = 0,38,$$

$$\left(\frac{\alpha^2}{b_2} \cdot t_0\right)_2 = \frac{2,5 \cdot 10^5}{4,4 \cdot 10^4} \cdot \frac{1}{7,8 \cdot 10^4} = \frac{10^{-3}}{13,7} = 0,000073.$$

Nach Gl. (49) oder Zahlentafel 4 gehört zu

$$h^2 \cdot a \cdot t_0 = 0,38 \qquad \text{der Wert } \Theta_{0M}/\vartheta_M = 0,22,$$
$$h^2 \cdot a \cdot t_0 = 0,000073 \text{ „ } \quad \text{ „ } \quad \Theta_{0M}/\vartheta_M = 0,0034.$$

Hierbei ist der letzte Wert mittels einer Näherungsgleichung berechnet. Ist $h^2 \cdot a \cdot t_0$ sehr viel kleiner als „eins", so geht Gl. (49) in die Form über:

$$f(h^2 \cdot a \cdot t_0) = \sqrt{\frac{h^2 \cdot a \cdot t_0}{2\,\pi}}.$$

Die Rechnung ergibt also, daß die Zylinderinnenfläche bei der Sattdampfmaschine etwa ein Fünftel der Schwankungen der Dampftemperatur mitmacht, beim Verbrennungsmotor aber wegen der kurzen Dauer der Periode und wegen der kleineren Wärmeübergangszahl fast konstant bleibt.

Zu Frage b): Diese Frage brauchen wir nurmehr für die Dampfmaschine zu beantworten.

Die Bedingung der Aufgabe ist

$$\frac{\Theta_{xM}}{\Theta_{0M}} \cdot \frac{\Theta_{0M}}{\vartheta_M} = 2\,{}^0/_0 = 0{,}02\,.$$

Mit $\Theta_{0M} : \vartheta_M = 0{,}22$ ergibt sich daraus

$$\frac{\Theta_{xM}}{\Theta_{0M}} = \frac{0{,}02}{0{,}22} = 0{,}091\,.$$

Dies ist nach früherem gleich $e^{-x \cdot \sqrt{\frac{\pi}{x \cdot t_0}}}$.

Damit die Exponentialfunktion den Wert 0,091 hat, muß nach Zahlentafel 23 der Exponent gleich 2,4 sein.

Es ergibt sich dann

$$x = 2{,}4 \cdot \sqrt{\frac{a \cdot t_0}{\pi}} = 2{,}4 \cdot \sqrt{\frac{0{,}05}{\pi} \cdot \frac{1}{6000}} = \frac{3{,}9}{1000}\,[\mathrm{m}] = 3{,}9\,[\mathrm{mm}]\,.$$

Aus dieser Rechnung folgt, daß selbst bei der Sattdampfmaschine die äußere Zylinderseite an den Schwankungen nicht teilnimmt.

Aufgabe 13. Die Platte.

„Bei einer Platte von der Dicke $2\,X$ werde durch irgendwelche Einwirkung von außen den beiden Oberflächen eine periodisch veränderliche Temperatur aufgezwungen. Das Gesetz dieser Veränderlichkeit sei für beide Seiten dasselbe, nämlich

$$\Theta_0 = \Theta_{0M} \cdot \cos\left(2\,\pi \cdot \frac{t}{t_0}\right)\,.$$

Es sind die Gestalt des Temperaturfeldes und die während einer halben Periode aufgespeicherte Wärme zu bestimmen."

Da eine Wiedergabe der ganzen mathematischen Ableitung nicht angebracht wäre, müssen wir uns auf eine allgemeine Besprechung des Vorganges und die Angabe der Endformeln der Rechnung beschränken (vgl. Grundgesetze, dortige Aufgabe 7).

Stellen wir uns vor, daß die Platte sehr dick ist oder die Schwingungen recht rasch erfolgen, so werden die Temperaturschwankungen, welche sich von den Oberflächen her nach dem Innern fortpflanzen, schon völlig abgeflaut sein,

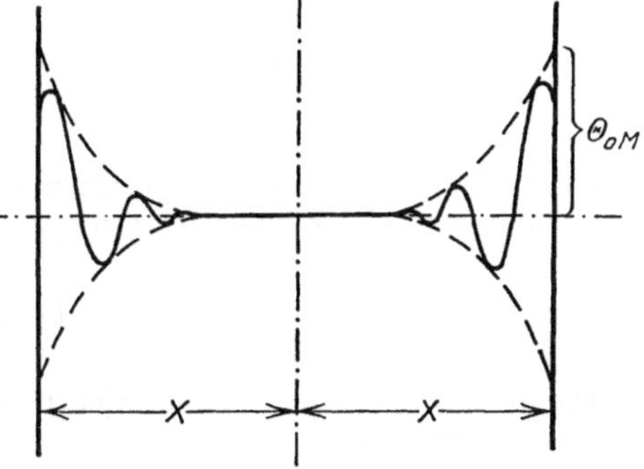

Abb. 22. Eindringen der Temperaturwellen bei der sehr dicken Platte.

noch ehe sie die Plattenmitte erreicht haben. Jede der beiden Plattenhälften verhält sich dann wie ein unendlich dicker Körper und unsere Aufgabe ist auf die vorige Aufgabe 12 zurückgeführt. Diese sehr dicke Platte stellt den einen Grenzfall vor (vgl. Abb. 22).

Ist im gegenteiligen Falle die Platte sehr dünn oder erfolgen die Schwingungen ungemein langsam, so kann das ganze Innere der Platte die Schwankungen der Oberflächentemperatur in vollem Betrage und ohne ein zeitliches Nachhinken mitmachen. Die Temperaturen im ganzen Inneren der Platte sind dann unabhängig vom Abstande x von der Plattenmitte und wir erhalten:

$$\Theta_x = \Theta_0 = \Theta_{0M} \cdot \cos\left(2\,\pi \cdot \frac{t}{t_0}\right),$$

und für die Wärme Q_M, welche während einer halben Periode — also zwischen den Temperaturgrenzen — Θ_{0M} und $+\,\Theta_{0M}$ — aufgespeichert wird, den Wert

$$Q_M = 2 \cdot X \cdot F \cdot \gamma \cdot c \cdot 2\,\Theta_{0M}. \tag{50}$$

Darin ist F die Größe der Platte.

Zwischen diesen beiden Grenzfällen der sehr dicken und der sehr dünnen Platte liegt das zu besprechende Problem. Wir können uns die Schwingungen, welche dann eintreten, am besten dadurch vergegenwärtigen, daß wir uns in Abb. 22 die Plattendicke allmählich kleiner werdend denken. Dann wird sehr bald der Zustand eintreten, daß die Schwingungen, welche von den beiden Seiten ausgehen, sich in der Mitte stören bzw. durchdringen. Ein Augenblicksbild einer solchen Temperaturverteilung gibt Abb. 23 wieder.

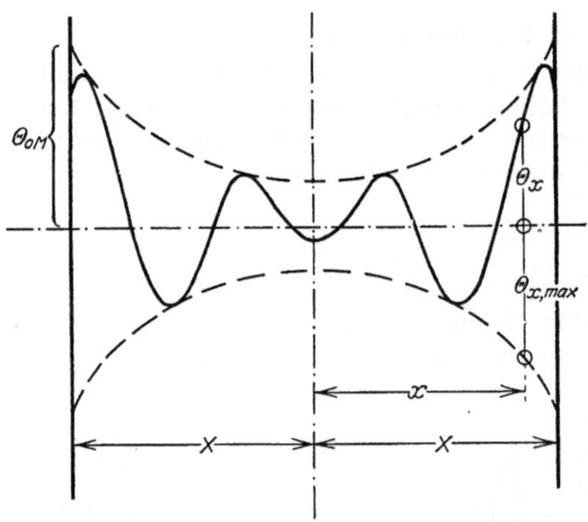

Abb. 23. Eindringen der Temperaturwellen bei einer Platte mäßiger Dicke.

Für die Temperatur an der Stelle x im Augenblick t liefert die Rechnung den Ausdruck

$$\Theta_x = \Theta_{0M} \cdot \eta \cdot \cos\left(2\,\pi \cdot \frac{t}{t_0} + \varepsilon\right). \tag{51}$$

Darin sind η und ε zwei ziemlich komplizierte Funktionen der beiden Argumente

$$\frac{a \cdot t_0}{X^2} \quad \text{und} \quad \frac{x}{X}.$$

Die Gl. (51) besagt, daß die Temperatur an der Stelle x ebenfalls eine Kosinusschwingung ausführt, die mit der Oberflächenschwingung gleiche Dauer t_0 der Periode aufweist, aber zeitlich hinter dieser entsprechend dem Werte ε nachhinkt. Um diese Phasenverschiebung brauchen wir uns bei den meisten technischen Aufgaben weiter nicht zu kümmern.

Der größte Ausschlag $\Theta_{x,\,\mathrm{max}}$ dieser Schwingung ist

$$\Theta_{x,\,\mathrm{max}} = \Theta_{0\,M}\cdot\eta = \Theta_{0\,M}\cdot f\left(\frac{a\,t_0}{X^2},\ \frac{x}{X}\right). \tag{52}$$

Die Werte dieser Funktion sind durch Zahlentafel 5 und Abb. 24 wiedergegeben.

Zahlentafel 5. Werte $\dfrac{\Theta_{x,\,\mathrm{max}}}{\Theta_{0\,M}} = f\left(\dfrac{a\,t_0}{X^2},\ \dfrac{x}{X}\right)$.

$x/X =$	0	$^1/_8$	$^2/_8$	$^3/_8$	$^4/_8$	$^5/_8$	$^6/_8$	$^7/_8$	1
$\dfrac{a\cdot t_0}{X^2} = \infty$	1,00	1,00	1,00	1,00	1,00	1,00	1,00	1,00	1,00
10	0,98	0,98	0,98	0,98	0,98	0,98	0,99	1,00	1,00
5	0,89	0,89	0,89	0,89	0,89	0,90	0,92	0,95	1,00
2	0,60	0,60	0,60	0,61	0,64	0,69	0,75	0,87	1,00
1	0,35	0,35	0,36	0,38	0,43	0,51	0,63	0,80	1,00
0,5	0,17	0,17	0,19	0,21	0,27	0,37	0,51	0,74	1,00
0,2	0,04	0,04	0,05	0,08	0,13	0,22	0,37	0,64	1,00
0,1	0,00	0,00	0,01	0,03	0,06	0,12	0,25	0,51	1,00
0,05	0,00	0,00	0,00	0,01	0,02	0,05	0,14	0,36	1,00
0,00	0,00	0,00	0,00	0,00	0,00	0,00	0,00	0,00	—

Die Linien $(a\,t_0/X^2 = \mathrm{const})$ in Abb. 24 sind die Einhüllenden, innerhalb deren die Temperaturkurven verlaufen müssen, denn über diese Werte $\Theta_{x,\,\mathrm{max}}$ hinaus kann ja die Temperatur niemals schwanken. Die Temperaturkurven selbst müssen wir uns als bewegliche Wellenstrahlen vorstellen, die von den beiden Seiten her ununterbrochen gegen die Mitte zu wandern; in der Mitte haben sie aus Symmetriegründen stets eine horizontale Tangente (vgl. Abb. 23 u. 24).

Für die Wärmemenge $Q_{t_0/2}$, welche während einer halben Periode aufgespeichert wird, liefert die mathematische Berechnung den Ausdruck:

$$Q_{t_0/2} = 2\,X\cdot F\cdot c\cdot\gamma\cdot 2\,\Theta_{0\,M}\cdot\zeta.$$

Darin ist der erste Teil gleich der oben mit Gleichung (50) eingeführten Größe Q_M und ζ eine sehr komplizierte Funktion der Veränderlichen

$$\frac{a\,t_0}{X^2}.$$

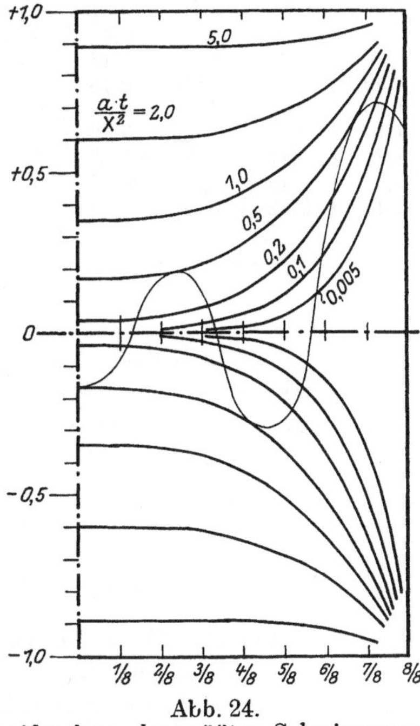

Abb. 24.
Abnahme der größten Schwingungsausschläge von der Oberfläche der Platte nach der Mitte [Gl. (52)].

Wir erhalten damit das Ergebnis:

$$Q_{t_0/2} = Q_M \cdot \Psi \left(\frac{a \cdot t_0}{X^2} \right). \tag{53}$$

Über die Werte dieser Funktion Ψ vergleiche man die Spalte Ψ_1 in Zahlentafel 6 sowie die stark ausgezogene Linie in Abb. 25.

Zahlentafel 6. Werte $\dfrac{Q_{t_0/2}}{Q_M} = \Psi\left(\dfrac{a\,t_0}{X^2}\right)$ für eine Platte mit periodischer Oberflächentemperatur.

Ψ_1 bei harmonischer Schwingung (Abb. 20d),
Ψ_2 „ Schwankung nach der unstetigen Linie (Abb. 20a),
Ψ_3 „   „   „   „ Umschaltelinie (Abb. 20b),
Ψ_4 „   „   „   „ Zickzacklinie (Abb. 20c).

$\dfrac{a \cdot t_0}{X^2}$	Ψ_1	Ψ_2	Ψ_3	Ψ_4	$\dfrac{a \cdot t_0}{X^2}$	Ψ_1	Ψ_2	Ψ_3	Ψ_4
0,00	0,00	0,00	0,00	0,00	1,5	0,54	0,77	0,63	0,44
0,05	0,09	0,14	0,12	0,07	1,6	0,56	0,80	0,65	0,46
0,10	0,12	0,20	0,15	0,10	1,7	0,59	0,82	0,68	0,48
0,15	0,15	0,24	0,17	0,12	1,8	0,60	0,84	0,69	0,50
0,20	0,18	0,27	0,20	0,15	1,9	0,62	0,85	0,71	0,51
0,25	0,20	0,30	0,23	0,16	2,0	0,64	0,87	0,73	0,53
0,30	0,22	0,33	0,25	0,18	2,5	0,72	0,93	0,81	0,61
0,40	0,25	0,38	0,29	0,20	3,0	0,78	0,96	0,87	0,67
0,50	0,28	0,43	0,33	0,23	3,5	0,82	0,98	0,91	0,71
0,60	0,31	0,48	0,37	0,25	4,0	0,86	0,99	0,93	0,74
0,70	0,34	0,52	0,40	0,27	5,0	0,90	0,99	0,96	0,78
0,80	0,37	0,56	0,43	0,30	6,0	0,92	1,00	—	0,82
0,90	0,39	0,60	0,46	0,32	7,0	0,94	1,00	—	0,85
1,00	0,42	0,63	0,49	0,34	8,0	0,95	1,00	—	0,86
1,1	0,44	0,66	0,52	0,36	9,0	0,96	1,00	—	—
1,2	0,47	0,70	0,55	0,38	10,0	0,97	1,00	—	—
1,3	0,49	0,72	0,57	0,40	∞	1,00	1,00	1,00	1,00
1,4	0,52	0,75	0,60	0,42	—	—	—	—	—

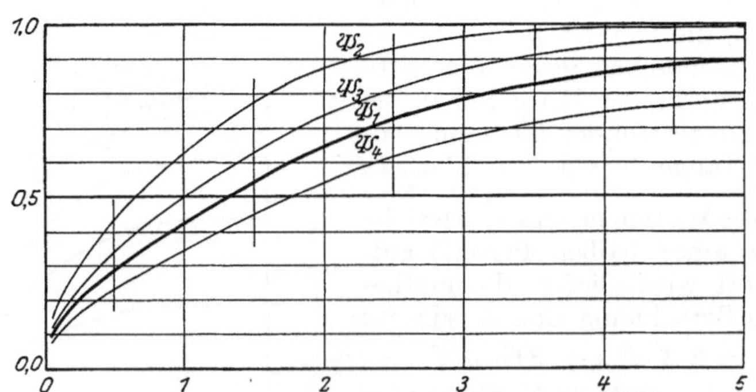

Abb. 25. Platte mit perioder Oberflächentemperatur.
Werte der Funktion Ψ in Gl. (52) und zwar:

Ψ_1 für die Cosinuslinie   (Abb. 20d),
Ψ_2 „ „ unstetige Linie („ 20a),
Ψ_3 „ „ Umschaltelinie („ 20b),
Ψ_4 „ „ Zickzacklinie („ 20c).

Ein Vergleich von Abb. 24 mit Abb. 22 und 23 zeigt, daß wir eine Platte dann als „sehr dick" bezeichnen können, wenn die Kenngröße at_0/X^2 kleiner als etwa 0,2 ist und als „sehr dünn", wenn dieselbe Kenngröße größer als etwa 5 oder 10 ist. Dies zeigt aber zugleich, daß das absolute Maß der Plattendicke allein noch nichts über den Verlauf der Schwingungen auszusagen gestattet, sondern daß das Tempo der Schwingungen und die Temperaturleitzahl des Stoffes ebenfalls zu berücksichtigen sind. Zwei Platten aus gleichem Stoff, deren Dicken sich wie 1:3 verhalten, haben gleichen Temperaturverlauf, wenn die Schwingungen bei der dünneren Platte neunmal rascher verlaufen.

Unsere Aufgabe über die Platte mit periodischer Oberflächentemperatur oder — wie man auch sagen kann — über die Wärmespeicherung in der Platte bietet in der vereinfachten Form, welche ihr der Wortlaut auf S. 55 gibt, zwar eine sehr gute Einführung in die physikalischen Zusammenhänge bei der Wärmespeicherung und auch einen ersten Anhalt über die Größenordnung der vorkommenden Zahlenwerte, aber sie befriedigt doch nicht in zufriedenstellender Weise die Bedürfnisse der Praxis. Einerseits sind bei technischen Aufgaben nicht die Schwankungen der Oberflächentemperatur gegeben, sondern diejenigen der Umgebungstemperatur, so daß eine Randwertaufgabe III. Art und nicht eine solche I. Art vorzuliegen pflegt und zweitens befolgen die Schwankungen nicht das Gesetz der harmonischen Schwingung, sondern ein Gesetz irgend anderer Art.

Die Behandlung des Wärmespeicherproblems als Randwertaufgabe III. Art befindet sich zurzeit in Arbeit und es wird darüber voraussichtlich im Laufe dieses Jahres in der Z. V. d. I. berichtet werden können.

Eine andere Erweiterung des Problems wurde von Studienassessor Rix (München) durchgeführt, indem er die Funktion Ψ in Gl. (53) berechnete, wenn die Schwankung der Oberflächentemperatur nach dem Verlaufe der unstetigen Linie (Abb. 20a), der Umschaltelinie (Abb. 20b) und der Zickzacklinie (Abb. 20c) erfolgt. Die von ihm ermittelten Werte sind in Zahlentafel 6 und Abb. 25 enthalten.

Zahlenbeispiel. „Der Regenerator eines Siemens-Martin-Ofens besteht aus 6 cm starken, plattenförmigen Schamottesteinen ($a = 0{,}0024$), welche auf beiden Seiten abwechselnd von den Heizgasen und der kalten Verbrennungsluft bespült werden. Die Umschaltezeit beträgt eine halbe Stunde und der Verlauf der Heizgas- und Windtemperatur entspricht der Umschaltelinie. — In welchem Maße nimmt das Innere der Steine an den Temperaturschwankungen teil, wenn die Wärmeübergangszahl α als unendlich angenommen wird?"

Wir berechnen zuerst die Kenngröße $\dfrac{a \cdot t_0}{X^2}$. Es ist:

$$a = 0{,}0024 \left[\frac{\mathrm{m}^2}{\mathrm{h}}\right], \qquad t_0 = 2 \cdot \tfrac{1}{2} = 1 \,[\mathrm{h}], \qquad X = 3 \text{ cm} = 0{,}03 \,[\mathrm{m}].$$

Damit $\dfrac{a \cdot t_0}{X^2} = \dfrac{0{,}0024 \cdot 1}{0{,}0009} = 2{,}67.$

Die Temperaturschwankungen in der Mitte des Steines betragen nur einen Bruchteil der Schwankungen an der Oberfläche. Wir finden den Zahlenwert dieses Bruchteils aus der ersten Spalte von Zahlentafel 5 durch Interpolieren für den Wert $a t_0/X^2 = 2{,}67$; der Bruchteil ist 0,70.

Nach Gl. (50) ist Q_M diejenige Wärme, welche die Steine innerhalb der Temperaturgrenzen $+ \Theta_M$ und $- \Theta_M$ im Höchstfall aufzunehmen vermögen und $Q_{t_0/2}$ ist diejenige Wärme, welche sie tatsächlich aufnehmen. Das Verhältnis beider ist nach Gl. (53) gleich dem Wert der Funktion Ψ, welchen Wert man darum auch den Ausnützungsgrad der aufgewendeten Steinmasse nennen kann. Aus Zahlentafel 6 entnehmen wir für die Kenngröße 2,67 den Wert $\Psi_1 = 0{,}73$.

D. Wärmequellen im Innern des Körpers.

Das bisher besprochene Gebiet ist dadurch begrenzt, daß den untersuchten, festen Körpern ihre Wärme nur von außen her, also durch ihre Oberfläche hindurch zugeführt beziehungsweise entzogen wird. Bei vielen Vorgängen in der Technik wird aber im Innern der Körper Wärme erzeugt, indem andere Energiearten sich in Wärme verwandeln — oder Wärme gebunden, indem sich diese in andere Energiearten verwandelt. Hierher gehört vor allem das große Gebiet der Erwärmung elektischer Maschinen und Apparate, dann auch aus der chemischen Industrie verschiedene Vorgänge, die mit positiver oder negativer Wärmetönung verbunden sind.

I. Die rechnerischen Grundlagen.

Mathematisch trägt man dem Entstehen oder Verschwinden von Wärme dadurch Rechnung, daß man Wärmequellen annimmt und diese Wärmequellen je nach Art der Aufgabe entweder stetig im Raum verteilt oder flächen-, linien- oder punktförmig anordnet.

Wir nehmen im folgenden nur stetig verteilte Quellen an und definieren ihre Ergiebigkeit $+ W$ durch die Aussage, daß innerhalb der Raumeinheit während der Zeiteinheit die Wärmemenge „W" entsteht. Es ist darum

$$\text{Dimension } W = \left[\frac{\text{kcal}}{\text{m}^3 . \text{h}} \right].$$

Aus der mathematischen Physik übernehmen wir die Differentialgleichung, welche dieses Gebiet beherrscht; sie lautet:

$$\gamma \cdot c \frac{\partial \Theta}{\partial t} = \lambda \cdot \Delta^2 \Theta + W. \tag{54}$$

Diese Gleichung besagt, daß die Temperatursteigerung im Aufpunkt bewirkt wird, erstens von der Wärme, die aus der nächsten Umgebung heranströmt, und zweitens von der Wärme, welche die Quellen erzeugen.

Alle bisher besprochenen Gleichungen sind nur Sonderfälle dieser allgemeineren Gleichung. Setzt man $W = 0$, so erhält man die schon bekannte Gl. (25)

$$\frac{\partial \Theta}{\partial t} = a \cdot \Delta^2 \Theta .$$

Setzt man darin wieder $\partial \Theta / \partial t$ gleich null, so erhält man die Gl. (24a)

$$\Delta^2 \Theta = 0 .$$

Oberflächen- und Anfangsbedingungen gelten unverändert wie früher.

II. Lösung von Aufgaben.

Eine auch nur halbwegs erschöpfende Behandlung dieses Gebietes würde einen mathematischen Aufwand erfordern, der mit dem Zweck dieses Buches nicht verträglich wäre. Deshalb sollen nur zwei Aufgaben besprochen werden, die besonders einfach zu behandeln sind.

Aufgabe 14. Kugel mit inneren Wärmequellen im Beharrungszustand.

„Einer Kugel wird durch innere Wärmequellen Wärme zugeführt. Gleichzeitig gibt sie durch ihre Oberfläche Wärme an die Umgebung, deren Temperatur gleich null gesetzt sei, ab. Bekannt sind: die Stoffwerte der Kugel, die Wärmeübergangszahl α und die Ergiebigkeit W der Quellen. — Welches ist im Beharrungszustand die Temperaturverteilung, insbesondere die Temperatur im Mittelpunkt und an der Oberfläche?"

Mathematische Ableitung. Da wir Beharrungszustand haben, vereinfacht sich Gl. (54) auf die Form

$$\Delta^2 \Theta + \frac{W}{\lambda} = 0 \quad \text{in allgemeiner Form,} \qquad (55\,\text{a})$$

$$\frac{d^2 \Theta}{dr^2} + \frac{2}{r} \cdot \frac{d \Theta}{dr} + \frac{W}{\lambda} = 0 \quad \text{in Kugelkoordinaten.} \qquad (55\,\text{b})$$

Dazu kommt die Oberflächenbedingung:

$$- \lambda \cdot \left(\frac{d \Theta}{dr} \right)_{r=R} = \alpha \cdot \Theta_{r=R} .$$

Die allgemeine Lösung von Gl. (55b) ist bekannt und lautet:

$$\Theta = - \frac{W}{\lambda} \cdot \frac{r^2}{6} - \frac{C_1}{r} + C_2 .$$

C_1 und C_2 sind wieder die Integrationskonstanten. Von der Richtigkeit dieser Lösung überzeugt man sich, indem man die Ableitungen

$$\frac{d \Theta}{dr} = - \frac{W}{\lambda} \cdot \frac{r}{3} + \frac{C_1}{r^2} \qquad (\text{a})$$

und

$$\frac{d^2 \Theta}{dr^2} = - \frac{W}{\lambda} \cdot \frac{1}{3} - 2 \cdot \frac{C_1}{r^3} \qquad (\text{b})$$

bildet und in die Differentialgleichung einsetzt.

Zur Bestimmung der Konstanten C_1 dient die Bedingung, daß die Temperaturkurve für $r=0$ aus Symmetriegründen wagrecht verlaufen muß.

Aus Gl. (a) folgt:

$$\left(\frac{d\Theta}{dr}\right)_{r=0} = 0 + \frac{C_1}{0^2} = 0.$$

Dies ist aber nur möglich, wenn C_1 gleich null ist.

Die Konstante C_2 wird mit Hilfe der Oberflächenbedingung bestimmt:

$$- \lambda \cdot \left(-\frac{W}{\lambda} \cdot \frac{R}{3}\right) = \alpha \cdot \left(-\frac{W}{\lambda} \cdot \frac{R^2}{6} + C_2\right).$$

Daraus

$$C_2 = \frac{W}{\lambda} \cdot \frac{R^2}{6} \cdot \left(1 + \frac{2 \cdot \lambda}{R \cdot \alpha}\right).$$

Die Lösungen unserer Aufgabe lauten:

1. Temperaturfunktion:

$$\Theta = -\frac{W}{\lambda} \cdot \frac{r^2}{6} + \frac{W}{\lambda} \cdot \frac{R^2}{6} \cdot \left(1 + \frac{2 \cdot \lambda}{R \cdot \alpha}\right) = \frac{W}{\lambda} \cdot \frac{R^2}{6} \cdot \left(1 + \frac{2 \cdot \lambda}{R \cdot \alpha} - \left(\frac{r}{R}\right)^2\right). \quad (56)$$

2. Temperatur des Mittelpunktes:

$$\Theta_m = \frac{W}{\lambda} \cdot \frac{R^2}{6} \cdot \left(1 + \frac{2 \cdot \lambda}{R \cdot \alpha}\right). \quad (57)$$

3. Temperatur der Oberfläche:

$$\Theta_0 = \frac{W}{\lambda} \cdot \frac{R^2}{6} \cdot \frac{2 \cdot \lambda}{R \cdot \alpha} = \frac{W}{3} \cdot \frac{R}{\alpha}. \quad (58)$$

Besprechung der Lösung. Die Temperatur der Oberfläche hätten wir ohne alle höhere Mathematik aus der Bedingung ableiten können, daß die gesamte, im Innern erzeugte Wärme durch die Oberfläche an die Umgebung übergehen muß, also aus der Gleichung:

$$W \cdot \tfrac{4}{3} R^3 \pi = \alpha \cdot 4 R^2 \pi \cdot \Theta_0.$$

Nach Θ_0 aufgelöst gibt:

$$\Theta_0 = \frac{W}{3} \cdot \frac{R}{\alpha}. \quad (59)$$

Dieser Wert ist natürlich von den Verhältnissen des Wärmeausgleichs im Innern der Kugel und damit auch von der Wärmeleitzahl λ unabhängig.

Umgekehrt ist die Übertemperatur der Kugelmitte über die Oberfläche vom Wert α unabhängig. Aus Gl. (57) und (58) folgt:

$$\Theta_m - \Theta_0 = \frac{W}{\lambda} \cdot \frac{R^2}{6}. \quad (60)$$

Drittens ist das Verhältnis beider Temperaturen vom Wert W unabhängig. Aus denselben beiden Gleichungen folgt nämlich:

$$\frac{\Theta_0}{\Theta_m} = \frac{\dfrac{2}{R} \cdot \dfrac{\lambda}{\alpha}}{1 + \dfrac{2}{R} \cdot \dfrac{\lambda}{\alpha}} = \frac{1}{1 + \dfrac{R}{2} \cdot \dfrac{\alpha}{\lambda}} . \tag{61a}$$

Dieses Verhältnis ist also von einer einzigen Kenngröße abhängig; diese können wir noch etwas umformen, denn es ist

$$\frac{R}{2} \cdot \frac{\alpha}{\lambda} = \frac{R/2}{\lambda/\alpha} = \frac{R/2}{s} .$$

Das Verhältnis der Oberflächentemperatur zur Mitteltemperatur ist also gleich dem Verhältnis des halben Radius zu der auf S. 9 definierten Subtangente s.

Aus Gl. (61a) läßt sich mit Hilfe dieser Beziehung ein sehr einfaches, zeichnerisches Verfahren zur Ermittlung der Temperaturkurve ableiten (vgl. Abb. 26). Dieser Gleichung kann man die Form geben:

$$\frac{\Theta_0}{\Theta_m} = \frac{1}{1 + \dfrac{R}{2s}}$$

$$= \frac{2s}{2s + R} . \tag{61b}$$

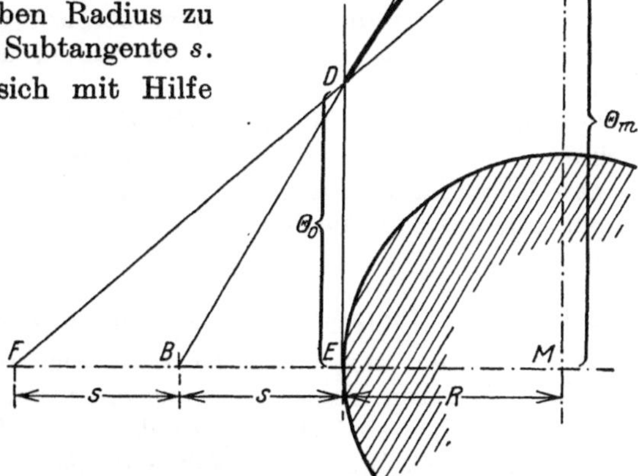

Abb. 26. Temperaturverteilung bei der Kugel mit inneren Wärmequellen — Beharrungszustand.

Man trägt auf der äußeren Normalen der Kugeloberfläche im Abstande s den Punkt B und im Abstande $2s$ den Punkt F an. Ferner errichtet man in E eine Senkrechte ED, deren Länge man gleich dem aus Gl. (58) errechneten Werte Θ_0 macht.

Die Gerade FD liefert den Punkt N und damit die Temperatur Θ_m, wie sich aus Gl. (61b) sofort ablesen läßt.

Die Gerade BD ist die schon früher erklärte Endtangente an die Temperaturkurve.

In den meisten Fällen werden die beiden Tangenten in N und D zum Zeichnen der Temperaturkurve genügen.

Zusatz. (Der Zylinder.)

Dieselbe Aufgabe, die hier für die Kugel durchgeführt wurde, findet sich in den „Grundgesetzen" (dortige Aufgabe 12, S. 102) für den Zylinder mit inneren Wärmequellen gelöst. Es ist:

$$\Theta_0 = \frac{W}{2} \cdot \frac{R}{\alpha}, \tag{62}$$

$$\Theta_m - \Theta_0 = \frac{W}{\lambda} \cdot \frac{R^2}{4}, \tag{63}$$

$$\Theta_0 / \Theta_m = \frac{1}{1 + \dfrac{R}{2} \cdot \dfrac{\alpha}{\lambda}}, \tag{64}$$

letzterer Wert also gleich wie bei der Kugel.

Bei der Untersuchung elektrischer Maschinen auf ihren Erwärmungszustand ist es ohne allzu große Schwierigkeiten möglich, durch Thermoelemente die Temperatur an der Oberfläche einer Wicklung zu messen, noch leichter ist es, durch Strom- und Spannungsmessung den Widerstand und damit die durchschnittliche Temperatur der Wicklung zu bestimmen. Dagegen bereitet es große Schwierigkeiten, die Höchsttemperatur im Innern zu finden, und auf diese kommt es ja an.

Ich halte es nun für möglich, durch Übertragung des oben gezeichneten Rechnungsweges auf andere Körper (Spulen usw.) die nötigen Grundlagen für eine rechnerische Bestimmung der Höchsttemperatur aus Oberflächentemperatur und Durchschnittstemperatur zu finden.

Aufgabe 15. Aufheizen eines Körpers durch innere Wärmequellen.

„Wir denken uns einen Körper vom Volumen V und von der Oberfläche F durch innere Wärmequellen von der Anfangstemperatur $\Theta_{t=0} = 0$ an aufgeheizt. Die Ergiebigkeit aller Wärmequellen zusammengenommen sei Q_h [kcal/h]. Während dieses Aufheizens verliert der Körper einen Teil seines Wärmeinhalts an die Umgebung, deren Temperatur ϑ konstant und gleich Null gesetzt sei. Bekannt sind ferner noch die Dichte γ und die spezifische Wärme c des Körpers, sowie die Wärmeübergangszahl α. — Welches ist der zeitliche Anstieg der Körpertemperatur Θ_t, wenn angenommen wird, daß infolge raschen, inneren Ausgleichs die Temperatur stets an allen Stellen des Körpers gleich ist?"

Zur Berechnung gehen wir von dem Gedanken aus, daß die in der Zeit dt erzeugte Wärme q_I gleich sein muß der im Körper aufgespeicherten Wärme q_{II} plus der nach außen abgegebenen Wärme q_{III}. In Gleichungsform lautet dies:

$$q_I \;=\; q_{II} \;+\; q_{III}$$
$$Q \cdot dt = c \cdot \gamma \cdot V \cdot d\Theta + \alpha \cdot F \cdot \Theta \cdot dt$$

oder

$$c \cdot \gamma \cdot V \cdot d\Theta = (Q - \alpha \cdot F \cdot \Theta)\, dt$$

oder

$$\frac{d\Theta}{Q - \alpha \cdot F \cdot \Theta} = \frac{1}{c \cdot \gamma \cdot V}\, dt. \tag{a}$$

Nach den Lehren der Differentialrechnung ist (siehe mathemat. Anhang S. 174):

$$\int \frac{d\Theta}{Q - \alpha \cdot F \cdot \Theta} = \frac{1}{-\alpha \cdot F} \cdot \ln(Q - \alpha \cdot F \cdot \Theta) + C.$$

Integriert man Gl. (a) und setzt zugleich für C eine andere Integrationskonstante C', so heißt sie

$$\ln(Q - \alpha \cdot F \cdot \Theta) = -\frac{\alpha \cdot F}{c \cdot \gamma \cdot V} \cdot t + \ln C'. \tag{a}$$

Zur Bestimmung der Integrationskonstanten C' dient die Anfangsbedingung; wir setzen $t = 0$, dann ist auch $\Theta = 0$; also:

$$\ln(Q + 0) = 0 + \ln C' \quad \text{oder} \quad C' = Q.$$

Dieser Wert wird in die letzte Form der Gl. (a) eingesetzt:

$$\ln(Q - \alpha \cdot F \cdot \Theta) = -\frac{\alpha \cdot F}{c \cdot \gamma \cdot V} \cdot t + \ln Q.$$

Durch Delogarithmieren:

$$Q - \alpha \cdot F \cdot \Theta = Q \cdot e^{-\frac{\alpha \cdot F}{c \cdot \gamma \cdot V} \cdot t}$$

oder

$$\Theta_t = \frac{Q}{\alpha \cdot F} \cdot \left(1 - e^{-\frac{\alpha \cdot F}{c \cdot \gamma \cdot V} \cdot t}\right). \tag{65}$$

Der Wert $\dfrac{Q}{\alpha \cdot F}$ gibt die Temperatur an, welcher der Körper zustrebt, wenn die Heizung unendlich lang fortgesetzt wird, denn im Beharrungszustand, wo keine weitere Wärmeaufspeicherung mehr eintritt, gilt die Gleichung

$$Q = \alpha \cdot F \cdot \Theta_{t=\infty}.$$

Der Klammerausdruck gibt an, welcher Bruchteil dieses Wertes Θ_∞ zur Zeit t erreicht ist. Er ist eine Funktion der einen

$$\text{Kenngröße} \left[\frac{\alpha}{c \cdot \gamma} \cdot \frac{F}{V} \cdot t\right].$$

Der Wert

$$\frac{c \cdot \gamma}{\alpha} \cdot \frac{V}{F}$$

stellt die im mathematischen Anhang erwähnte Zeitkonstante dar. Das Verhältnis V/F hängt von der Gestalt des Körpers ab und ist für die Kugel ein Höchstwert.

Zusatz.

Ist der Körper, wie in Aufgabe 14 angenommen war, eine Kugel mit gleichmäßig verteilten Wärmequellen, so ist

$$1. \quad Q = W \cdot V, \qquad\qquad 2. \quad \frac{V}{F} = \frac{4\,R^3\,\pi}{3 \cdot 4 \cdot R^2\,\pi} = \frac{R}{3}.$$

Damit gilt für die Kugel die Gl. (65) in der Form:

$$\Theta_t = W \cdot \frac{R}{3\,\alpha} \cdot \left(1 - e^{-\frac{3\,\alpha}{R} \cdot \frac{t}{c \cdot \gamma}}\right).$$

Hierbei ist aber nach Voraussetzung angenommen, daß innerhalb der Kugel ein vollkommener Temperaturausgleich stattfindet, also $\Theta_m = \Theta_0$ ist. Dies wird nach Gl. (61a) um so eher der Fall sein, je kleiner R, je kleiner α und je größer λ ist, oder nach Gl. (61b), je größer das Verhältnis s/R ist.

Zahlenbeispiel. Ein dünnwandiger Kessel von 50 Liter Inhalt und 80 dm² Oberfläche ist mit Öl von Raumtemperatur (20° C) gefüllt. Durch einen elektrischen Heizkörper mit Rührwerk soll das Öl in der Zeit von einer halben Stunde auf 240° C erwärmt werden. Es wird angenommen, daß die Wärmeübergangszahl gleich 10 ist und daß die Masse des Kessels samt Zubehör gegen diejenige des Öles vernachlässigt werden kann. Für wieviel Kilowatt muß der Heizkörper berechnet werden?

Die zur Rechnung notwendigen Größen sind

$$F = 80 \ \mathrm{dm^2} = 0,80 \ \mathrm{m^2},$$
$$V = 50 \ \mathrm{dm^3} = 0,050 \ \mathrm{m^3},$$
$$\gamma = 920 \ \mathrm{kg/m^3},$$
$$c = 0,4 \ \mathrm{kcal/kg.Grad},$$
$$\Theta_t = 240° - 20° = 220°.$$

Der Klammerausdruck in Gl. (65) wird

$$\left(1 - e^{-\frac{10\cdot 0,8}{920\cdot 0,4\cdot 0,05}\cdot 0,5}\right) = (1 - e^{-0,22}) = 1 - 0,80 = 0,20,$$

und für Q_h erhalten wir:

$$Q_h = \frac{\alpha \cdot F \cdot \Theta_t}{0,20} = \frac{10 \cdot 0,8 \cdot 220}{0,20} = 8800 \ [\mathrm{kcal/h}].$$

Nach der Umrechnungsregel

$$1 \ [\mathrm{KW}] = 860 \ [\mathrm{kcal/h}]$$

gibt dies eine Belastung des Heizkörpers von 10,2 KW.

Die im ganzen aufgewendete Wärme ist wegen der Heizdauer von einer halben Stunde gleich

$$Q = \tfrac{1}{2}\,Q_h = 4400 \ [\mathrm{kcal}].$$

Damit können wir die Wärme Q' vergleichen, die wir aufwenden müßten, wenn kein Wärmeverlust vorhanden wäre. Es ist:

$$Q' = 0,05 \ [\mathrm{m^3}] \cdot 920 \left[\frac{\mathrm{kg}}{\mathrm{m^3}}\right] \cdot 0,4 \left[\frac{\mathrm{kcal}}{\mathrm{kg.Grad}}\right] \cdot 220 \ [\mathrm{Grad}] = 4050 \ [\mathrm{kcal}].$$

Der Wärmeverlust beträgt also rund 10%.

Zweiter Teil.

Die Wärmeleitung in Flüssigkeiten und der Wärmeübergang.

Wenn in einer bewegten Flüssigkeit ein Masseteilchen seine Stelle im Raum ändert, so nimmt es dabei auch seinen Wärmeinhalt mit sich fort, so daß durch diesen Vorgang ein Wärmetransport stattfindet; man nennt ihn den Wärmetransport durch Konvektion oder Fortführung.

Sind in der Flüssigkeit örtliche Temperaturunterschiede vorhanden, so lagert sich über diesen ersten Wärmetransport ein zweiter, nämlich die Wärmeleitung von Teilchen zu Teilchen, welche in derselben Weise und nach denselben Gesetzen erfolgt wie bei festen Körpern.

Wenn wir von dem besonderen Fall der freien Flüssigkeitsstrahlen absehen, so ist die Strömung stets von festen Wänden begrenzt und dann findet ein Wärmeaustausch zwischen der Flüssigkeit und diesen Wänden statt, welchen man den Wärmeübergang nennt.

Es ist ohne weiteres klar, daß dieser Wärmeübergang in hohem Maße von dem Strömungszustand der Flüssigkeit abhängt und deshalb ist die Kenntnis der wichtigsten Lehren der Hydrodynamik eine unbedingte Voraussetzung für das Verständnis des Wärmeüberganges.

Aber noch ein zweiter Umstand verlangt die Besprechung der Strömungslehre in diesem Lehrbuch: Es ist eine bekannte Tatsache, daß sich die Intensität des Wärmeüberganges durch Vermehrung der Strömungsgeschwindigkeit steigern läßt. Aber dieser Gewinn muß immer durch eine Vermehrung des Energieaufwandes für Unterhaltung der Strömung erkauft werden und darum muß man aus wirtschaftlichen Gründen die Gesetze des Druckverlustes beachten.

Wir beginnen deshalb die Besprechung des Wärmeüberganges mit einem kurzen Abriß der Strömungslehre.

A. Die Hydrodynamik.

I. Die physikalischen Grundlagen.

a) Die Eigenschaften der Flüssigkeiten.

Die Physik unterscheidet zwischen tropfbaren Flüssigkeiten im engeren Sinne und elastischen Flüssigkeiten, das sind Gase und Dämpfe. Leider besitzt unsere deutsche Sprache kein Wort, welches beide Begriffe klar zusammenfassen würde. Wir müssen deshalb immer bei dem Worte „Flüssigkeiten" an seine Bedeutung im weiteren Sinne denken, also Gase und Dämpfe mit einbeziehen.

Die tropfbaren Flüssigkeiten gelten als praktisch nicht zusammendrückbar, während Gase und Dämpfe unter dem Einfluß des Druckes

5*

ihr Volumen und damit ihre Dichte weitgehend verändern. Bei den
Aufgaben, die in diesem Buche besprochen werden, sind jedoch die
innerhalb des untersuchten Feldes auftretenden Druckunterschiede
so gering, daß wir auch Gase und Dämpfe als inkompressibel annehmen dürfen.

Den Ausdruck „raumbeständig“ dürfen wir jedoch weder für
tropfbare Flüssigkeiten noch für Gase anwenden, da wir den Einfluß
der Temperatur zu beachten haben. In vielen Fällen sind nämlich
die durch Temperaturunterschiede hervorgerufenen Dichteverschieden-
heiten die Ursache für die Strömung, wie das später noch ausführ-
licher besprochen werden wird.

Die Physik lehrt ferner, daß alle Flüssigkeiten und Gase sogenannte zähe Flüssigkeiten sind, d. h. daß eine Kraft besteht — die
innere Reibung —, welche sich einer Verschiebung der einzelnen
Teilchen gegeneinander zu widersetzen sucht. Der Ausdruck „reibungs-
freie oder ideale Flüssigkeit“ stellt nur eine aus theoretischen Gründen
ab und zu angenommene Voraussetzung dar, die aber in Wirklichkeit
niemals zutrifft.

b) Der Strömungszustand.

In einer klaren Flüssigkeit kann man den Strömungszustand
durch fein verteilte, schwebende Teilchen eines festen Körpers sichtbar machen.

In gerader Leitung sind bei genügend langsamer Strömung die
Bahnen der einzelnen Teilchen ungefähr parallele Linien und selbst
bei Krümmungen in der Leitung bilden die Bahnen ein geordnetes
System von Kurven.

Bei großen Geschwindigkeiten dagegen werden selbst in gerader
Leitung die schwebenden Teilchen ganz unregelmäßig durcheinander
schwirren und wenn es möglich wäre, die Wege der einzelnen Teilchen
zu verfolgen, so würde man erkennen, daß sie sich auf ganz
unregelmäßigen, sich vielfach durchschlingenden, oft rückläufigen
Bahnen bewegen, und daß sich überdies diese Bahnen fortgesetzt
ändern.

Im allgemeinen Sprachgebrauch nennt man dies eine wirbelnde
Bewegung, in der wissenschaftlichen Strömungslehre aber eine turbulente Bewegung. Wir müssen hier das Wort Wirbel unbedingt vermeiden, denn das Wort Wirbelbewegung bezeichnet in der Strömungslehre etwas ganz anderes, nämlich eine besondere Art der geordneten
Strömung im Gegensatz zur wirbelfreien oder Potentialströmung.

Bei den Vorgängen in der Technik handelt es sich fast immer um
turbulente Strömung und wir müssen deshalb diesen Strömungszustand, vor allem in der Nähe der Wand, näher betrachten.

Es darf heute als erwiesen gelten, daß auch im Falle der Turbulenz sich an der Wand eine sehr dünne Flüssigkeitshaut bildet,
in welcher die einzelnen Teilchen sich auf geordneten Bahnen parallel
zur Wand bewegen. In dieser dünnen Flüssigkeitshaut, die man die
Prandtlsche Grenzschicht nennt, findet ein sehr steiler Geschwindig-

keitsabfall von einem hohen Wert an der Innenseite bis zum Wert null an der Wand statt. Die alleräußersten Flüssigkeitsteilchen haften also an der Wand.

c) Die Maßeinheiten der Hydrodynamik.

In der gesamten technischen Lehre von der Wärmeübertragung ist es üblich die Zeit in Stunden zu messen. In der technischen Strömungslehre hat es sich aber ebenso fest eingebürgert, die Zeit nach Sekunden zu rechnen.

Dadurch entsteht immer eine Schwierigkeit beim Zusammentreffen beider Gebiete, denn es ist für den Praktiker einerseits unmöglich die Wärme in kcal je Sekunde zu rechnen; andererseits ist für ihn die Angabe einer Strömungsgeschwindigkeit von z. B. 72000 [m/h] ebenfalls unannehmbar.

Man ist darum gezwungen beide Zeitmaße in derselben Gleichung zuzulassen und muß durch geeignete Schreibweise Verwechslungen und Fehler in den Dimensionen vermeiden.

Wir bezeichnen stets mit

w die Strömungsgeschwindigkeit in m je Stunde und mit
ω „ „ „ „ „ Sekunde.

Es gilt also die Gleichung:

$$w\,[\text{m/h}] = 3600\,[\text{sek/h}]\cdot\omega\,[\text{m/sek}].$$

Zum Beispiel: Kühlt sich eine Flüssigkeit in einem Rohr von Θ_1 auf Θ_2 ab, so ist die in der Stunde abgegebene Wärme gleich:

$$Q\left[\frac{\text{kcal}}{\text{h}}\right] = \frac{d^2\pi}{4}[\text{m}^2]\cdot w\left[\frac{\text{m}}{\text{h}}\right]\cdot\gamma\left[\frac{\text{kg}}{\text{m}^3}\right]\cdot c\left[\frac{\text{kcal}}{\text{kg.Grad}}\right]\cdot(\Theta_1-\Theta_2)\,[\text{Grad}],$$

oder

$$= \frac{d^2\pi}{4}[\text{m}^2]\cdot 3600\left[\frac{\text{sek}}{\text{h}}\right]\cdot\omega\left[\frac{\text{m}}{\text{sek}}\right]\cdot\gamma\cdot\left[\frac{\text{kg}}{\text{m}^3}\right]\cdot c\left[\frac{\text{kcal}}{\text{kg.Grad}}\right]\cdot(\Theta_1-\Theta_2)\,[\text{Grad}].$$

d) Die Strömungsräume.

Eine erste Gruppe von Strömungsaufgaben ist dadurch gekennzeichnet, daß die Flüssigkeit in einen rings von Wänden umgebenen Raum durch eine erste Öffnung einströmt und durch eine zweite Öffnung wieder ausströmt. Als ein besonders bezeichnendes Beispiel für diese Gruppe gilt die Strömung durch ein gerades Rohr von kreisförmigem Querschnitt.

Die zweite Gruppe umfaßt jene Vorgänge, bei denen ein Körper ganz in eine Flüssigkeit eintaucht, so daß er von ihr allseitig umspült wird. Als Beispiel hierfür gelte die Strömung um einen Zylinder.

Wenn es auch keineswegs möglich ist, alle vorkommenden Strömungsaufgaben in eine dieser beiden Gruppen einzureihen, so ist es doch in manchen Fällen zweckmäßig auf diese Einteilung zurückgreifen zu können.

II. Die Strömung im geraden Rohr.

a) Der Strömungszustand.

Wenn eine Flüssigkeit durch ein gerades Rohr sehr langsam strömt, so bewegen sich die einzelnen Masseteilchen auf geradlinigen Bahnen fort. Die Geschwindigkeit ist in der Achse am größten und nimmt nach dem Rande zu zuerst langsam und dann rascher ab, bis sie an der Wand selbst zu null wird.

Die Geschwindigkeitsverteilung längs eines Durchmessers befolgt das Gesetz der Parabel, darum ist die mittlere Geschwindigkeit im Querschnitt gleich der halben Geschwindigkeit in der Achse (vgl. Abb. 27).

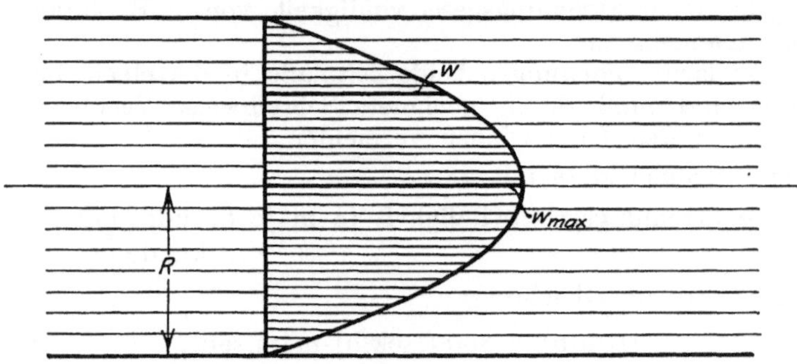

Abb. 27. Geschwindigkeitsverteilung im Rohr bei geordneter Strömung.

Steigert man die Geschwindigkeit stetig, so tritt plötzlich eine Störung dieses eben geschilderten, geordneten Strömungszustandes ein und es entsteht Turbulenz. Die Geschwindigkeit an den einzelnen Stellen des Querschnittes ist jetzt nicht mehr konstant, sondern sie zuckt sowohl nach Größe als nach Richtung ständig um einen Durchschnittswert. Dieser Durchschnittswert ist parallel zur Achse und seine Verteilung längs eines Durchmessers gibt eine Kurve ähnlich der Parabel in Abb. 27, nur hat sie einen breiteren Scheitel. In der Nähe der Wand hat sich die Grenzschichte ausgebildet und in dieser findet ein ungefähr linearer Abfall bis zur Geschwindigkeit null statt.

Der Zustand, bei welchem der plötzliche Übergang von der geordneten Strömung zur Turbulenz stattfindet, heißt der kritische Zustand. Sein Eintreten hängt ab:

1. von der mittleren Strömungsgeschwindigkeit ω [m/sek]

2. vom Durchmesser des Rohres d [m]

3. von der Massendichte der Flüssigkeit $\varrho \left[\dfrac{\text{kg.sek}^2}{\text{m}^4}\right]$

4. von der Zähigkeit der Flüssigkeit $\mu \left[\dfrac{\text{kg.sek}}{\text{m}^2}\right].$

Auf Grund theoretischer Überlegungen lassen sich die vier Werte zu einer Kenngröße Re vereinen, welche man die Reynoldssche Zahl nennt. Es ist

$$Re = \frac{\omega \cdot d \cdot \varrho}{\mu}.$$ \hfill (66)

Durch Versuche wurde festgestellt, daß der kritische Zustand dann eintritt, wenn die Reynoldsche Zahl etwa den Wert 2000 erreicht. Nach neueren Untersuchungen scheint der genauere Wert 2320 zu sein.

Aus dieser Bedingung läßt sich, wenn man d, ϱ und μ als bekannt annimmt, rückwärts hierzu die sogenannte kritische Geschwindigkeit berechnen. Für einige wichtige Flüssigkeiten sind diese kritischen Geschwindigkeiten in nachstehender Zahlentafel zusammengestellt.

Zahlentafel 7. Kritische Geschwindigkeiten in Rohren.

In Metern je Sekunde, berechnet mit dem Wert $R_{\text{krit}} = 2000$.

	t	$\mu \cdot 10^6$	ϱ	Kritische Geschwindigkeit bei $d =$				
				1 cm	5 cm	10 cm	20 cm	30 cm
Luft 1 at	0^0	1,69	0,128	2,64	0,53	0,26	0,13	0,09
	20^0	1,79	0,119	3,00	0,60	0,30	0,15	0,10
	40^0	1,89	0,111	3,40	0,68	0,34	0,17	0,11
	100^0	2,15	0,094	4,57	0,91	0,46	0,23	0,15
Luft 5 at	0^0	1,69	0,639	0,528	0,105	0,053	0,026	0,017
	20^0	1,79	0,595	0,602	0,120	0,060	0,030	0,020
	40^0	1,89	0,557	0,680	0,136	0,068	0,034	0,023
	100^0	2,15	0,468	0,918	0,184	0,092	0,046	0,031
Luft 10 at	0^0	1,69	1,278	0,264	0,052	0,026	0,013	0,009
	20^0	1,79	1,190	0,300	0,060	0,030	0,015	0,010
	40^0	1,89	1,114	0,340	0,068	0,034	0,017	0,011
	100^0	2,15	0,935	0,457	0,091	0,046	0,023	0,015
Wasser	0^0	183	102,0	0,359	0,072	0,036	0,018	0,012
	20^0	102	101,8	0,200	0,040	0,020	0,010	0,007
	40^0	67	101,2	0,132	0,026	0,015	0,007	0,005
	100^0	29	97,7	0,060	0,012	0,006	0,003	0,002
Olivenöl	18^0	9400	93,8	20,0	4,0	2,0	1,0	0,7
Glyzerin	18^0	100000	128,5	156	31	15,6	7,8	5,2

Schon Reynolds selbst hat diesen kritischen Zustand untersucht, indem er in einen Wasserstrom, der durch eine Glasröhre floß, dünne, gefärbte Flüssigkeitsfäden einleitete. Solange ω, also auch Re sehr klein war, blieben die Fäden als feine gerade Linien erhalten; sobald aber ω so stark gesteigert wurde, daß Re einen Schwellenwert, der etwa bei 2000 lag, erreichte, trat plötzlich ein Zerstören und sich Auflösen der Flüssigkeitsfäden ein. Zur gleichen Zeit wurde aber auch eine plötzliche Änderung im Druckgefälle beobachtet.

Eingehende theoretische und experimentelle Untersuchungen haben ergeben, daß auch das Druckgefälle von der Reynoldsschen Zahl abhängt.

b) Das Druckgefälle.

Ebenso wie bei der Wärmeleitung in festen Körpern spielen auch hier in der Strömungslehre und später in der Lehre von der Wärmeübertragung die Kenngrößen eine überaus wichtige Rolle, nur besteht ein wesentlicher Unterschied in der Art ihrer Verwendung. Um dies zu zeigen, greifen wir zurück auf die Gl. (33) bei der Aufgabe 8, Abkühlung einer Kugel.

Wir hatten dort die Beziehung gefunden:

$$Q = \frac{4}{3} R^3 \cdot \pi \cdot \gamma \cdot c \cdot \Theta_C \cdot \Psi\left(hR, \frac{at}{R^2}\right).$$

Durch Umstellung erhalten wir:

$$\frac{Q}{\frac{4}{3} R^3 \pi \gamma c Q_C} = \Psi\left(hR, \frac{at}{R^2}\right).$$

Wenn wir in dem Ausdruck auf der linken Seite die Dimensionen der einzelnen Größen einsetzen, so sehen wir, daß der Ausdruck in seiner Gesamtheit dimensionslos ist. Er kann darum ebenfalls als eine Kenngröße aufgefaßt werden und die letzte Gleichung stellt also eine Funktion zwischen drei Kenngrößen dar.

Die Art der Funktion hatten wir durch Rechnung ermittelt, indem wir zuerst die Differentialgleichung und die Grenzbedingung aufgestellt und daraus durch Rechnung die Funktion in Gestalt der unendlichen Reihe gefunden haben.

In der Hydrodynamik liegen die Verhältnisse wesentlich anders. Zwar ist es auch hier möglich die Differentialgleichungen und die Randbedingungen aufzustellen, aber unsere heutige Mathematik ist noch nicht imstande diese Gleichungen aufzulösen.

Ganz wertlos sind aber deswegen diese Gleichungen doch nicht, denn mit Hilfe eines besonderen Verfahrens kann man aus ihnen die Gestalt der Kenngrößen herleiten, das heißt man kann finden, in welcher Weise die einzelnen in den Gleichungen vorkommenden Größen zu Kenngrößen zusammenzustellen sind. Dieses Verfahren ist in zweierlei Gestalt ausgebildet worden, entweder als Lehre von den Dimensionen oder als Prinzip der Ähnlichkeit.

Die Gestalt der Funktion Ψ, welche die Kenngrößen miteinander verbindet und welche man die Kennfunktion nennt, kann im allgemeinen bei Strömungslehre und Wärmeübergang nur durch einen Versuch gefunden werden. Dabei ist auffallend, daß sich sehr viele dieser Versuchsergebnisse durch Potenzfunktionen darstellen lassen, und zwar oft mit einer geradezu erstaunlichen Genauigkeit. Trotzdem dürfen wir in der Potenzfunktion nur eine Interpolationsformel für die Versuchswerte erblicken und es besteht nicht der mindeste theoretische Anhalt dafür, daß die Potenz der Ausdruck eines Naturgesetzes sei.

Eine erste Anwendung des Ähnlichkeitsprinzipes hatten wir schon bei der Besprechung des kritischen Zustandes kennen gelernt. Eine zweite Gelegenheit bietet sich beim Druckverlust in Rohren.

Ist $p_1 - p_2$ der Druckverlust in [kg/m²] zwischen zwei Rohrquerschnitten, die l [m] voneinander entfernt sind, und gelten im übrigen die Bezeichnungen von S. 70, so läßt sich eine erste Kenngröße aufstellen:

$$K_1 = \frac{p_1 - p_2}{l} \cdot \frac{d}{\omega^2 \cdot \varrho};$$

eine zweite Kenngröße ist die schon erwähnte Reynoldssche Zahl

$$Re = \frac{\omega \cdot d \cdot \varrho}{\mu};$$

Zwischen beiden besteht eine Beziehung

$$K_1 = \Psi \cdot (Re), \tag{67}$$

welche im allgemeinen allein durch den Versuch bestimmt werden kann. Nur bei der geordneten Strömung im geraden Rohr kann sie rechnerisch ermittelt werden; es ist

$$K_1 = 32 \cdot \left(\frac{\mu}{\omega \cdot d \cdot \varrho}\right) = 32 \cdot \frac{1}{Re}.$$

Für die turbulente Strömung geben die Versuche verschiedener Forscher etwas abweichende Werte, nämlich nach den Versuchen

von Ombeck:
$$K_1 = 0,121 \cdot \left(\frac{\mu}{\omega \cdot d \cdot \varrho}\right)^{0,224},$$

von Saph und Schoder (berechn. v. Blasius):
$$= 0,1582 \cdot \left(\frac{\mu}{\omega \cdot d \cdot \varrho}\right)^{0,250},$$

von Jakob:
$$= 0,1636 \cdot \left(\frac{\mu}{\omega \cdot d \cdot \varrho}\right)^{0,253}.$$

Die genauesten Werte scheinen mir diejenigen von Jakob zu sein. Da jedoch in der Formel von Saph und Schoder die 0,25te Potenz, also die vierte Wurzel ein bequemes Zahlenrechnen gestattet, so ist für die meisten technischen Aufgaben die 2. Gleichung bequemer und auch zulässig, da die Abweichungen nur unbedeutend sind.

Für den Druckverlust in glatten Rohren gilt also

bei geordneter Strömung:

$$\frac{p_1 - p_2}{l} = 32 \cdot \frac{\mu}{\omega \cdot d \cdot \varrho} \cdot \frac{\omega^2 \cdot \varrho}{d} = 32 \cdot \frac{\omega \cdot \mu}{d^2}; \tag{68}$$

bei turbulenter Strömung:

$$\frac{p_1 - p_2}{l} = 0,158 \cdot \left(\frac{\mu}{\omega \cdot d \cdot \varrho}\right)^{1/4} \cdot \frac{\omega^2 \cdot \varrho}{d} = 0,158 \cdot \mu^{1/4} \cdot \varrho^{3/4} \cdot d^{-5/4} \cdot \omega^{7/4}. \tag{69a}$$

Die Gleichung zeigt, daß die stark verbreitete Anschauung, als ob bei der turbulenten Strömung der Druckverlust mit dem Quadrat der Geschwindigkeit wachsen würde, nur eine sehr rohe Annäherung ist, denn tatsächlich wächst er nur mit der 1,75 ten Potenz.

Führt man in Gleichung (69a) γ statt ϱ ein, so lautet sie

$$\frac{p_1 - p_2}{l} = 0{,}028 \cdot \frac{\omega^2 \cdot \gamma}{d} \cdot \left(\frac{\mu}{\omega \cdot d \cdot \gamma}\right)^{1/4} \qquad (69\,\text{b})$$

Zahlenbeispiel. Für ein gezogenes Messingrohr von 22 mm innerem Durchmesser und für strömende Luft von 0^0 und 760 mm Barometerstand soll das Druckgefälle berechnet werden, wenn die Strömungsgeschwindigkeit $\omega = 30$ m/sek beträgt.

Wir müssen in die Gleichung einsetzen:

$$d = 0{,}022\ [\text{m}],$$

$$\varrho = \gamma/g = 1{,}293 \left[\frac{\text{kg}}{\text{m}^3}\right] : 9{,}81 \left[\frac{\text{m}}{\text{sek}^2}\right] = 0{,}132 \left[\frac{\text{kg}\cdot\text{sek}^2}{\text{m}^4}\right],$$

$$\mu = 1{,}69 \cdot 10^{-6} \left[\frac{\text{kg}\cdot\text{sek}}{\text{m}^2}\right],$$

$$\omega = 30\ [\text{m/sek}]$$

und erhalten:

$$\frac{p_1 - p_2}{l} = 0{,}158 \cdot \sqrt[4]{\frac{1{,}69 \cdot 10^{-6}}{30 \cdot 0{,}022 \cdot 0{,}132} \cdot \frac{30^2 \cdot 0{,}132}{0{,}022}}$$

$$= 0{,}158 \cdot \sqrt[4]{1940 \cdot 10^{-8}} \cdot 5400$$

$$= 56{,}5\ [\text{kg/m}^2 \text{ je } 1\text{ m Rohrlänge}]$$

$$= 56{,}5\ [\text{mm W. S. je } 1\text{ m Rohrlänge}].$$

Die beiden letzten Angaben stimmen überein, weil eine Druckangabe in mm Wassersäule zahlenmäßig gleich ist der Angabe in kg/m².

III. Die Strömung um einen Zylinder.

a) Der Strömungszustand.

Wenn ein Zylinder ganz in eine strömende Flüssigkeit eintaucht, so werden bei geordneter Strömung, also bei geringer Geschwindigkeit, die Bahnen derjenigen Flüssigkeitsteilchen, welche weit entfernt vom Zylinder vorbeiströmen, gerade Linien bleiben, während die Bahnen der übrigen Teilchen sich um so mehr der Zylinderoberfläche anschmiegen, je näher sie dieser liegen.

Wird die Geschwindigkeit gesteigert, so tritt in der Hauptmasse der Flüssigkeit Turbulenz ein und an

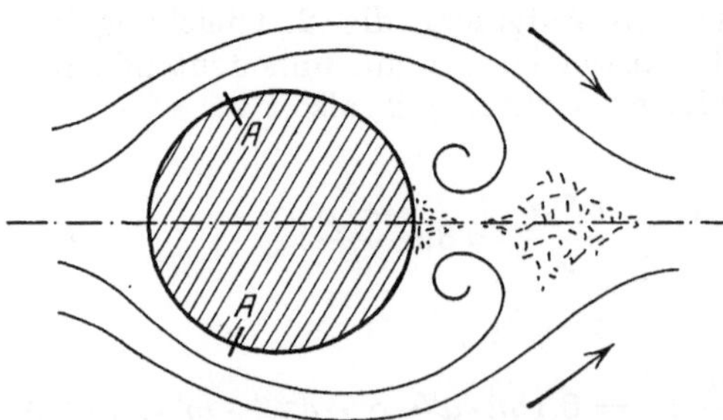

Abb. 28. Strömungsbild beim Umströmen eines Zylinders.

der Oberfläche des Zylinders bildet sich die Grenzschichte mit der geordneten Strömung aus.

Bei weiterer Steigerung der Geschwindigkeit beginnt etwa an den Stellen $A\,A$ (vgl. Abb. 28) die Grenzschicht sich von der Zylinderoberfläche abzulösen und zwei symmetrisch gelegene Wirbel hinter dem Zylinder zu bilden. An der Vorderseite des Zylinders und an seiner Rückseite bilden sich also zwei ganz verschiedene Strömungsbilder aus.

b) Der Strömungswiderstand.

Von besonderem Interesse ist der Strömungswiderstand, welchen der festgehaltene Zylinder der bewegten Flüssigkeitsmasse entgegensetzt; er ist zahlenmäßig gleich der Kraft, welche aufgewendet werden muß, um den Zylinder mit der Geschwindigkeit ω durch eine ruhende Flüssigkeit zu bewegen.

Bezeichnen wir diese Kraft, bezogen auf ein Stück von der Länge $l\,[\mathrm{m}]$ des Zylinders, mit $W\,[\mathrm{kg}]$, so lassen sich mit Hilfe des Ähnlichkeitsprinzipes aus den Differentialgleichungen und den Randbedingungen die beiden Kenngrößen

$$K_2 = \frac{W}{l} \cdot \frac{1}{d \cdot \varrho \cdot \omega^2}$$

und

$$Re = \frac{\omega \cdot d \cdot \varrho}{\mu}$$

aufstellen, zwischen welchen eine Beziehung $K_2 = \Psi\,(Re)$ besteht, welche nur durch den Versuch zu bestimmen ist.

In der Göttinger Versuchsanstalt sind von Prof. O. Föppl Versuche zur Bestimmung dieser Funktion durchgeführt worden. Da bei den Aufgaben der Flugtechnik μ und ϱ stets gleich sind, nämlich den Werten für Luft unter normalem Druck und normaler Temperatur entsprechen, so ist es in der flugtechnischen Wissenschaft üblich, nicht mit der vollen Größe Re zu arbeiten, sondern nur mit dem vereinfachten Wert $(\omega \cdot d)$, welchen man den Kennwert nennt. Dieser Kennwert

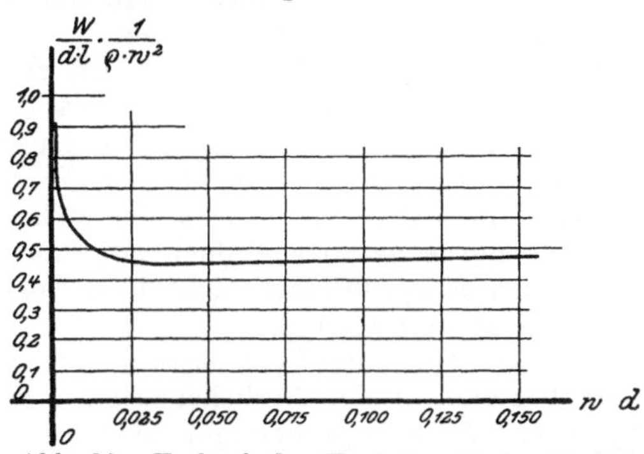

Abb. 29. Verlauf der Funktion Ψ in Gl. (70).

ist keine reine Kenngröße im früher abgeleiteten Sinne, weil er nicht dimensionslos ist.

In Abb. 29 ist der von Föppl gefundene Verlauf der Funktion zeichnerisch dargestellt.

Für den Widerstand gilt also das Gesetz

$$\frac{W}{l} = d \cdot \varrho \cdot \omega^2 \cdot \Psi\,(\omega \cdot d). \tag{70}$$

B. Die Ermittlung der Wärmeübergangszahlen.

I. Geschichtlicher Rückblick.

Schon in den frühesten Zeiten der Technik ging man bei dem Versuch, den Wärmeübergang rechnerisch zu erfassen, von der Erfahrungstatsache aus, daß die zwischen einer Flüssigkeit und ihrer festen Begrenzungswand ausgetauschte Wärmemenge Q um so größer ist,

1. je größer die wärmeaufnehmende oder wärmeabgehende Fläche F ist,

2. je größer der Unterschied zwischen der Temperatur Θ_F der Flüssigkeit und der Temperatur Θ_W der Wand ist und

3. je länger die Zeit t dieses Wärmeaustausches dauert.

Dabei setzte man der Einfachheit halber die übertragene Wärme allen drei Einflüssen verhältnisgleich: Man gelangte so zu der Gleichung

$$Q = \alpha \cdot F \cdot (\Theta_F - \Theta_W) \cdot t . \qquad (71)$$

Die Verhältniszahl α nannte man die „äußere Wärmeleitfähigkeit" der Wand und ihren Kehrwert $(1 : \alpha)$ den „Wärmeübergangswiderstand". Heute ist für α allgemein die Bezeichnung „Wärmeübergangszahl" gebräuchlich.

Dieser ungemein einfache Ansatz würde in der Tat auch zu einfachen Rechnungen führen, wenn es möglich wäre, für die Wahl des Wertes α einfache und zuverlässige Regeln aufzustellen, oder wenn man diese Werte in Tabellen zusammenstellen könnte, etwa wie die Dichte, die spezifische Wärme usw.

Daß dies aber nicht möglich ist, zeigte sich um so klarer, je mehr man sich mit dem Problem befaßte. Jede neue Experimentaluntersuchung zeigte den Vorgang von einer neuen Seite und vermehrte die Zahl derjenigen Größen, die den Wärmeübergang beeinflussen.

Langsam wurde man so zu der Erkenntnis geführt, daß der Ansatz (71) nur scheinbar einfach ist, daß er die Schwierigkeiten des Wärmeübergangproblemes nicht löst, sondern nur in die Wahl des Wertes α zusammendrängt.

Die nächstliegende Verbesserung, die man an dem Ansatz (71) vornahm bestand in der Berücksichtigung der Strömungsgeschwindigkeit. Es war ja bekannt, daß bei sonst gleichbleibenden Verhältnissen die Erhöhung der Strömungsgeschwindigkeit zu einer Vermehrung der übergehenden Wärmemenge führt. In üblicher Weise versuchte man diese Abhängigkeit durch eine Potenzfunktion auszudrücken. Man setzte:

$$\alpha = \alpha_0 + C \cdot \omega^m ,$$

worin C stets positiv und m zwischen 0 und $+1$ gewählt war. Sehr häufig findet sich der Ansatz:

$$\alpha = \alpha_0 + C \cdot \sqrt{\omega} .$$

Der Wert α_0 sollte dabei jene Wärmeübergangszahl sein, die für sogenannte ruhende Luft einzusetzen ist, also bei Vorgängen, bei denen die Luft nicht durch äußere Ursachen, sondern nur durch den Auftrieb infolge ungleichmäßiger Erwärmung in Bewegung gehalten wird.

Sehr bald versuchte man auch die Beschaffenheit der Heiz- und Kühlflächen in der Formel zum Ausdruck zu bringen, denn man hatte erkannt, daß der Grad der Rauhigkeit der Wand und ihre Verunreinigung durch Ruß, Kesselstein und andere Ablagerungen aus der Strömung von großen Einfluß auf den Wärmeübergang sind.

Ferner mußte man vermuten, daß nicht nur der Temperaturunterschied $(\Theta_F - \Theta_W)$, der ja schon in der Gl. (71) zum Ausdruck kommt, den Wärmeübergang bestimme, sondern daß auch die absolute Höhe der Temperatur, bei welcher der Wärmeübergang erfolgt, zu berücksichtigen sei, also etwa Θ_F oder Θ_W oder auch beide Werte.

Ein weiterer Umstand, der ebenfalls zu Schwierigkeiten führte, war die Unklarheit des Begriffes „Flüssigkeitstemperatur“, und wir müssen uns hier mit den verschiedenen Anschauungen über die Temperaturverteilung in der Flüssigkeit bekannt machen.

Die ältere Auffassung ging dahin, daß man innerhalb eines Querschnittes nur mit zwei Temperaturen zu rechnen habe, mit der Wandtemperatur Θ_W und mit der im ganzen Querschnitt gleichen Flüssigkeitstemperatur Θ_F. Der Unterschied $(\Theta_F - \Theta_W)$ bedeutete dann den Temperatursprung, welcher zusammen mit dem Übergangswiderstand die Intensität des Wärmeüberganges bestimmen sollte. Dies ähnelt durchaus jener älteren, hydraulischen Auffassung über die Geschwindigkeitsverteilung, wonach im ganzen Querschnitt eine konstante Geschwindigkeit und an der Wand ein Gleiten, also ein Geschwindigkeitssprung angenommen wird. Diese Annahme wurde später ergänzt durch die Lehre von der adhärierenden Schicht. Eine dünne Flüssigkeitshaut spaltet sich — so besagt diese Lehre — von der übrigen Flüssigkeitsmasse ab und haftet fest an der Wand. Der Geschwindigkeitssprung wird also durch diese Annahme von der Wand weg nach dem Innern der Flüssigkeit verlegt.

Wir dürfen in dieser Annahme einen, wenn auch noch fehlerhaften Vorläufer der Prandtlschen Grenzschicht erblicken. Übrigens hat die Lehre von der anhaftenden Schicht in der Hydraulik nur geringe Bedeutung gewonnen. Um so mehr hat sie die Lehre von der Wärmeübertragung beherrscht. Sie führte zu der Vorstellung, daß in der ganzen bewegten Flüssigkeit die einheitliche Temperatur Θ_F herrscht, und daß dann diese Temperatur innerhalb der dünnen anhaftenden Schicht von Θ_F bis Θ_W steigt oder fällt. Da die Flüssigkeit innerhalb der Schicht als vollkommen bewegungslos galt, so glaubte man nach den Gesetzen der Wärmeleitung in festen Körpern den Wärmeaustausch berechnen zu können. Mit der Bezeichnung $\varDelta$ für die Dicke der Schicht erhielt man

$$ Q = \lambda \cdot \frac{\Theta_F - \Theta_W}{\varDelta} \cdot F \cdot t . $$

Da sich aber kein Anhalt finden ließ, welchen Zahlenwert man für Δ einsetzen müsse, so war auch durch diese Deutung des Vorganges die Schwierigkeit nicht behoben, sondern nur in die Wahl des Wertes Δ verlegt.

Interessant ist, in welcher Weise die experimentelle Forschung von diesen anhaftenden Schichten Notiz nahm. Man empfand das Auftreten dieser Schichten bei der Strömung im Versuchsapparat als ein störendes Moment, als eine Erscheinung, die den naturgemäßen Wärmeaustausch behindert, und man suchte deshalb in den Versuchseinrichtungen diese anhaftenden Schichten durch rotierende Bürsten und andere Vorrichtungen immer wieder zu entfernen. Gerade dadurch aber, daß man diesen Schichten eine solche Bedeutung beimaß, verbot es sich von selbst, die Ergebnisse dieser Versuche auf Fälle der Praxis zu übertragen, bei denen sich ja diese Schichten ungehindert ausbilden können.

Auf die Dauer vermochte sich die Lehre von der anhaftenden Schicht nicht zu halten, vor allem auch nicht die Vorstellung einer in der ganzen bewegten Masse gleichen Querschnittstemperatur. Sie wurde durch die Versuche mehrfach widerlegt.

Durch theoretische und experimentelle Untersuchung wurde erwiesen, daß der Begriff „Temperatur Θ_F der Flüssigkeit" äußerst schwer zu fassen ist und für verschiedene Strömungsaufgaben verschieden umschrieben werden muß. Damit verliert aber auch die Definition der Wärmeübergangszahl jegliche wissenschaftliche Schärfe und wir kommen damit zu der Frage nach dem Wesen der Wärmeübergangszahl.

Die ältere Bezeichnung „äußere Wärmeleitfähigkeit" besagt, daß man sich in früheren Zeiten unter dieser Größe einen reinen Stoffwert vorstellte, also einen Wert, der nur von der physikalischen Natur der Flüssigkeit und der Substanz der Wandung abhängt. Als ein Beweis für diese Auffassung mögen die Angaben in den älteren Lehrbüchern der Physik und der Technik dienen, welche äußere Wärmeleitfähigkeiten nennen und zu ihrer Bezeichnung nur angeben: von Wasser an Eisen, von Wasser an Messing, von Messing an Wasser, von Mauerwerk an Luft usw. Insbesondere interessierte die Frage, ob der Wärmeübergangswiderstand größer ist, wenn die Wärme vom festen Körper an die Flüssigkeit übertritt oder umgekehrt. Obwohl die Ansicht, daß α ein reiner Stoffwert sei, schon sehr früh als unrichtig erkannt wurde, so hat sich doch in manchen Schriften die irreführende Bezeichnung „äußere Wärmeleitfähigkeit" noch recht lange gehalten, und zwar weniger in der technischen Literatur als in den Lehrbüchern der Physik.

Wenn also die Wärmeübergangszahl kein reiner Stoffwert ist, so müssen wir uns die Frage vorlegen, als was sie sonst zu betrachten ist.

Jeder Versuch, die Wärmeübergangszahl klar und eindeutig zu definieren, scheitert an der Unmöglichkeit, den Begriff „mittlere Flüssigkeitstemperatur" allgemeingültig und eindeutig zu erfassen, und wegen dieser Unmöglichkeit einer einwandfreien Definition ist

vom streng wissenschaftlichen Standpunkte aus die Wärmeübergangszahl mindestens als ein äußerst unschönes Gebilde zu bezeichnen,
wenn man ihr nicht überhaupt jede Berechtigung absprechen will.
Sobald man aber die Sache vom praktischen Standpunkte aus betrachtet, also von der Notwendigkeit ausgeht, bestimmte Aufgaben
rechnerisch zu lösen, gelangt man zu der Erkenntnis, daß die Wärmeübergangszahl eine völlig unentbehrliche Rechengröße ist, die wir
trotz verschiedener recht unerfreulicher Eigenschaften gegenwärtig
und wohl auch in absehbarer Zeit durch kein anderes Rechenverfahren vermeiden können.

Wenn wir nun nochmals zu der Frage zurückkehren, als was wir
die Wärmeübergangszahl zu betrachten haben, so ist jedenfalls eines
klar: zu den wissenschaftlich einwandfreien Größen dürfen wir sie
nicht zählen. Wollten wir sie andererseits bei den reinen Erfahrungsund Konstruktionsgrößen der Technik — wie etwa Rostbeanspruchung
oder Heizflächenbelastung — einreihen, so würden wir damit wohl
zu weit gehen. Ich muß die Frage offen lassen, wo sich auf dieser
Linie die Wärmeübergangszahl einreihen läßt.

Als oben von den Mängeln der Wärmeübergangszahl die Rede
war, waren nicht nur theoretische, sondern auch recht schwerwiegende
praktische Bedenken maßgebend, die sich vor allem auf die Schwierigkeit beziehen, für eine gegebene technische Aufgabe die richtige
Wärmeübergangszahl zu finden. Wenn immer wieder das Verlangen
auftaucht, die α-Werte möchten in großen Tabellen zusammengestellt
werden, etwa wie die Dichte, Elastizitätszahlen usw., so ist dieser
Wunsch zwar an sich begreiflich, aber er beweist zugleich, wie sehr
die wahre Natur der Wärmeübergangszahl noch verkannt wird. Die
Umstände, welche ihren Zahlenwert beeinflussen, und die Bedürfnisse
der einzelnen technischen Fachrichtungen — Feuerungstechnik, Kraftmaschinenbau, Elektrotechnik — sind zu vielgestaltig, als daß sich
dies alles in allgemein gehaltenen Tabellen berücksichtigen ließe.
Solche Zusammenstellungen sind nur für eine jeweils eng umgrenzte
technische Aufgabe möglich und nur im Rahmen einer fachlich gehaltenen Besprechung dieser Aufgabe zulässig.

Nur für ganz wenige, besonders einfach geartete Fälle kennen wir
heute Gesetzmäßigkeiten von so breitem Geltungsbereich, daß sie sich
zur Wiedergabe in diesem Lehrbuch eignen. Ehe wir jedoch diese einzelnen Gleichungen für die Wärmeübergangszahlen erörtern können,
müssen wir eine Besprechung der physikalischen Grundlagen des
Wärmeüberganges einschalten.

II. Die physikalischen Grundlagen.

Gelegentlich dieses geschichtlichen Rückblickes hatten wir als
Größen, welche den Wert der Wärmeübergangszahl beeinflussen,
kennengelernt:

1. die physikalische Natur des strömenden Körpers,
2. die Strömungsgeschwindigkeit,

3. die Beschaffenheit der Heiz- und Kühlflächen besonders hinsichtlich Rauhigkeit und Reinheit,

4. die absolute Temperaturhöhe, bei der der Vorgang sich abspielt,

5. die verschiedene Auffassung über den Begriff „mittlere Flüssigkeitstemperatur“.

Dazu kommt noch als sechster, überaus wichtiger Umstand die besondere Art der Strömung überhaupt, die wir als Strömungsform bezeichnen wollen. Beispiele solcher Strömungsformen sind: die Strömung längs einer ebenen Wand, die Strömung senkrecht oder schräg gegen eine ebene Wand, die Strömung gegen einen Zylinder, und zwar parallel, senkrecht oder schräg zur Achse, die Strömung im Innern eines Rohres, und zwar eines geraden Rohres, einer Rohrspirale, einer Ecke in sonst gerader Leitung u. a. m. Hierbei ist zu erwarten, daß für diese verschiedenen Strömungsformen nicht nur der Absolutwert der Wärmeübergangszahl verschieden ist, sondern daß auch ganz verschiedene Gesetzmäßigkeiten gelten für den Einfluß der übrigen Faktoren.

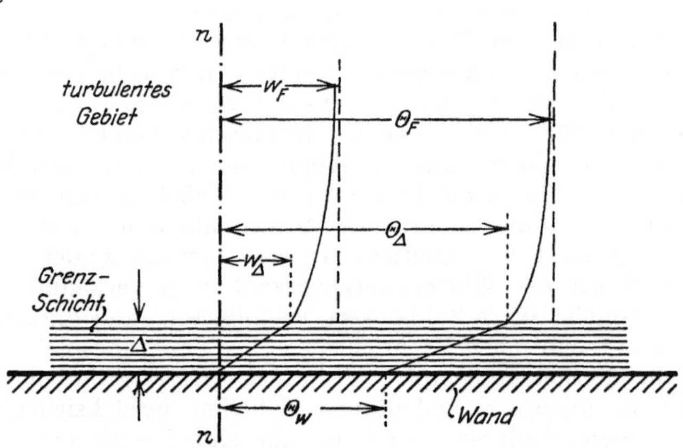

Abb. 30. Geschwindigkeits- und Temperaturverteilung in der Nähe
einer Wand.

In dem Bestreben, die Lehre von der Wärmeübertragung möglichst einfach zu halten, hat man es lange Zeit vermieden diese Erkenntnis, die sich unbedingt aufdrängen mußte, zu berücksichtigen. Insbesondere konnte man sich nicht dazu entschließen, für die verschiedenen Strömungsformen mit verschiedenen Gesetzmäßigkeiten für die Wärmeübergangszahl zu rechnen. Ohne eine solche Unterscheidung ist aber weder ein Verständnis der Vorgänge noch eine einwandfreie Rechnung möglich.

In Abb. 30 ist ein Teil einer Strömung in unmittelbarer Nähe der Wand gezeichnet und an irgendeiner Stelle der Wand die Normale „nn“ gezeichnet.

In der Grenzschicht, deren Dicke $\varDelta$ sei, steigt die Geschwindigkeit vom Wert $w = 0$ annähernd geradlinig bis zum Werte $w = w_{\varDelta}$

an. Innerhalb des turbulenten Gebietes steigt sie dann immer langsamer noch weiter an, bis sie endlich den gleichbleibenden Wert w_F erreicht.

Ähnlich ist der Verlauf der Temperaturkurve; sie steigt vom Wert Θ_W an der Wand bis zum Wert $\Theta_\varDelta$ an der Innenseite der Grenzschicht und dann bis zum Wert Θ_F in der Hauptmasse der Flüssigkeit an.

Innerhalb der Grenzschicht findet der Wärmetransport auf zweierlei Weise statt, und zwar erstens durch die Bewegung der Flüssigkeitsteilchen. Da diese aber parallel zur Wand erfolgt, hat sie für den Wärmeübergang keine Bedeutung. Zweitens erfolgt der Wärmetransport durch Leitung quer durch die Grenzschicht nach den Gesetzen der Wärmeleitung in Platten. Für die Wärme Q gilt darum die Gleichung

$$Q = \lambda \cdot \frac{\Theta_\varDelta - \Theta_W}{\varDelta} \cdot F \cdot t. \tag{a}$$

In dieser Hinsicht besteht also kein Unterschied zwischen der älteren Auffassung einer anhaftenden Schicht, welche in ihrer ganzen Dicke als ruhend angenommen war und der heutigen Auffassung von der Prandtlschen Grenzschicht, bei welcher geordnete Strömung mit ungefähr linearem Geschwindigkeitsanstieg vorausgesetzt wird. Die ältere Auffassung war aber stets mit der Vorstellung verbunden, daß die Temperatur an der Innenseite der Schicht gleich der Temperatur in der Hauptmasse der Flüssigkeit sei. Dies ist aber nicht der Fall, wie sich aus einer Betrachtung des Wärmetransportes im turbulenten Gebiet ergibt.

Die turbulente Geschwindigkeit hat nach früherem einen zeitlichen Durchschnittswert, der parallel zur Wand gerichtet ist. Der Wärmetransport durch Konvektion kommt also scheinbar auch im turbulenten Gebiet für den Wärmeübergang nicht in Betracht. Senkrecht zur Wand findet wieder ein Wärmetransport durch Leitung statt, welcher aber in diesem Gebiet durch die Turbulenz weitgehend unterstützt wird, indem die Flüssigkeitsteilchen auf ihren verschlungenen Bahnen auch Bewegungskomponenten gegen die Wand, also in Richtung des größten Temperaturgefälles besitzen und somit Wärme in dieser Richtung hin und her tragen.

Man hat versucht, dieser scheinbaren Vermehrung der Wärmeleitfähigkeit durch Einführung einer Turbulenz-Wärmeleitzahl Rechnung zu tragen. Dieser Begriff ist zwar ein ganz guter Behelf für unser Vorstellungsvermögen, zur Einführung in die Rechnung hat er sich jedoch als ungeeignet erwiesen.

Der obigen Gleichung (a) können wir die Grundgleichung des Wärmeüberganges

$$Q = \alpha \cdot (\Theta_F - \Theta_W) \cdot F \cdot t \tag{b}$$

gegenüberstellen und erhalten durch einen Vergleich beider Gleichungen

$$\alpha = \frac{\lambda}{\varDelta} \cdot \frac{\Theta_\varDelta - \Theta_W}{\Theta_F - \Theta_W}. \tag{c}$$

Diese letzte Gleichung (c) besagt, daß die Wärmeübergangszahl, abgesehen von der Wärmeleitfähigkeit der Flüssigkeit, noch von der Dicke der Grenzschicht und der Temperatur Θ_Δ abhängt. Die beiden letzten Werte hängen aber ihrerseits in hohem Maße von der Stärke der Turbulenz, also von der Kenngröße Re ab.

Nimmt die Turbulenz zu, so nimmt die Dicke der Grenzschicht ab und der Wert α wächst. Zugleich wird aber die Turbulenzwärmeleitzahl größer und damit der Temperaturausgleich im turbulenten Gebiet besser. Infolgedessen nähert sich der Wert Θ_Δ dem Wert Θ_F und der Bruch $(\Theta_\Delta - \Theta_W):(\Theta_F - \Theta_W)$ wird größer, das heißt die Wärmeübergangszahl wächst auch aus diesem zweiten Grunde mit zunehmender Turbulenz. Die Wärmeübergangszahl ist also eine Funktion der Kenngröße Re.

Wir haben die Kenngröße Re bisher nur bei der Strömung im geraden Rohr kennen gelernt; sie gilt aber mit einer kleinen Änderung auch für andere Strömungsformen.

Bezeichnen wir mit l_0 die Hauptabmessung eines Strömungsraumes (Durchmesser einer umspülten Kugel, Durchmesser eines Rohres usw.), so gilt die allgemeine Schreibweise:

$$Re = \frac{w \cdot l_0 \cdot \varrho}{\mu}. \tag{72}$$

Nun ist aber der Wärmeübergang kein alleiniges Erzeugnis der Turbulenz, denn er beruht ja zum Teil auch auf der Wärmeleitung von Teilchen zu Teilchen. Für den Grenzfall der geordneten Strömung läßt sich beweisen, daß die Gestalt des Temperaturfeldes nicht mehr von der Größe Re, sondern statt dessen von der Größe

$$Pe = \frac{w \cdot l_0}{a} \tag{73}$$

abhängt, in welcher a die bekannte Temperaturleitzahl $\lambda:(c \cdot \gamma)$ der Flüssigkeit bedeutet.

Im allgemeinen wird das Temperaturfeld nicht von einer dieser beiden Größen Re oder Pe allein abhängen, sondern von beiden zusammen.

Eine nochmalige Erweiterung unserer Betrachtung ist notwendig, wenn der Körper mehr als eine Abmessung hat. Sind $l_1, l_2, \ldots, l_n$ diese Abmessungen, so ist es zweckmäßig, sie nicht unmittelbar in die Rechnung einzuführen, sondern ihr Verhältnis zur Hauptabmessung l_0.

Wir fassen die Betrachtung dahin zusammen, daß die Gestalt des Temperaturfeldes und damit auch das Temperaturgefälle in der Grenzschicht von den Kenngrößen

$$\left(\frac{w \cdot l_0 \cdot \varrho}{\mu}, \quad \frac{w \cdot l_0}{a}, \quad \frac{l_1}{l_0}, \quad \frac{l_2}{l_0}, \quad \ldots, \quad \frac{l_n}{l_0} \right)$$

abhängt.

Auch die Wärmeübergangszahl α hängt von diesen Kenngrößen ab, aber wir dürfen nicht einfach α gleich einer Funktion dieser

Kenngrößen setzen, weil wir sonst links eine mit Dimensionen behaftete Größe und rechts einen dimensionslosen Ausdruck hätten. Wir müssen vielmehr auf die linke Seite der Gleichung ebenfalls eine Kenngröße setzen. Aus Ähnlichkeitsbetrachtungen folgt, daß diese die Form haben muß:

$$\alpha \cdot \frac{l_0}{\lambda} \left[\frac{\text{kcal}}{\text{m}^2.\text{Grad}.\text{h}} \cdot \frac{\text{m}}{\dfrac{\text{kcal}}{\text{m}.\text{Grad}.\text{h}}} \right] = \alpha \cdot \frac{l_0}{\lambda} \ [\text{dimensionslos}].$$

Zusammenfassend läßt sich sagen, daß sich das Gesetz für die Wärmeübergangszahl durch eine Gleichung von der Form

$$\alpha \cdot \frac{l_0}{\lambda} = \Psi \left(\frac{w \cdot l_0 \cdot \varrho}{\mu}, \ \frac{w \cdot l_0}{a}, \ \frac{l_1}{l_0}, \ \ldots, \ \frac{l_n}{l_0} \right) \tag{74a}$$

wiedergeben läßt. Die Art der Funktion Ψ ist für jede Strömungsform eine andere und kann nur durch den Versuch bestimmt werden.

Dividiert man die erste Kenngröße durch die zweite, so erhält man

$$\frac{w \cdot l_0 \cdot \varrho}{\mu} \cdot \frac{a}{w \cdot l_0} = \frac{a \cdot \varrho}{\mu},$$

also eine neue Kenngröße, welche statt einer der beiden ursprünglichen Kenngrößen in Gleichung (74) eingesetzt werden kann, so daß diese lautet

$$\alpha \cdot \frac{l_0}{\lambda} = \Psi \left(\frac{w \cdot l_0 \cdot \varrho}{\mu}, \ \frac{a \cdot \varrho}{\mu}, \ \frac{l_1}{l_0}, \ \ldots, \ \frac{l_n}{l_0} \right) \tag{74b}$$

oder

$$\alpha \cdot \frac{l_0}{\lambda} = \Psi \left(\frac{w \cdot l_0}{a}, \ \frac{a \cdot \varrho}{\mu}, \ \frac{l_1}{l_0}, \ \ldots, \ \frac{l_n}{l_0} \right). \tag{74c}$$

Die neue Kenngröße hat den Vorzug, daß sie nur aus den Stoffwerten der Flüssigkeit besteht, also selbst wieder ein reiner Stoffwert ist.

Es muß noch nachgetragen werden, daß diese Gl. (74) nur für eine Strömung aus äußeren Ursachen gilt, also nur dann, wenn die Strömungsgeschwindigkeit so groß ist, daß örtliche Temperaturverschiedenheiten in der Flüssigkeit die Strömung nicht beeinflussen können. Handelt es sich in einem gegenteiligen Fall um einen Wärmeübergang in sogenannter ruhender Luft, so bildet sich ein ganz anderes Strömungsfeld und damit auch ein anderes Temperaturfeld aus. Aus der Theorie folgt für den Wärmeübergang in einem zweiatomigen Gas (also auch in Luft) bei freier Strömung die Gleichung:

$$\alpha \cdot \frac{l_0}{\lambda} = \Psi \left(\frac{l_0^3 \cdot \gamma^2 \cdot (T_W - T_R)}{g \cdot \mu^2 \cdot T_m}, \ \frac{l_1}{l_0}, \ \ldots, \ \frac{l_n}{l_0} \right), \tag{75}$$

darin bedeutet außer den bekannten Größen

g die Erdbeschleunigung in m/sek²,
T die Temperatur in Graden abs. Zählung, insbesondere
T_R die Temperatur der Luft in weiter Entfernung vom Körper,
T_W die Temperatur der Körperoberfläche,
T_m einen Mittelwert der Gastemperatur, siehe später Gl. (87).

Leider sind bisher nur für ganz wenige Strömungsformen die Funktionen Ψ in den letzten beiden Gleichungen bekannt, so daß hier der experimentellen Forschung noch ein weites Arbeitsgebiet offen steht.

III. Gleichungen zur Berechnung der Wärmeübergangszahlen.

a) Strömung im geraden Rohr. Querschnitt kreisförmig.

Der Wärmeübergang im geraden, kreisförmigen Rohr ist diejenige Aufgabe der ganzen Wärmeübertragung, welche sowohl theoretisch als experimentell am besten untersucht ist.

Die Gl. (74) lautet, wenn wir sie auf die Strömung im Rohr anwenden:

$$\alpha \cdot \frac{d}{\lambda} = \Psi\left(\frac{w \cdot d \cdot \varrho}{\mu}, \ \frac{w \cdot d}{a}, \ \frac{z}{d}, \ \frac{\delta}{d}\right),$$

darin bedeutet

d den Durchmesser des Rohres, als Hauptabmessung gewählt,
z den Abstand des untersuchten Querschnittes vom Rohranfang,
δ die absolute Rauhigkeit der Rohrwand.

Da sich die meisten Untersuchungen auf glatte Rohre beziehen, so setzen wir in der Gleichung $\delta = 0$. Eine weitere Vereinfachung tritt ein, weil die Versuche ergeben haben, daß bei turbulenter Strömung die Funktion Ψ von dem Argument Re nur in ganz geringem Maße abhängt. Bei technischen Aufgaben kann man darum das Argument Re vernachlässigen, und es gilt für glatte Rohre die Beziehung

$$\alpha \cdot \frac{d}{\lambda} = \Psi\left(\frac{w \cdot d}{a}, \frac{z}{d}\right). \tag{76}$$

1. Gleichung für Gase, insbesondere Luft. Aus verschiedenen Versuchen, vor allem aus denjenigen von Nußelt (s. Lit.-Verz. 15) folgt, daß sich Ψ mit großer Annäherung als Produkt zweier Potenzfunktionen darstellen läßt, und daß man setzen kann

$$\alpha = 0{,}035 \cdot \frac{\lambda}{d} \cdot \left(\frac{z}{d}\right)^{-0{,}05} \cdot \left(\frac{w \cdot d}{a}\right)^{0{,}79},$$

oder mit Einführung von ω statt w:

$$\alpha = 22{,}5 \cdot \frac{\lambda}{d} \cdot \left(\frac{z}{d}\right)^{-0{,}05} \cdot \left(\frac{\omega \cdot d}{a}\right)^{0{,}79}, \tag{77a}$$

wobei aber der Zahlenfaktor von der Dimension [sek/h]$^{0{,}79}$ zu denken ist, damit die Gleichung auch in den Dimensionen stimmt.

Die Stoffwerte λ und a sind hierbei bei jener Temperatur aus den Tabellen zu entnehmen, die das arithmetische Mittel aus Θ_W und Θ_F ist.

Zur Besprechung dieser Formel und zugleich um die Zahlenrechnung zu erleichtern, geben wir der Gleichung (77a) noch die Gestalt

$$\alpha = 22,5 \cdot z^{-0,05} \cdot d^{-0,16} \cdot \omega^{0,79} \cdot \frac{\lambda}{a^{0,79}}, \qquad (77\,\mathrm{b})$$

$$= 22,5 \cdot B_z \quad \cdot B_d \quad \cdot B_\omega \quad \cdot B_{p,\,T}, \qquad (77\,\mathrm{c})$$

worin mit B die Koeffizienten bezeichnet sind, welche den Einfluß
der einzelnen Größen z, d, ω, p und T wiedergeben. Hierbei ist
$B_{p,\,T}$ von der physikalischen Natur der strömenden Flüssigkeit abhängig. Die Tabellen 26 bis 34 im Anhang enthalten die Werte
dieser Potenzfunktionen innerhalb des technisch wichtigsten Bereiches.

Der erste Koeffizient zeigt, daß die Abhängigkeit des α von der
Entfernung vom Rohranfang sehr gering ist. Wenn z von 10 cm
auf 10 m wächst, nimmt B_z nur von 1,122 auf 0,89 ab. Auch der
Einfluß des Durchmessers ist nicht sehr groß. Einer Zunahme des
Durchmessers von 5 mm auf 1000 mm entspricht nur eine Abnahme
des B_d von 2,33 auf 1,00. Dagegen ist der Einfluß der Strömungsgeschwindigkeit beträchtlich. Wenn ω von 4 m/sek auf 8 m/sek steigt,
so wächst B_ω von 2,99 auf 5,16.

Die Größe $B_{p,\,T}$ ist, wie schon erwähnt, von der physikalischen
Natur des strömenden Mediums abhängig.

Bei idealen Gasen ist die Wärmeleitzahl und die spezifische
Wärme vom Druck unabhängig (vgl. S. 184). Das spezifische Gewicht
ist dem Druck p [at] direkt proportional nach der Gleichung

$$\gamma_p = \gamma_1 \cdot p,$$

worin γ_p das spezifische Gewicht bei p [at] und
γ_1 „   „   „   „ 1 [at] ist.
Damit wird

$$B_{p,\,T} = \frac{\lambda \cdot c_p^{\,n} \cdot \gamma_1^{\,n}}{\lambda^n} \cdot p^n = \left(\frac{\lambda}{a^n}\right)_T \cdot p^n = B_T \cdot B_p,$$

so daß die Gl. (77c) für ideale Gase die Gestalt annimmt:

$$\alpha = 22,5 \cdot B_z \cdot B_d \cdot B_\omega \cdot B_p \cdot B_T. \qquad (77\,\mathrm{d})$$

Für B_p gilt ohne weiteres dieselbe Abhängigkeit wie für B_ω.
Die Größe B_T endlich ist bei den einzelnen Gasen natürlich verschieden, bei demselben Gase aber nur mehr eine Funktion der mittleren Temperatur T_m des Gases.
Für Luft sind die Werte in nachstehender Zahlentafel zusammengestellt.

Zahlentafel 8a. Abhängigkeit des B_T von T_m [^{0} abs.] bei Luft.

T_m	B_T	T_m	B_T	T_m	B_T	T_m	B_T
100	0,307	350	0,150	600	0,108	850	0,089
150	0,242	400	0,137	650	0,104	900	0,087
200	0,204	450	0,128	700	0,099	950	0,084
250	0,181	500	0,120	750	0,095	1000	0,082
300	0,162	550	0,113	800	0,092	—	—

Es nimmt also bei Luft die Wärmeübergangszahl mit steigender Temperatur T_m ab.

Anmerkung. In dem Taschenbuch „Die Hütte" findet sich ein Schaubild, welches von Nußelt stammt und in einem System von vier Kurvenscharen die Wärmeübergangszahlen für Luft direkt abzulesen gestattet.

Zahlenbeispiel. Durch ein glattes Rohr von 40 mm Durchmesser strömt Preßluft von 6 at Druck mit einer Geschwindigkeit von 25 m/sek. Die Lufttemperatur ist 20° C und die Wandtemperatur 200° C. Wie groß ist die Wärmeübergangszahl in 3 m Entfernung vom Rohranfang?

Es ist: $T_F = 293°$; $T_W = 473°$; damit $T_m = 383°$. Also:

$$\alpha = 22{,}5 \cdot B_z \quad \cdot B_d \quad \cdot B_\omega \quad \cdot B_p \quad \cdot B_T$$
$$= 22{,}5 \cdot 0{,}95 \cdot 1{,}67 \cdot 12{,}71 \cdot 4{,}11 \cdot 0{,}144$$
$$= 268 \left[\frac{\text{kcal}}{\text{m}^2 . \text{h} . \text{Grad}}\right].$$

Es sind in letzter Zeit mehrere Male Bedenken aufgetaucht hinsichtlich der Gültigkeit der Nußeltschen Gleichung, welche in allgemeiner Form lautet:

$$\alpha \cdot \frac{d}{\lambda} = \text{const}_1 \cdot \left(\frac{z}{d}\right)^{\text{const}_2} \cdot \left(\frac{\omega \cdot d}{a}\right)^{\text{const}_3}.$$

Diese Bedenken stützen sich meist auf beobachtete Abweichungen zwischen gemessenen und errechneten α-Werten. Wenn man von jenen Fällen absieht, in denen die Abweichungen nicht sehr erheblich sind, oder in denen die gemessene Zahl nicht absolut einwandfrei ist, so bleibt noch die weitere Erklärungsmöglichkeit, daß die Gleichung außerhalb ihres Gültigkeitsbereiches verwendet wurde, denn es ist heute noch nicht möglich die Grenzen dieses Gültigkeitsbereiches zuverlässig festzusetzen.

Nußelt selbst gibt eine untere Grenze für die Geschwindigkeit an; es soll die Kenngröße

$$\frac{\omega \cdot d}{a} > 1000 \text{ bei 1 at}$$

$$\frac{\omega \cdot d}{a} > 7000 \text{ bei 16 at}$$

sein.

Das Überschreiten einer oberen Grenze für die Geschwindigkeit ist bei technischen Aufgaben wohl nicht zu befürchten.

Recht schwierig ist es, die Temperaturgrenze nach oben festzulegen. Die Nußeltschen Versuche wurden bei einer Wandtemperatur von 100° C und bei Gastemperaturen unter 100° C durchgeführt. Ich glaube, man kann ohne Bedenken die Gleichung bei Wand- und Gastemperaturen bis hinauf zu 500 oder 600° C anwenden. Darüber hinaus besteht allerdings die Gefahr, daß sich der Strahlungsaustausch zwischen Gas und Wand bemerkbar macht. Der Einfluß der Strahlung wird sich um so früher bemerkbar machen, je weiter das Rohr ist, je langsamer das Gas strömt und je höher sein Strahlungsvermögen ist. Darum darf besonders bei Gasgemischen, welche Wasserdampf und Kohlensäure enthalten, die obere Temperaturgrenze nicht zu hoch gesetzt werden. Auf tropfbare Flüssigkeiten darf die Gleichung nach den Versuchen von Stender nicht angewandt werden.

2. Gleichnng für überhitzten Wasserdampf. Für den Wärmeübergang von überhitztem Wasserdampf an Rohrwandungen können wir die Versuche von Poensgen (s. Lit.-Verz. 25) heranziehen. Diese Versuche führten zu der Formel

$$\alpha = 3{,}29 \cdot \frac{p^{1{,}082}}{10^{0{,}0017\,t_W}} \cdot \frac{\omega^{0{,}892}}{d^{0{,}164}} \left[\frac{\text{kcal}}{\text{m}^2 . \text{Grad} . \text{h}}\right], \qquad (78)$$

worin außer den bekannten Bezeichnungen noch

p den Druck   des Dampfes in [at]

t_W die Temperatur „   „   „   [°C]

bedeuten.

Gl. (78) ist als eine rein empirische Formel zu betrachten, die mit der theoretischen Gl. (74) in keine Verbindung gebracht werden kann. [Zahlentafeln siehe Taschenbuch „Die Hütte".]

Die Gl. (78) gilt natürlich nur, wenn keine Kondensation eintritt, also nur solange als die Wandungstemperatur überall höher ist als die Sättigungstemperatur des Dampfes bei dem entsprechenden Druck.

3. Gleichungen für Wasser. Hier sind die Versuche von Soennecken (s. Lit.-Verz. 26) und von Stender (s. Lit.-Verz. 27) anzuführen.

Soennecken untersuchte drei verschiedene Rohre von der gleichen Länge 192 cm und zwar:

1. ein nahtlos gezogenes Messingrohr   von 17 mm innerem Durchm.
2. „ Mannesmann Präzisionsstahlrohr   „ 17 „   „   „
3. „   „   „   „ 28 „   „   „

Die Versuche lieferten nachstehende Gleichungen:
für das Messingrohr:

$$\alpha = 2120 \cdot (1 + 0{,}014 \cdot t_W) \cdot \frac{\omega^{0{,}91}}{d^{0{,}90}}; \qquad (79\,a)$$

für die beiden Stahlrohre:

$$\alpha = 735 \cdot (1 + 0{,}014 \cdot t_W) \cdot \frac{\omega^{0{,}7}}{d^{0{,}3}}; \qquad (79\,b)$$

wobei die innere Wandtemperatur t_W in Celsiusgraden einzusetzen ist. Der Unterschied zwischen beiden Gleichungen ist keine Folge der verschiedenen Metalle an sich, sondern eine Folge der verschiedenen Rauhigkeiten der Rohrinnenwand; das Messingrohr war glatter als das Stahlrohr. Mit zunehmender Rauhigkeit nehmen also sowohl der Beiwert als auch der Exponent ab. Eine Zahlentabelle über die α-Werte nach der Soenneckenschen Formel für das Gebiet

$$t_W = 0^0\,\text{C} \quad \text{bis} \quad 150^0\,\text{C},$$
$$\omega = 0,5\;\text{m/s} \quad \text{,,} \quad 5,0\;\text{m/s}$$

findet man in dem Taschenbuch „Die Hütte". Nach den Versuchen von Soennecken hängt die Wärmeübergangszahl in hohem Maße von der inneren Wandtemperatur ab, während der Einfluß der mittleren Wassertemperatur zu vernachlässigen ist.

Zu gerade dem gegenteiligen Ergebnis kommt Stender. Er führt zum Zwecke der Rechnung eine Temperatur τ ein nach der Gleichung

$$\tau = 0,9\,t_m + 0,1\,t_W;$$

darin ist

t_m die mittlere Temperatur des Wassers im ganzen Rohr in ^{0}C,
t_W „ „ „ der Rohrwand in ^{0}C.

Einige Werte dieser Temperatur τ gibt die nachstehende Übersicht.

t_W	t_m									
	10^0	20^0	30^0	40^0	50^0	60^0	70^0	80^0	90^0	100^0
20^0	11	20	29	38	47	56	65	74	83	92
40^0	13	22	31	40	49	58	67	76	85	94
60^0	15	24	33	42	51	60	69	78	87	96
80^0	17	26	35	44	53	62	71	80	89	98
100^0	19	28	37	46	55	64	73	82	91	100

Von dieser Hilfsgröße τ, welche fast allein durch die mittlere Wassertemperatur bestimmt wird, und auf welche die Rohrwandtemperatur nahezu keinen Einfluß hat, hängt nach Stender die Wärmeübergangszahl ab. Er fand an glatten Stahl- und Messingrohren von 17 und 28 mm Durchmesser folgende Gleichung:

$$\alpha = 2830 \cdot (1 + 0,0215 \cdot \tau - 0,00007 \cdot \tau^2) \cdot \omega^{\,0,91-0,00115\,\tau}. \qquad (80)$$

Die Abhängigkeit vom Rohrdurchmesser war zu unbedeutend, als daß sie sich einwandfrei hätte feststellen lassen.

Zahlentafel 8b.
Wärmeübergangszahlen für Wasser an Rohrwandungen.
(Nach Stender.)

$\tau\,[^0\text{C}]$	ω [m/sek]					
	0,1	0,2	0,5	1,0	2,0	5,0
20	516	953	2150	3970	7340	16550
30	597	1095	2450	4480	8250	18400
40	677	1230	2720	4940	9000	19700
50	753	1360	2980	5370	9720	21200
60	832	1490	3230	5775	10300	22300
70	905	1610	3450	6120	10900	23200
80	978	1725	3660	6430	11300	24000
90	1045	1830	3850	6710	11730	24600
100	1110	1930	4000	6930	12070	24950

b) Strömung im geraden Rohr. Querschnitt nicht kreisförmig.

Erfolgt die Strömung nicht durch ein Rohr von kreisförmigem Querschnitt, sondern durch eine Leitung von beliebigem Querschnitt, so läßt sich folgender Satz anwenden:

Die Wärmeübergangszahl für einen beliebigen Querschnitt ist gleich der Wärmeübergangszahl in einem Vergleichsrohr mit kreisförmigem Querschnitt, wenn wir dessen Durchmesser zu

$$d_\nu = \frac{4 \cdot F}{S} \qquad (81\,a)$$

annehmen.

Hierbei ist F die Fläche des durchflossenen Querschnittes (in m²) und S derjenige Teil des Umfanges (in m), durch welchen der Wärmeaustausch stattfindet. Dies gibt:

1. Für den Ringquerschnitt mit den Durchmessern D und d bei Wärmeaustausch nach außen und innen:

$$d_\nu = \frac{D^2 - d^2}{D + d} = D - d, \qquad (81\,b)$$

bei Wärmeaustausch nach außen allein:

$$d_\nu = \frac{D^2 - d^2}{D}, \qquad (81\,c)$$

bei Wärmeaustausch nach innen allein:

$$d_\nu = \frac{D^2 - d^2}{d}. \qquad (81\,d)$$

2. Für den rechteckigen Querschnitt mit den Seiten a und b; bei Wärmeaustausch durch alle vier Seiten:

$$d_\nu = \frac{4 \cdot a \cdot b}{2 \cdot (a + b)} = \frac{2\,a\,b}{a + b}, \qquad (81\,e)$$

bei Wärmeaustausch durch nur zwei Seiten a:

$$d_\nu = \frac{4 \cdot a \cdot b}{2\,a} = 2\,b, \qquad (81\,f)$$

bei Wärmeaustausch durch nur eine Seite a:

$$d_\nu = \frac{4 \cdot a \cdot b}{a} = 4\,b. \qquad (81\,g)$$

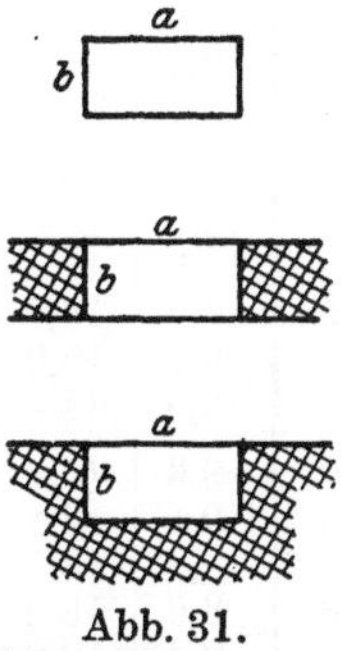

Abb. 31. Wärmeübergang in Leitungen mit rechteckigem Querschnitt.

Die übrigen Seiten des Rechteckes gelten hierbei als vollkommen wärmeundurchlässig, wie das in den Abb. 31 durch Schraffur angedeutet ist. Die Gl. (81) gilt unter der Annahme, daß diese Flächen wegen ihrer Isolierung an dem Wärmeaustausch nicht teilnehmen. Das ist nur bei tropfbaren Flüssigkeiten wirklich der Fall. Bei Gasen, vor allem bei hohen Temperaturen, erhalten diese Flächen von den eigentlichen Heizflächen Wärme zugestrahlt, erwärmen sich dadurch selbst über Gastemperatur und wirken so als Hilfsheizflächen.

Die Gl. (81a) wurde von Nußelt auf rein theoretischem Wege aufgestellt. Ihre experimentelle Bestätigung ist vorerst nur für ringförmigen Querschnitt durch die Versuche von Jordan gegeben.

c) Strömung um einen Zylinder.

Wenn ein Zylinder von einer Strömung senkrecht getroffen wird, so bildet sich ein Strömungsfeld gemäß Abb. 28 aus. Da an verschiedenen Stellen des Umfangs ein verschiedener Strömungszustand herrscht, so sind auch die Wärmeübergangsverhältnisse längs des Umfanges veränderlich. Es gibt recht viele technische Aufgaben, bei denen es wichtig wäre, diese Veränderlichkeit genau zu kennen — so z. B. um die Stellen größter Kühlwirkung zu finden. Allein diese Gesetzmäßigkeit ist uns heute noch nicht bekannt und wir müssen mit einem konstanten Werte α längs des Umfanges rechnen.

Aus den Versuchen von Hughes hat Nußelt (s. Lit.-Verz. 17) eine Gleichung aufgestellt, welche mit der theoretisch gefundenen Gl. (74) in Übereinstimmung ist.

Zahlentafel 9.

Wärmeübergangszahlen für verschiedene Zylinderdurchmesser und Windgeschwindigkeiten. Temperatur d. Zylinderoberfläche 100° C, Temp. d. Luft 20° C, Druck d. Luft 760 mm Q. S.

d in Meter	ω in Meter/Sekunde										
	1	2	3	4	5	10	15	20	25	50	100
0,005	61,5	70,0	76,8	83,8	90,3	122,2	150,7	177,2	199,0	313,7	500,0
0,010	34,6	41,9	48,4	54,9	61,1	88,4	115,7	136,8	156,9	220,7	405,0
0,016	24,5	31,3	37,8	43,2	49,1	74,3	95,7	113,3	133,6	218,3	352,0
0,020	20,9	27,4	33,5	39,0	44,3	67,9	92,1	106,6	125,0	202,4	328,8
0,026	17,9	24,5	29,6	34,9	39,8	63,1	81,2	98,6	115,2	186,8	302,2
0,033	15,4	21,3	26,7	31,7	36,5	57,1	75,3	91,8	107,2	174,0	281,7
0,042	13,4	19,1	24,2	28,8	33,4	52,6	69,6	84,9	99,8	161,4	263,9
0,048	12,5	18,0	23,2	27,6	31,8	50,9	67,3	81,5	95,7	154,5	255,2
0,052	11,9	17,4	22,5	26,8	31,0	49,9	65,0	78,9	93,3	150,6	247,0
0,059	11,2	16,6	21,5	25,6	29,7	47,5	63,0	76,8	89,6	146,7	240,0
0,076	9,9	15,0	19,5	24,5	27,3	43,8	58,1	71,1	83,2	141,2	222,0
0,083	9,6	14,4	18,8	22,8	26,5	42,5	56,7	69,3	81,5	132,8	217,0
0,089	9,3	14,1	18,4	22,2	25,9	41,9	55,5	68,2	79,4	129,6	214,1
0,095	9,1	13,8	17,9	21,8	25,2	40,9	54,5	66,5	78,1	127,7	207,2
0,102	8,8	13,5	17,5	21,3	24,8	40,2	53,3	65,5	76,1	124,7	204,3
0,108	8,6	13,2	17,2	20,9	24,3	39,5	52,3	63,9	75,0	123,1	201,8
0,114	8,4	12,9	16,9	20,6	24,1	38,7	51,7	63,0	73,8	120,8	198,1
0,121	8,2	12,6	16,5	20,0	23,6	38,0	50,9	61,9	72,4	118,8	194,6
0,127	8,0	12,5	16,3	19,6	23,1	37,4	50,1	61,4	72,0	118,2	193,0
0,140	7,7	12,0	15,9	19,2	22,5	36,4	48,7	59,8	70,1	114,4	188,6
0,152	7,5	11,7	15,5	18,8	21,9	35,5	47,2	58,0	68,2	110,7	182,9
0,165	7,2	11,4	15,1	18,4	21,4	34,6	46,2	56,8	66,3	108,4	180,6
0,178	7,0	11,2	14,7	17,9	20,9	33,9	45,2	55,6	65,2	107,2	174,7
0,203	6,8	10,7	14,1	17,2	20,1	32,6	44,1	53,3	62,6	103,2	168,7

Während aber bei der Strömung im geraden Rohr sich die Kenngröße $(\alpha \cdot d) : \lambda$ von der Kenngröße Re als fast unabhängig erwies, zeigte sie sich hier als unabhängig von der Kenngröße Pe. Unter Vernachlässigung des Einflusses der Rauhigkeit gilt die Gleichung:

$$\alpha \cdot \frac{d}{\lambda} = \Psi \left(\frac{\omega \cdot d \cdot \varrho}{\mu} \right),$$

und zwar ergab sich aus den Versuchen von Hughes für Luft:

$$\alpha = 0{,}0670 \cdot \frac{\lambda_m}{d} \cdot \left(1273 + \frac{\omega \cdot d \cdot \varrho_m}{\mu_m} \right)^{0{,}716}. \tag{82}$$

Dabei sind die Stoffwerte λ_m, ϱ_m und μ_m bei der Temperatur $t_m{}^0\mathrm{C}$ $= \frac{1}{2}(t_F{}^0 + t_W{}^0)$ einzusetzen.

In der vorstehenden Zahlentafel 9, welche der Nußeltschen Arbeit entnommen ist, sind Werte von α für verschiedene Werte von d und ω zusammengestellt.

Von größerem technischen Interesse als die Strömung gegen ein einzelnes Rohr ist die Strömung gegen ein Rohrbündel. Allein dieser Fall ist noch viel zu wenig erforscht, als daß er hier besprochen werden könnte. Es sei nur erwähnt, daß nach den Versuchen von Thoma (s. Lit.-Verz. 9) der Wärmedurchgang durch Röhrenbündel sich um etwa $20\,^0/_0$ erhöht, wenn die Rohre nicht alle hintereinander stehen, sondern die aufeinanderfolgenden Rohrreihen um je eine halbe Teilung versetzt sind.

d) Strömung längs einer ebenen Wand.

Jürgens (s. Lit.-Verz. 29) untersuchte den Wärmeübergang von einer senkrechten, geheizten Kupferplatte an einen wagrecht daran vorbeistreichenden Luftstrom.

Die Größe der Platte war bei allen Versuchen gleich, nämlich $0{,}5 \times 0{,}5$ m, so daß also der Einfluß der Plattenausmaße nicht festgestellt wurde.

Die Oberflächenbeschaffenheit wurde verändert, indem einmal die gewöhnliche Platte, ein zweites Mal die polierte Platte und ein drittes Mal die aufgerauhte Platte untersucht wurde. Die Temperatur der Platte ($= 50\,^0\mathrm{C}$), die Temperatur der Luft ($= 20\,^0$ C) und der Druck der Luft ($= 1$ at) waren bei allen Versuchen gleich.

Besondere Beachtung wurde dem Einfluß der Strömungsgeschwindigkeit geschenkt. War diese groß — etwa 5 m/sek und darüber —, so trat gegenüber dieser aufgezwungenen Strömung die freie Strömung der erwärmten Luft ganz zurück. Mit allmählich abnehmender Geschwindigkeit trat jedoch der Auftrieb immer mehr in die Erscheinung, bis zuletzt bei stillstehendem Gebläse der Wärmeübergang an sogenannte ruhende Luft untersucht wurde.

Es ist Jürgens zwar gelungen, den ganzen Geschwindigkeitsbereich in einer Formel zu umfassen. Da diese aber für praktische Zwecke zu unbequem gewesen wäre, hat er für niedere und hohe Geschwindigkeiten getrennte Formeln aufgestellt. Das formelmäßige Ergebnis der Jürgensschen Arbeit lautet: Für eine senkrechte Kupferplatte und wagrecht strömende Luft, für einen Druck von 1 at und für die Temperaturen $\Theta_F = 20^0\,C$ und $\Theta_W = 50^0\,C$ gelten für die Wärmeübergangszahlen die Gleichungen:

$$\omega \leq 5\,\text{m/sek} \qquad \omega > 5\,\text{m/sek}$$

$$\text{bei polierter Fläche:} \quad \alpha = 4{,}8 + 3{,}4\,\omega; \quad \alpha = 6{,}12 \cdot \omega^{0{,}78} \tag{83}$$

$$\text{bei gewalzter } \quad\text{\textquotedbl} \quad \alpha = 5{,}0 + 3{,}4\,\omega; \quad \alpha = 6{,}14 \cdot \omega^{0{,}78} \tag{84}$$

$$\text{bei gerauhter } \quad\text{\textquotedbl} \quad \alpha = 5{,}3 + 3{,}6\,\omega; \quad \alpha = 6{,}47 \cdot \omega^{0{,}78} \tag{85}$$

Die Wärme, welche von der Platte durch Leitung und Konvektion an die vorbeistreichende Luft abgegeben wird, berechnet sich mit diesen Werten α nach der bekannten Gleichung: $Q = \alpha \cdot (\Theta_W - \Theta_F) \cdot F \cdot t$. Außerdem gibt aber die Platte auch noch Wärme durch Strahlung ab, welche fast ohne Verlust durch die Luft hindurchdringt und erst von den Wänden des Raumes aufgefangen wird. Über die Berechnung dieser ausgestrahlten Wärme wird im III. Hauptteil des Buches gesprochen.

e) **Freie Abkühlung eines wagrechten Zylinders in Luft.**

Wenn wir von der gesamten Wärmeabgabe eines Zylinders die Wärmeabgabe durch Strahlung abziehen, so gilt für die verbleibende Abkühlung durch Leitung und Konvektion die Gl. (75) in der Form

$$\alpha \cdot \frac{d}{\lambda} = \Psi \left(\frac{d^3 \cdot \gamma^2 \cdot (T_W - T_R)}{g \cdot \mu^2 \cdot T_m} \right) = \Psi\,(Gr), \tag{86}$$

wobei mit Gr die Kenngröße bezeichnet ist. Auch diese Gleichung stammt von Nußelt. Sie würde streng genommen nur für kleine Temperaturdifferenzen gelten, ist aber mit genügender Genauigkeit auch für größere Temperaturunterschiede brauchbar, wenn wir für die Temperatur T_m und die Stoffwerte folgende Mittelwerte wählen:

$$\frac{1}{T_m} = \frac{1}{T_W - T_R} \int_{T_R}^{T_W} \frac{dT}{T} = \frac{\ln T_W / T_R}{T_W - T_R};$$

$$T_m = T_R \cdot \frac{\dfrac{T_W}{T_R} - 1}{\ln \dfrac{T_W}{T_R}} = T_R \cdot f\left(\frac{T_W}{T_R}\right);$$

$$\lambda_m = \frac{1}{T_W - T_R} \cdot \int_{T_R}^{T_W} \lambda_m \cdot dT; \tag{87}$$

$$\mu_m = \frac{1}{T_W - T_R} \cdot \int_{T_R}^{T_W} \mu \cdot dT;$$

$$\gamma_m = \frac{1}{T_W - T_R} \int_{T_R}^{T_W} \gamma \cdot dT = \gamma_0 \frac{273}{T_W - T_R} \cdot \int_{T_R}^{T_W} \frac{dT}{T} = \gamma_0 \frac{273}{T_m}.$$

Aus den Versuchen von

Kennely, Wright und Bylevelt an dünnen Drähten
Langmuir   „   „   „
Bylevelt   „   „   „
Wamsler   „ Rohren von 2 bis 9 cm ϕ

berechnete Nußelt, daß die Funktion Ψ den in Abb. 32 darge-
stellten Verlauf hat.

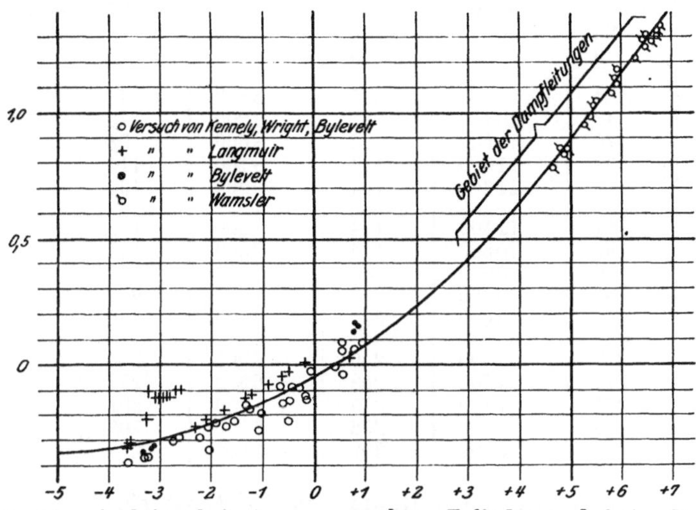

Abb. 32. Kennfunktion bei einem wagrechten Zylinder und freier Strömung:

$$\text{Abszissen:} \quad \log \frac{d^3 \cdot \gamma^2 \cdot (T_W - T_R)}{g \cdot \mu^2 \cdot T_m} \, ;$$

$$\text{Ordinaten:} \quad \log \left(\alpha \cdot \frac{d}{\lambda} \right).$$

Da die Berechnung der Kenngröße Gr eine sehr umständliche
Arbeit ist, so ist für die wichtigsten Werte der Raumtemperatur
nämlich $t_R = 0^0\,\text{C}$, $20^0\,\text{C}$ und $40^0\,\text{C}$ eine Tabelle ausgerechnet. Diese
Zahlentafel 10 ist für einen Zylinderdurchmesser $d = 0{,}01$ m und für
einen Barometerstand $b = 760$ mm berechnet. Die so errechnete
Kenngröße sei mit $Gr_{\text{vorläufig}}$ bezeichnet.

Beträgt der Barometerstand nicht 760 mm sondern b mm und
ist der Durchmesser des Zylinders nicht 0,01 [m] sondern d [m], so
ist der tatsächliche Wert der Kenngröße

$$Gr = \left(\frac{b}{760} \right)^2 \cdot \left(\frac{d}{0{,}01} \right)^3 \cdot Gr_{\text{vorl}} \, . \tag{88}$$

Für den ersten Faktor sind die Werte für $b = 760$ bis $b = 700$ mm
in nachstehender Tabelle zusammengestellt.

b	760	750	740	730	720	710	700
$(b/760)^2$	1,00	0,98	0,95	0,92	0,90	0,87	0,85

Zahlentafel 10.

Kerngröße $Gr_{\text{vorl.}}$ abhängig von t_W und t_R bei $d = 0{,}01$ m und $b = 760$ mm.

t_W	$t_R = 0^{\circ}$ C		$t_R = +20^{\circ}$ C		$t_R = +40^{\circ}$ C	
	t_m	$Gr_{\text{vorl.}}$	t_m	$Gr_{\text{vorl.}}$	t_m	$Gr_{\text{vorl.}}$
-200	-121	$-700\,000$	-115	$-637\,000$	-108	$-566\,000$
-150	-85	$-189\,000$	-77	$-176\,000$	-69	$-161\,000$
-100	-53	$-59\,700$	-45	$-60\,500$	-37	$-59\,600$
-50	-26	$-16\,900$	-16	$-20\,200$	-8	$-22\,300$
$\mp\ 0$	0	0	$+10$	$-3\,700$	$+19$	$-6\,400$
$+50$	$+24$	$+7\,300$	$+35$	$+3\,800$	$+45$	$+1\,200$
100	48	$10\,400$	58	$7\,200$	70	$4\,500$
150	70	$11\,500$	82	$8\,600$	93	$6\,300$
200	92	$11\,600$	104	$9\,100$	114	$7\,200$
250	112	$11\,600$	125	$9\,200$	137	$7\,300$
300	131	$11\,100$	144	$9\,000$	158	$7\,200$
350	152	$10\,500$	165	$8\,500$	178	$7\,100$
400	170	$9\,900$	185	$8\,100$	198	$6\,800$
450	190	$9\,300$	203	$7\,700$	217	$6\,500$
500	208	$8\,600$	221	$7\,400$	236	$6\,100$
550	227	$8\,000$	240	$6\,900$	255	$5\,900$
600	244	$7\,600$	258	$6\,500$	272	$5\,600$
650	261	$7\,100$	275	$6\,200$	291	$5\,300$
700	278	$6\,700$	292	$5\,800$	308	$5\,000$
750	295	$6\,300$	309	$5\,500$	327	$4\,700$

Zahlenbeispiel. In einem Raum von 20° C ist ein heißes Rohr von 200° C Oberflächentemperatur wagrecht gelagert. Der Durchmesser des Rohres ist 3,3 cm und der Luftdruck beträgt 715 mm. — Wie groß ist die Wärmeübergangszahl (ohne Strahlung)?

Für $\Theta_R = 20^{\circ}$ C und $\Theta_W = 200^{\circ}$ C entnehmen wir aus der Zahlentafel 10 den Wert $Gr_{\text{vorl}} = 9100$ und berechnen dann mit Gl. (88) den Wert

$$Gr = \left(\frac{715}{760}\right)^2 \cdot \left(\frac{0{,}033}{0{,}010}\right)^3 \cdot 9100 = 0{,}89 \cdot 35{,}9 \cdot 9100 = 290\,000\,.$$

Aus der Abb. 32 entnehmen wir, daß zur Kenngröße $Gr = 290\,000$ der Wert $\alpha \cdot \dfrac{d}{\lambda_m} = 10{,}59$ gehört.

Aus Zahlentafel 10 entnehmen wir $\Theta_m = 104^{\circ}$ C und damit aus Zahlentafel 35 den Wert $\lambda_m = 0{,}0265$.

Zum Schlusse erhalten wir

$$\alpha = \frac{0{,}0265}{0{,}033} \cdot 10{,}59 = 8{,}50 \left[\frac{\text{kcal}}{\text{m}^2 . \text{h} . \text{Grd}}\right].$$

f) Für kondensierende Dämpfe.

Der Wärmeübergang bei kondensierenden Dämpfen und verdampfenden Flüssigkeiten unterscheidet sich vom Wärmeübergang ohne Aggregatzustandsänderung durch das Auftreten der großen latenten Wärmemengen und er ist ein so vollständig anders gearteter Vorgang, daß vom streng wissenschaftlichen Standpunkte aus für seine Besprechung ein besonderer Hauptabschnitt eingeschaltet werden müßte. Aus Zweckmäßigkeitsgründen will ich jedoch davon absehen und den Wärmeübergang mit Aggregatzustandsänderung hier einschalten.

Zur Besprechung des Wärmeüberganges bei kondensierenden Dämpfen können wir uns abermals auf eine theoretische Arbeit von Nußelt (s. Lit.-Verz. 18) stützen. Der Grundgedanke dieser Arbeit ist folgender:

Während beim langsamen Niederschlagen von Wasser aus feuchter Luft etwa an kalten Fensterscheiben sich das Wasser in Tropfenform ansetzt und als Schlieren abwärts fließt, muß sich bei der raschen Kondensation von luftarmem Dampf bei großen Temperaturunterschieden zwischen Dampf und Wand eine geschlossene Flüssigkeitshaut bilden, welche unter dem Einfluß der Schwere abwärts fließt, wobei durch Aufnahme weiterer Niederschläge ihre Dicke stetig wächst.

Die Temperatur der Wasserhaut ist auf der einen Seite gleich der Temperatur Θ_W der Wand, auf der anderen Seite gleich der Sättigungstemperatur Θ_D des Dampfes. Ist y_0 die Dicke der Haut, so läßt sich der Wärmetransport durch die Haut nach der Gl. (a) berechnen.

$$Q = \lambda \cdot \frac{\Theta_D - \Theta_W}{y_0} \cdot F \cdot t. \tag{a}$$

Aus dem Begriff der Wärmeübergangszahl folgt Gl. (b):

$$Q = \alpha \cdot (\Theta_D - \Theta_W) \cdot F \cdot t. \tag{b}$$

Durch Gleichsetzen von (a) und (b) ergibt sich Gl. (c):

$$\alpha = \lambda / y_0. \tag{c}$$

Da λ aus Tabellen entnommen werden kann, braucht man nur noch y_0 zu kennen, um mit Hilfe dieser Gl. (c) den Wert α berechnen zu können.

Aus den thermischen und hydrodynamischen Bedingungen, welchen die Bildung der Wasserhaut unterworfen ist, konnte Nußelt für eine senkrechte, ebene Wand und für ein wagrechtes Rohr die Dicke y_0 der Wasserhaut berechnen.

1. Für eine senkrechte Wand: Es ist

$$y_0 = 1{,}414 \cdot \lambda \cdot \sqrt[4]{x \cdot (\Theta_D - \Theta_W) \cdot \frac{\mu}{r \cdot \gamma^2 \cdot \lambda^3}}$$

$$= 1{,}414 \cdot \lambda \cdot \sqrt[4]{\frac{x \cdot (\Theta_D - \Theta_W)}{A}}. \tag{89}$$

Hierin bedeutet außer den bekannten Größen

x den Abstand der Meßstelle vom oberen Rand der Wand in [m],

r die Verdampfungswärme . . . . in $\left[\dfrac{\text{kcal}}{\text{kg}}\right]$;

A einen zusammengesetzten Stoffwert des Kondensates, der sich aus einfachen Stoffwerten nach der Gl. (d) aufbaut

$$A = \frac{r \cdot \gamma^2 \cdot \lambda^3}{\mu} \left[\frac{\text{kcal}^4}{\text{m}^7 . \text{Grad}^3 . \text{h}^4}\right] . \tag{d}$$

Aus Gl. (c) und Gl. (89) berechnet sich nun die Wärmeübergangszahl zu:

$$\alpha_x = 0{,}707 \cdot \sqrt[4]{\frac{A}{x \cdot (\Theta_D - \Theta_W)}} .$$

Diese Wärmeübergangszahl α_x gilt nur innerhalb eines Streifens von der Höhe dx im Abstand x vom oberen Rand der Wand.

Dehnt man die Betrachtung über die ganze Wand von der Breite B und der Höhe H aus, so führt die Integration zu den beiden Gleichungen:

Die mittlere Wärmeübergangszahl α_m für die ganze Wand ist:

$$\alpha_m = 0{,}943 \cdot \sqrt[4]{\frac{A}{H \cdot (\Theta_D - \Theta_W)}} . \tag{90}$$

Die Wärmemenge, welche in der Zeiteinheit vom Dampf an die Wand übergeht, ist:

$$\begin{aligned}
Q_h &= 0{,}943 \cdot B \cdot H \cdot (\Theta_D - \Theta_W) \cdot \sqrt[4]{\frac{A}{H \cdot (\Theta_D - \Theta_W)}} \\
&= 0{,}943 \cdot B \cdot \sqrt[4]{H^3 \cdot (\Theta_D - \Theta_W)^3 \cdot A} .
\end{aligned} \tag{91}$$

Die Gln. (89), (90) und (91) lassen sich unverändert auch für senkrechte Rohre von der Höhe H verwenden, denn da bei den Abmessungen der technisch verwendeten Rohre der Durchmesser unvergleichlich größer ist als die Dicke der Wasserhaut, so spielt die Krümmung der Rohroberfläche keine Rolle und es ist Dicke und Bewegungszustand der Wasserhaut an senkrechten, ebenen Wänden und senkrechten Rohren gleich.

2. Für wagrechte Rohre. Die Wärmeübergangszahl für ein wagrechtes Rohr vom Durchmesser d ist nach Nußelt

$$\alpha = 0{,}724 \sqrt[4]{\frac{A}{d \cdot (\Theta_D - \Theta_W)}} . \tag{92}$$

Die Wärmemenge, welche in der Zeiteinheit an ein Rohr vom Durchmesser d und der Länge L übergeht, ist

$$\begin{aligned}
Q_h &= 0{,}724 \cdot d \pi L \cdot (\Theta_D - \Theta_W) \cdot \sqrt[4]{\frac{A}{d \cdot (\Theta_D - \Theta_W)}} \\
&= 2{,}27 \cdot L \cdot \sqrt[4]{d^3 \cdot (\Theta_D - \Theta_W)^3 \cdot A} .
\end{aligned} \tag{93}$$

3. Besprechung des Ergebnisses. Die Gleichungen für die Wärmeübergangszahl bei senkrechten Wänden und wagrechten Rohren sind so gleich gebaut, daß es genügt, wenn wir eine der beiden Gleichungen, z. B. diejenige für das Rohr, besprechen. Wir schreiben Gl. (92) in der Form

$$\alpha = 0{,}724 \cdot \frac{1}{\sqrt[4]{d}} \cdot \frac{1}{\sqrt[4]{\Theta_D - \Theta_W}} \cdot \sqrt[4]{A}.$$

Die Wärmeübergangszahl nimmt also mit zunehmendem Durchmesser ab, aber da nur die vierte Wurzel von d in Rechnung tritt, so ist die Abhängigkeit vom Durchmesser nur eine äußerst geringe, wie die nachstehende Zahlentafel zeigt.

Zahlentafel 11.

Werte der Potenz $d^{-1/4}$.

d	d [m]	$1/\sqrt[4]{d}$	d	d [m]	$1/\sqrt[4]{d}$	d	d [m]	$1/\sqrt[4]{d}$
1 mm	0,001	5,62	1 cm	0,01	3,16	1 dm	0,1	1,78
2 mm	0,002	4,73	2 cm	0,02	2,66	2 dm	0,2	1,50
5 mm	0,005	3,76	5 cm	0,05	2,15	5 dm	0,5	1,19

In ganz derselben Weise hängt die Wärmeübergangszahl auch von dem Temperaturunterschied $(\Theta_D - \Theta_W)$ ab. Steigt der Temperaturunterschied von 1^0 auf 20^0, so wächst die vierte Wurzel nur von 1,0 auf 2,1.

Die einzelnen Stoffwerte r, γ, λ und μ des Kondensates hängen nur von der Temperatur der Flüssigkeitshaut ab, so daß auch A ein durch die Temperatur bedingter, reiner Stoffwert ist. Da aber bei gesättigten Dämpfen die Temperatur eindeutig mit dem Druck zusammenhängt, so ist mit der Temperaturabhängigkeit zugleich eine Druckabhängigkeit des Wertes A verbunden. Zahlentafel 12 gilt für Wasserdampf und enthält die Zahlenwerte der vierten Wurzel aus A.

Zahlentafel 12.

Zur Berechnung der Wärmeübergangszahl bei kondensierendem Wasserdampf.

p at	$t\ ^0$C	$\sqrt[4]{A}$	α für $d = 0{,}05$ m $\Theta_D - \Theta_W = 10^0$
0,02	17,3	7010	6 140
0,05	32,3	7660	6 710
0,10	45,6	8100	7 090
0,20	59,8	8570	7 500
0,50	80,9	8100	7 960
1,00	99,1	9540	8 350
2,00	119,6	9860	8 620
3,00	132,8	10080	8 840
4,00	142,8	10250	9 000
5,00	151,0	10350	9 080
6,00	157,9	10430	9 150
7,00	164,0	10500	9 210

Die letzte Spalte gibt außerdem die Wärmeübergangszahl für ein wagrechtes Rohr von 5 cm Durchmesser bei $\Theta_D - \Theta_W = 10^0$, berechnet aus der Geichung

$$\alpha = 0{,}724 \cdot 2{,}15 \cdot \frac{1}{1{,}778} \cdot \sqrt[4]{A} = 0{,}876 \cdot \sqrt[4]{A}\,.$$

Für die Dämpfe anderer Flüssigkeiten hat natürlich A einen anderen Zahlenwert. Bei 1 [at] ist z. B.

$$\text{für Wasser:} \quad \sqrt[4]{A} = 9\,540 \left[\frac{\text{kcal}}{\text{m}^2 . \text{h} . \text{grad}} . \text{m}^{1/4} . \text{grad}^{1/4}\right];$$

$$\text{für Alkohol:} \quad \sqrt[4]{A} = 2\,300 \left[\frac{\text{kcal}}{\text{m}^2 . \text{h} . \text{grad}} . \text{m}^{1/4} . \text{grad}^{1/4}\right];$$

$$\text{für Benzol:} \quad \sqrt[4]{A} = 1\,790 \left[\frac{\text{kcal}}{\text{m}^2 . \text{h} . \text{grad}} . \text{m}^{1/4} . \text{grad}^{1/4}\right].$$

Aus der bisherigen Darstellung des Wärmeüberganges bei kondensierenden Dämpfen könnte man folgern, daß die Berechnung der Wärmeübergangszahl eine durchaus einfache und so zwangläufige Sache sei, daß sie keinerlei persönliche Erfahrung verlange. Dies ist aber leider nicht der Fall, denn wir haben bisher mehrere recht einflußreiche, aber zahlenmäßig schwer zu erfassende Umstände nicht beachtet.

1. Wir haben den Temperaturunterschied $(\Theta_D - \Theta_W)$ als bekannt vorausgesetzt. In Wirklichkeit muß die Temperatur Θ_W erst aus den wärmeleitenden Eigenschaften der Wand und den thermischen Vorgängen auf der anderen Seite der Wand berechnet werden.

2. Die ganzen Gleichungen gelten für Dampf mit geringer Strömungsgeschwindigkeit (kleiner als 1 m/sek). Ist die Geschwindigkeit größer, so beeinflußt der strömende Dampf die Bewegung und damit die Dicke der Flüssigkeitshaut weitgehendst. Von dieser hängt wieder die Wärmeübergangszahl ab.

In der Nußeltschen Arbeit ist für den Fall einer senkrechten ebenen Wand die Veränderung der Wärmeübergangszahl mit abwärts und mit aufwärts strömendem Dampf berechnet. Es zeigte sich, daß die Wärmeübergangszahl bei Kondensation im Vakuum nur wenig von der Strömungsgeschwindigkeit beeinflußt wird, daß aber bei höherem Druck der Wert α durch die Strömung auf ein Mehrfaches des Wertes für ruhenden Dampf gesteigert werden kann.

3. Die Gln. (92) und (93) gelten nur für ein einzelnes, wagrechtes Rohr, oder für die oberste Reihe eines Rohrbündels. In den tieferliegenden Rohrreihen wird die Wasserhaut nicht nur von dem Kondensat auf dem betrachteten Rohr gebildet, sondern auch noch von dem Kondensat, das von den oberen Rohrreihen herabtropft. Deshalb ist die Wärmeübergangszahl bei der zweiten Rohrreihe nur 68 $^0/_0$ derjenigen in der ersten Rohrreihen. Für die noch tieferen Rohrreihe wird der Teilbetrag noch kleiner.

4. Die Ableitung gilt nur für vollständig luftfreien Dampf. Enthält der Dampf auch Luft — und das ist beim Dampf, wie ihn die Technik verwendet, stets der Fall — so wird dadurch der ganze Vorgang weitgehend beeinflußt. Es wird wieder an den Kondensationsflächen aus dem Dampf-Luft-Gemisch der Dampf ausfallen und die schon besprochene Flüssigkeitshaut bilden. Über diese legt sich jetzt eine dampffreie oder doch dampfarme Luftschicht, welche wie ein Isoliermantel wirkt. Durch diese Luftschicht muß nun erst der Dampf hindurchdiffundieren oder es muß durch eine lebhafte Strömung des Dampfes diese Luftschicht immer wieder zerstört werden.

Die Wärmeübergangszahlen für lufthaltigen Dampf werden also bedeutend kleiner sein als für luftfreien Dampf. Eine Gesetzmäßigkeit ist hierfür nicht bekannt.

Wenn somit auch die Nußeltsche Theorie keineswegs alle Umstände zahlenmäßig zu erfassen vermag, so ist sie doch in zweifacher Hinsicht überaus wertvoll: erstens verschafft sie uns eine einwandfreie Vorstellung davon, wie sich der Vorgang der Kondensation abspielt und welche Umstände von Bedeutung sind, und zweitens gibt sie uns für einige vereinfachte Fälle auch Zahlengesetze, die zudem experimentell bestätigt sind.

Welch großer Gewinn darin liegt, werden wir erst im nächsten Absatz verstehen, wo wir diese Führung durch eine einwandfreie Theorie entbehren müssen.

Zusatz: Über die Kondensation des Heißdampfes.

Bekanntlich sind die Wärmeübergangszahlen von überhitztem Dampf etwa 10 mal bis 1000 mal kleiner als von Sattdampf. Dieses Verhältnis gilt aber nur solange, als bei überhitztem Dampf die Wandtemperatur höher ist als die Sättigungstemperatur des betreffenden Druckes, das heißt, solange als keine Kondensation eintritt.

Über die Kondensation des Heißdampfes ist eine theoretische Arbeit von Stender erschienen (siehe Lit.-Verz. 28). In dieser Arbeit vertritt Stender die Ansicht, daß unter gleichen Verhältnissen — das ist gleichem Dampfdruck auf der einen Seite der Kondensationsfläche und gleicher Kühlmitteltemperatur auf der anderen Seite — die kondensierte Dampfmenge und damit die hindurchgehende Wärmemenge bei Heißdampf sogar etwas größer ist als bei Sattdampf. Diese Stendersche Ansicht wird mehrfach bestritten vor allem unter Hinweis auf die Erfahrung, und die so entstandene Streitfrage liegt zurzeit dem wissenschaftlichen Beirat des V.d.I. zur Äußerung vor[1]).

g) Für verdampfende Flüssigkeit.

Wenn eine Flüssigkeit siedet, so kann man im allgemeinen mit einer in der ganzen Masse einheitlichen Temperatur rechnen, nämlich der dem Druck entsprechenden Siedetemperatur. Sie sei mit Θ_F

---

[1]) Vgl. Z.V.d.I. 17. X. 1925, S. 1339.

bezeichnet. Die Temperatur Θ_W der Heizfläche muß dann immer etwas höher liegen und der Wert $(\Theta_W - \Theta_F)$ ist der das Sieden unterhaltende Temperaturunterschied.

Über den Siedevorgang selbst können wir uns etwa folgende Vorstellung machen: Die Flüssigkeit muß von der Heizfläche durch eine dünne Dampfschicht getrennt sein, denn käme die Flüssigkeit mit der Wand in Berührung, so müßte sie deren Temperatur annehmen, also über ihren Siedepunkt erwärmt werden; dies ist aber sehr unwahrscheinlich, da zu einem Siedeverzug keine Veranlassung besteht. In dieser Dampfschicht stellt sich ein sogenanntes bewegliches Gleichgewicht ein. Einerseits will ihre Dicke infolge Neuverdampfung ständig wachsen, anderseits muß sie aber wieder abnehmen, weil sich fortdauernd Dampfblasen aus ihr ablösen und der Schwere entgegen nach oben steigen. Außer diesen beiden Ursachen wirkt aber noch eine dritte Ursache auf die Dicke der Dampfschicht ein und das ist der Bewegungszustand der wallenden, siedenden Flüssigkeit.

Aus alledem läßt sich folgern, daß die Intensität des Wärmeaustausches und damit auch die Wärmeübergangszahl von der Form und den Abmessungen der Heizflächen, von dem Temperaturunterschied $(\Theta_W - \Theta_F)$ und von verschiedenen Stoffwerten, wie z. B. Verdampfungswärme, Zähigkeit usw. abhängt. Von großem Einfluß ist der Bewegungszustand der Flüssigkeit, und dieser kann künstlich erhöht werden, entweder durch ein besonderes Rührwerk, wie bei manchen Apparaten der chemischen und der Nahrungsmittelindustrie, oder durch geschickte Anordnung der Heizflächen und Wasserwege, wie bei den Dampfkesseln mit erhöhtem Wasserumlauf.

Wir besitzen heute weder eine einwandfreie Theorie, welche es gestatten würde alle diese Umstände rechnerisch zu erfassen, noch liegt genügend geordnetes und zuverlässiges Versuchsmaterial vor, um allgemeingültige Hinweise für die Wahl der Wärmeübergangszahl geben zu können. Nur auf Grund persönlicher Erfahrung ist es möglich, mit größerer Sicherheit den richtigen Zahlenwert zu wählen. Im allgemeinen kann man für siedendes Wasser $\alpha = 2000$ bis 6000 setzen.

C. Rechnerische Verwertung der Wärmeübergangszahlen.

I. Allgemeines.

Die Grundgleichung des Wärmeüberganges darf in der einfachen Form

$$Q = \alpha \cdot (\Theta_F - \Theta_W) \cdot F \cdot t \qquad (94)$$

nur dann angewandt werden, wenn sich die Wärmeübergangszahl und die beiden Temperaturen weder mit der Zeit noch längs der Fläche ändern.

Ändert sich auch nur eine der Größen mit der Zeit, so ist die nachstehende Form zu wählen

$$dQ = \alpha \cdot (\Theta_F - \Theta_W) \cdot F \cdot dt. \tag{95}$$

Mit solch zeitlich veränderlichen Vorgängen wollen wir uns in folgendem nicht weiter befassen; einige einfache Fälle, bei denen nur Θ_W sich ändert, haben wir im I. Hauptteil schon besprochen.

Ändert sich im anderen Falle auch nur eine der drei Größen längs der Fläche F, so ist statt Gl. (94) zu schreiben

$$dQ = \alpha \cdot (\Theta_F - \Theta_W) \cdot t \cdot dF \tag{96a}$$

oder

$$dQ_h = \alpha \cdot (\Theta_F - \Theta_W) \cdot dF; \tag{96b}$$

hierbei ist unter Q_h die in der Stunde übergehende Wärmemenge zu verstehen.

Die wichtigste Aufgabe aus diesem Gebiete ist der Wärmeübergang im geraden Rohr bei Beharrungszustand.

II. Der Wärmeübergang im Rohr.

„In die Wandung eines großen Behälters ist ein gerades Rohr eingelassen, durch welches in der Zeiteinheit G kg Flüssigkeit oder Gas ausströmen. Der Durchmesser des Rohres ist d, seine Länge L. Die Anfangstemperatur T_a soll im ganzen Eintrittsquerschnitt konstant sein, ferner sei die Wandtemperatur T_W längs des ganzen Rohres konstant. Die Stoffwerte der Flüssigkeit λ, c_p, γ und μ sind bekannt.

Es sind nachstehende drei Fragen zu beantworten:

1. Wie groß ist die Wärmeübergangszahl in verschiedenen Entfernungen z vom Rohranfang?

2. Wie ändert sich die mittlere Flüssigkeitstemperatur T_z längs des Rohres?

3. Wie groß ist die Wärmemenge Q_h, welche auf der Rohrstrecke $z = 0$ bis $z = z$ in der Zeiteinheit von der Flüssigkeit abgegeben oder aufgenommen wird?"

(Vgl. Abb. 33.)

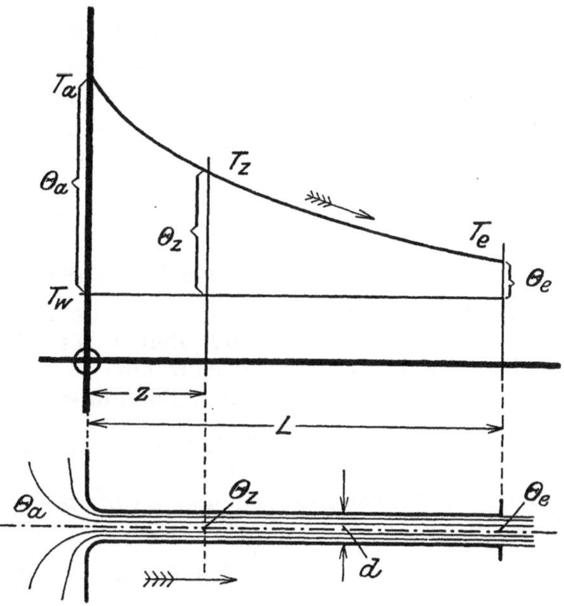

Abb. 33. Abkühlung der Flüssigkeit längs des Rohres.

Wahl des Temperaturnullpunktes.

Es vereinfacht die Schreibweise aller Rechnungen, wenn wir die zeitlich und örtlich konstante Wandtemperatur T_W gleich null setzen und alle anderen Temperaturen als Übertemperaturen Θ rechnen. Dann wird:

$$\Theta_W = 0,$$
$$\left.\begin{aligned}\Theta_a &= T_a - T_W\\ \Theta_z &= T_z - T_W\end{aligned}\right\} \quad \frac{\Theta_z}{\Theta_a} = \frac{T_z - T_w}{T_a - T_w},$$
$$\Theta_e = T_e - T_W.$$

Die Strömungsgeschwindigkeit.

Die Strömungsgeschwindigkeit errechnet sich aus der Gleichung

$$G = \frac{d^2\pi}{4}\cdot w\cdot\gamma$$

oder

$$G = \frac{d^2\pi}{4}\cdot 3600\cdot\omega\cdot\gamma = 900\,\pi\cdot d^2\cdot\omega\cdot\gamma\,.$$

Aus dieser Gleichung läßt sich noch eine Beziehung ablesen, die in manchen Fällen von Wert ist:

Da sich längs des Rohres Temperatur und Druck ändern, so wird sich vor allem bei Gasen auch die Dichte γ längs des Rohres ändern. Weil aber G und d für alle Querschnitte konstant sind, so müssen sich zufolge obiger Gleichung ω und γ immer so ändern, daß ihr Produkt $(\omega\cdot\gamma)$ konstant bleibt.

Frage 1: Wärmeübergangszahl.

Die Frage nach der Größe der Wärmeübergangszahl ist bereits durch die Gl. (77) in ihren beiden Formen beantwortet.

$$\alpha = 22{,}5\cdot\frac{\lambda}{d}\cdot\left(\frac{z}{d}\right)^{-0,05}\cdot\left(\frac{\omega\cdot d}{a}\right)^{0,79}$$
$$= 22{,}5\cdot z^{-0,05}\cdot d^{-0,16}\cdot\omega^{0,79}\cdot\frac{\lambda}{a^{0,79}}\,.$$

Frage 2: Temperaturverlauf.

Wir betrachten ein kurzes Rohrstück von der Länge dz im Abstand z vom Rohranfang und stellen für diesen kleinen scheibenförmigen Raum die Wärmebilanz auf.

An der Stelle z wird durch die Flüssigkeit die Wärmemenge

$$q_I = \frac{d^2\pi}{4}\cdot 3600\cdot\omega\cdot\gamma\cdot c_p\cdot\Theta_z$$

in den Raum hineingetragen und an der Stelle $z + dz$ auf die gleiche Weise die Wärmemenge

$$q_{II} = \frac{d^2\pi}{4}\cdot 3600\cdot\omega\cdot\gamma\cdot c_p\cdot\Theta_{z+dz}$$

wieder herausgeschafft.

Sodann ist noch die Wärme q_{III} zu berechnen, welche an die Wand übergeht und auf diese Weise das Raumelement verläßt; es ist

$$q_{III} = \alpha \cdot d \cdot \pi \cdot dz \cdot \Theta_z .$$

Soll Beharrungszustand herrschen, so muß $q_I - q_{II} = q_{III}$ sein, also

$$\frac{d^2 \pi}{4} \cdot 3600 \cdot \omega \cdot \gamma \cdot c_p \cdot (\Theta_z - \Theta_{z+dz}) = \alpha \cdot d \cdot \pi \cdot dz \cdot \Theta_z$$

oder

$$- (d\Theta) = \frac{1}{900} \cdot \alpha \cdot \frac{1}{d \cdot \omega \cdot \gamma \cdot c_p} \cdot \Theta_z \cdot dz$$

oder

$$\frac{d\Theta}{\Theta} = - \frac{1}{900} \cdot \frac{1}{d \cdot \omega \cdot \gamma \cdot c_p} \cdot \alpha \cdot dz .$$

Beim Integrieren gibt das Integral auf der linken Seite den Wert $\ln \Theta$; auf der rechten Seite müssen wir beachten, daß α selbst wieder eine Funktion von z ist, in der Form:

$$\alpha = 22{,}5 \cdot \frac{\lambda}{d^{0,95}} \cdot \left(\frac{\omega \cdot d \cdot \gamma \cdot c_p}{\lambda} \right)^{0,79} \cdot z^{-0,05} .$$

Damit ergibt sich

$$\int_0^z \frac{d\Theta}{\Theta} = - \frac{22{,}5}{900} \cdot \left(\frac{\omega \cdot d}{a} \right)^{-0,21} \cdot \frac{1}{d^{0,95}} \int_0^z z^{-0,05} \cdot dz$$

$$\ln \Theta_z - \ln \Theta_a = - 0{,}0250 \cdot \left(\frac{\omega d}{a} \right)^{-0,21} \cdot \frac{1}{d^{0,95}} \cdot \frac{z^{0,95}}{0{,}95} .$$

$$\ln \frac{\Theta_z}{\Theta_a} = - 0{,}0263 \cdot \left(\frac{\omega d}{a} \right)^{-0,21} \cdot \left(\frac{z}{d} \right)^{0,95}$$

Durch Delogarithmieren

$$\frac{\Theta_z}{\Theta_a} = e^{-0,0263 \cdot \left(\frac{\omega \cdot d}{a} \right)^{-0,21} \cdot \left(\frac{z}{d} \right)^{0,95}} ; \tag{97a}$$

$$= \Phi \left(\frac{\omega \cdot d}{a}, \frac{z}{d} \right) . \tag{97b}$$

Fassen wir für die Stelle z den Temperaturunterschied der Flüssigkeit gegenüber der Wandungstemperatur als Bruchteil des Anfangsunterschiedes auf, so ist dieser Bruchteil eine Funktion von nur zwei Veränderlichen, erstens der schon früher erwähnten Kenngröße $\frac{\omega \cdot d}{a}$, zweitens der auf den Durchmesser bezogenen Entfernung z/d vom Rohranfang.

Die Werte der Funktion wurden für die wichtigsten Bereiche der Veränderlichen ausgerechnet und in Zahlentafel 13 und Abb. 34 zusammengestellt.

Zahlentafel 13.

Temperaturabfall im Rohr: $\Theta_z/\Theta_a = \Phi\left(\dfrac{\omega \cdot d}{a},\ z/d\right)$.

		$\dfrac{\omega \cdot d}{a} =$						
		0,001	0,01	0,1	1	10	100	1000
		$\left(\dfrac{\omega \cdot d}{a}\right)^{-0,21} =$						
z/d	$(z/d)^{0,95}$	4,27	2,63	1,62	1,00	0,617	0,380	0,234
3	2,84	0,73	0,82	0,88	0,93	0,96	0,97	0,98
5	4,61	0,60	0,73	0,82	0,88	0,93	0,96	0,97
10	8,91	0,37	0,54	0,68	0,79	0,87	0,92	0,95
20	17,2	0,15	0,30	0,48	0,64	0,75	0,84	0,90
30	25,3	0,06	0,18	0,34	0,52	0,66	0,78	0,86
40	33,3	0,02	0.10	0,24	0,42	0,58	0,72	0,81
60	48,9	—	0,03	0,13	0,28	0,45	0,62	0,73
80	64,3	—	—	0,06	0,19	0,35	0,53	0,67
100	79,4	—	—	0,03	0,13	0,27	0,45	0,61

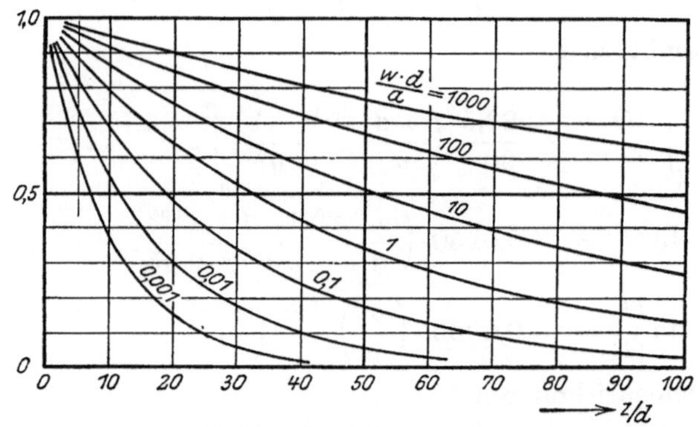

Abb. 34. Temperaturabfall der Flüssigkeit längs des Rohres.

Frage 3. Übergehende Wärmemenge.

Um diese Wärme zu berechnen, braucht man nur die Wärmekapazität der stündlich durch das Rohr strömenden Flüssigkeit mit der gesamten Temperaturänderung zu multiplizieren. Für die Wärmekapazität, die wir mit W bezeichnen wollen, ist auch die Bezeichnung „Wasserwert" üblich. Es ist

$$W = G \cdot c_p = \frac{d^2 \pi}{4} \cdot 3600\ \omega \cdot \gamma \cdot c_p \left[\frac{\text{kcal}}{\text{h.Grad}}\right]. \tag{98}$$

Die Temperaturänderung errechnet sich aus Gl. (97).

Die übergehende Wärme ist dann:

$$Q_h = W \cdot \Theta_a \cdot \left(1 - e^{-0,0263\left(\frac{\omega d}{a}\right)^{-0,21} \cdot \left(\frac{z}{d}\right)^{0,95}}\right). \tag{99}$$

In dieser Aufgabe war angenommen, daß die Wandtemperatur T_W längs des ganzen Rohres konstant sei.

Der etwas allgemeinere Fall, daß die Wandtemperatur längs des Rohres geradlinig steigt oder fällt, ist in einem Aufsatz im Gesundheitsingenieur [s. Lit.-Verz. 22] besprochen.

III. Der Wärmedurchgang.

a) Allgemeines.

Während beim Wärmeübergang der Wärmeaustausch zwischen einer Flüssigkeit und der sie begrenzenden festen Wand stattfindet, handelt es sich beim Wärmedurchgang um den Wärmeaustausch zwischen zwei Flüssigkeiten, die durch eine feste Wand getrennt sind.

Die Grundgleichung des Wärmedurchganges ist in ihrer Form

$$Q = k \cdot (\Theta_1 - \Theta_2) \cdot F \cdot t = k \cdot \varDelta \cdot F \cdot t \qquad (100)$$

der Grundgleichung des Wärmeüberganges

$$Q = \alpha \cdot (\Theta_F - \Theta_W) \cdot F \cdot t$$

nachgebildet.

In Gl. (100) sind Θ_1 und Θ_2 die Temperaturen beider Flüssigkeiten und $\varDelta$ der Unterschied der Temperaturen.

Je nach der Form der trennenden Wand unterscheidet man verschiedene Fälle, von denen der Wärmedurchgang durch ebene Wände und der Wärmedurchgang durch Rohrwände die wichtigsten sind. Für diese beiden Fälle haben wir bereits im ersten Hauptabschnitt des Buches die Formeln für die Wärmedurchgangszahlen kennen gelernt.

Für eine einfache, ebene Wand ist nach Gl. (8a)

$$k = \frac{1}{\dfrac{1}{\alpha_1} + \dfrac{\varDelta}{\lambda} + \dfrac{1}{\alpha_2}} \left[\frac{\text{kcal}}{\text{m}^2.\text{Grad}.\text{h}}\right].$$

Besteht die Wand aus mehreren Schichten, so folgt für k aus Gl. (16) der Wert

$$k = \frac{1}{\dfrac{1}{\alpha_1} + \sum \dfrac{\varDelta}{\lambda} + \dfrac{1}{\alpha_2}} \left[\frac{\text{kcal}}{\text{m}^2.\text{Grad}.\text{h}}\right].$$

Für Rohre mit einfacher Wandung folgt aus Gl. (12)

$$k_R = \frac{1}{\dfrac{1}{\alpha_i \cdot D_i} + \dfrac{1}{2\lambda} \cdot \ln \dfrac{D_a}{D_i} + \dfrac{1}{\alpha_a \cdot D_a}} \left[\frac{\text{kcal}}{\text{m}.\text{Grad}.\text{h}}\right]$$

und für Rohre mit geschichteter Wandung aus Gl. (17):

$$k_R = \frac{1}{\dfrac{1}{\alpha_i \cdot D_i} + \sum \dfrac{1}{2\lambda_n} \cdot \ln \dfrac{D_n}{D_{n-1}} + \dfrac{1}{\alpha_a \cdot D_a}} \left[\frac{\text{kcal}}{\text{m}.\text{Grad}.\text{h}}\right].$$

Bei den Ableitungen der Wärmedurchgangszahlen hatten wir immer angenommen, daß auf jeder Seite der Wand nur eine einzige, überall gleiche Flüssigkeitstemperatur herrscht. Dies ist aber, wenn es sich um endliche Flüssigkeitsmengen handelt, keineswegs der Fall, vielmehr werden sich die Flüssigkeitstemperaturen auf beiden Seiten im Sinne der Strömungsrichtung dauernd ändern. Je nach der gegenseitigen Richtung beider Flüssigkeitsströmungen unterscheidet man

den Wärmedurchgang im Gleichstrom,
„   „   „ Gegenstrom und
„   „   „ Kreuzstrom.

Die beiden ersten Arten werden unter dem Namen Parallelstrom zusammengefaßt.

Wir werden uns im Nachstehenden nur mit dem Gleichstrom und dem Gegenstrom befassen und verweisen bezüglich des Kreuzstromes auf die Arbeit von Nußelt: [s. Lit.-Verz. 20].

In den Rechnungen bezeichnen wir die Temperaturen mit Θ, um anzudeuten, daß der Nullpunkt beliebig gewählt sein kann, weil bei allen Rechnungen nur Temperaturunterschiede auftreten. Meist wird die Angabe in Celsiusgraden erfolgen, also der Eispunkt als Nullpunkt gewählt sein.

Durch einen ersten Zeiger unterscheiden wir sodann die beiden Flüssigkeiten, und zwar bezeichnen wir mit „Eins" stets die wärmere und mit „Zwei" stets die kältere Flüssigkeit.

Durch einen zweiten Zeiger unterscheiden wir bei den Temperaturen die Anfangs- und Endwerte, so daß z. B. $\Theta_{1,\,a}$ die Anfangstemperatur der heißeren und $\Theta_{2,\,e}$ die Endtemperatur der kälteren Flüssigkeit ist.

In den Abbildungen werden wir außerdem die Anfangstemperaturen, die ja bei den Aufgaben meist gegeben sind, durch einen Kreis hervorheben.

Zwischen der ausgetauschten Wärme und den Temperaturänderungen besteht eine Beziehung, die sich aus der Bedingung ableiten läßt, daß im Beharrungszustand die Wärme, welche die heißere Flüssigkeit abgibt, gleich der Wärme, welche die kältere Flüssigkeit aufnimmt, sein muß. Es ist also $Q_1 = Q_2$ oder

$$V_1 \cdot \gamma_1 \cdot c_1 \cdot (\Theta_{1,\,a} - \Theta_{1,\,e}) = V_2 \cdot \gamma_2 \cdot c_2 \cdot (\Theta_{2,\,e} - \Theta_{2,\,a}).$$

V ist hierbei das in der Stunde in die Vorrichtung einströmende Volumen Flüssigkeit.

Es ist üblich das Produkt $V \cdot c \cdot \gamma$ als Wasserwert zu bezeichnen. Wir setzen also

$$W = V \cdot \gamma \cdot c \left[\frac{\text{kcal}}{\text{Grad.h}} \right] \tag{101}$$

und geben der letzten Gleichung die Form

$$\frac{\Theta_{1,\,a} - \Theta_{1,\,e}}{\Theta_{2,\,e} - \Theta_{2,\,a}} = \frac{W_2}{W_1}. \tag{102}$$

Die Temperaturänderungen der beiden Flüssigkeiten verhalten sich also umgekehrt wie die Wasserwerte. Diese Beziehung gilt übrigens nicht nur für die ganze Ausdehnung der trennenden Fläche F, sondern auch für jedes Element dF derselben.

Sind $d\Theta_1$ und $d\Theta_2$ die unendlich kleinen Änderungen der Flüssigkeitstemperaturen längs eines solchen Flächenelementes, so gilt darum neben Gl. (102) auch noch die Gleichung

$$\frac{d\Theta_1}{d\Theta_2} = \frac{W_2}{W_1}. \tag{103}$$

Abb. 35 a. Gleichstrom $W_1 > W_2$.　　Abb. 35 b. Gleichstrom $W_1 < W_2$.

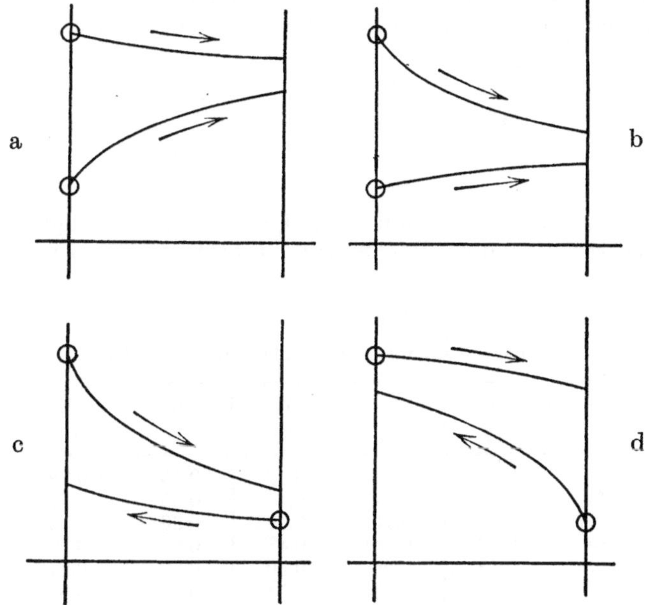

Abb. 35 c. Gegenstrom $W_1 < W_2$.　　Abb. 35 d. Gegenstrom $W_1 > W_2$.

Das Verhältnis der Wasserwerte ist darum nicht nur für die Endtemperaturen beider Flüssigkeiten von Bedeutung, sondern es beeinflußt auch den ganzen Verlauf der Flüssigkeitstemperaturen. Man erhält darum für diesen Verlauf — je nachdem es sich um Gleichstrom oder Gegenstrom handelt und je nachdem W_1 oder W_2 größer ist — vier Arten von Kurvenpaaren, die in den Abb. 35 dargestellt sind.

Da sich die Flüssigkeitstemperaturen längs der Wand ändern und darum im allgemeinen auch der Unterschied $\varDelta$, so dürfen wir entweder Gl. (100) $Q = k \cdot \varDelta \cdot F \cdot t$ nur für ein kleines Flächenstück dF anwenden in der Form

$$dQ = k \cdot \varDelta \cdot dF \cdot t$$

oder wir müssen eine mittlere Temperaturdifferenz Δ_m einführen nach der Gleichung

$$Q = k \cdot \int_0^F \Delta \cdot dF \cdot t = k \cdot \Delta_m \cdot F \cdot t.$$

Dies ist in allen vier Fällen, welche die Abb. 35 vergegenwärtigen, auf eine recht einfache Weise möglich. Wir bezeichnen mit

Δ_g die Temperaturdifferenz auf der Seite, wo sie am größten ist,
Δ_k „ „ „ „ „ „ „ „ kleinsten ist,
Δ_m „ mittlere Temperaturdifferenz.

Dann gilt immer — gleichgültig, ob es sich um Gleich- oder Gegenstrom handelt, ob W_1 oder W_2 größer ist — die Gleichung

$$\Delta_m = \Delta_g \cdot \frac{1 - \dfrac{\Delta_k}{\Delta_g}}{\ln \dfrac{\Delta_k}{\Delta_g}} = \Delta_g \cdot f\left(\frac{\Delta_k}{\Delta_g}\right). \tag{104}$$

Die Werte dieser Funktion $f(\Delta_k/\Delta_g)$ sind in der nachstehenden Zahlentafel 14, die dem Buche von Hausbrand entnommen ist, zusammengestellt.

Zahlentafel 14.

Mittlere Temperaturdifferenz (Gl. (104)).

$\dfrac{\Delta_k}{\Delta_g}$	$\dfrac{\Delta_m}{\Delta_g}$	$\dfrac{\Delta_k}{\Delta_g}$	$\dfrac{\Delta_m}{\Delta_g}$	$\dfrac{\Delta_k}{\Delta_g}$	$\dfrac{\Delta_m}{\Delta_g}$
0,01	0,22	0,12	0,42	0,50	0,72
0,02	0,25	0,14	0,44	0,55	0,76
0,03	0,28	0,16	0,46	0,60	0,79
0,04	0,30	0,18	0,48	0,65	0,82
0,05	0,32	0,20	0,50	0,70	0,84
0,06	0,34	0,25	0,54	0,75	0,87
0,07	0,35	0,30	0,58	0,80	0,90
0,08	0,37	0,35	0,62	0,85	0,92
0,09	0,38	0,40	0,66	0,90	0,95
0,10	0,39	0,45	0,69	0,95	0,98

b) Die Frage nach der erforderlichen Heizfläche.

Die Grundlage für die Rechnung bilden in diesem Falle die vier Werte $\Theta_{1,a}$, $\Theta_{2,a}$, $\Theta_{1,e}$ und $\Theta_{2,e}$ sowie die beiden Wasserwerte W_1 und W_2. Von diesen sechs Zahlenwerten dürfen freilich nur fünf willkürlich angenommen werden, der sechste ist dann durch Gl. (102) bereits festgelegt.

Die Aufgabe lautet dann im Wortlaut:

„Eine wärmere Flüssigkeit ‚Eins‘ und eine kältere Flüssigkeit ‚Zwei‘ sollen einen Wärmeaustauschapparat durchfließen.“

Gegeben sind:

die Wasserwerte W_1 und W_2,
die Anfangstemperatur $\Theta_{1,a}$ und $\Theta_{2,a}$,
die Endtemperatur $\Theta_{1,e}$ und $\Theta_{2,e}$,
die Wärmedurchgangszahl k (geschätzt).

Gesucht ist:

die Größe F der Heizfläche.

Zur Lösung dient die Gleichung $Q_h = k \cdot F \cdot \Delta_m$. In ihr ist bekannt

$$Q_h = W_1\,(\Theta_{1,a} - \Theta_{1,e}),$$

Δ_m aus Gl. (104) und Zahlentafel 14,

k zufolge Schätzung.

F ist die einzige Unbekannte und kann darum berechnet werden.

Zahlenbeispiel. In einem Wärmeaustauschapparat sollen stündlich 250 Liter einer heißen Flüssigkeit vom spezifischen Gewicht 1,1 [kg/dm³] und der spezifischen Wärme 0,727 [kcal/kg.Grad] von 120° C auf 50° C gekühlt werden. Zur Kühlung stehen stündlich 1000 Liter Wasser von 10° C zur Verfügung. — Es sind die rechnerischen Grundlagen zur Konstruktion des Wärmeaustauschapparates zu ermitteln!

1. Wir bestimmen zuerst die beiden Wasserwerte:

$$W_1 = 250 \cdot 1{,}1 \cdot 0{,}727 = 200,$$
$$W_2 = 1000 \cdot 1{,}0 \cdot 1{,}0 = 1000.$$

2. Damit wird Gl. (102):

$$\frac{120 - 50}{\Theta_{2,e} - 10} = \frac{1000}{200} \quad \text{und} \quad \Theta_{2,e} = 10 + \frac{70}{5} = 24^0\,\text{C},$$

d. h. das Kühlwasser erwärmt sich auf 24° C.

3. Nehmen wir an, daß der Apparat im Gleichstrom arbeitet, so ist

$$\Delta_g = 120 - 10 = 110^0,$$
$$\Delta_k = 50 - 24 = 26^0,$$

also

$$\frac{\Delta_k}{\Delta_g} = \frac{26}{110} = 0{,}236,$$

und nach Zahlentafel 14 ist:

$$\Delta_m = \Delta_g \cdot 0{,}53 = 110 \cdot 0{,}53 = 58{,}3^0.$$

4. Die Wärmemenge, welche ausgetauscht werden muß, ist

$$Q_h = W_1 \cdot (\Theta_{1,a} - \Theta_{1,e}) = 200 \cdot (120 - 50) = 14\,000 \left[\frac{\text{kcal}}{\text{h}}\right],$$

und aus der Gleichung $Q_h = k \cdot F \cdot \Delta_m$ folgt:

$$k \cdot F = \frac{Q_h}{\Delta_m} = \frac{14\,000}{58{,}3} = 240.$$

5. Für diesen Wert $k \cdot F$ ist der Apparat zu konstruieren, was aber ohne mehrmaliges Probieren nicht möglich sein wird. Der Weg ist dabei folgender: Man schätzt den Wert k, zum Beispiel gleich 30, und hat dann den Apparat so zu entwerfen, daß 8 m² Rohrfläche untergebracht sind. Für diese Konstruktion (Rohrdurchmesser, Strömungsgeschwindigkeit usw.) ist nun die Schätzung des Wertes k zu kontrollieren, gegebenen Falles zu berichtigen und mit der Konstruktion von neuem zu beginnen.

Nachsatz zu Ziffer 3. Würde der Apparat im Gegenstrom arbeiten, so hätten wir:

$$\Delta_g = 120 - 24 = 96°,$$

$$\Delta_k = 50 - 10 = 40°,$$

$$\frac{\Delta_k}{\Delta_g} = \frac{40}{96} = 0{,}417,$$

$$\Delta_m = 96 \cdot 0{,}67 = 64{,}3°,$$

$$k \cdot F = \frac{14\,000}{64{,}3} = 218.$$

Der Gegenstromapparat fällt also etwas kleiner aus als der Gleichstromapparat.

c) Die Frage nach den Endtemperaturen der beiden Flüssigkeiten.

Während im letzten Abschnitt k und F durch die Rechnung zu bestimmen waren, um als Unterlagen für die Konstruktion zu dienen, ist jetzt angenommen, daß der Wärmeaustauschapparat in fertiger Ausführung oder doch im Entwurf vorliegt und die Endtemperaturen beider Flüssigkeiten zu ermitteln sind.

Die Aufgabe heißt dann:

„Eine wärmere Flüssigkeit ‚Eins‘ und eine kältere Flüssigkeit ‚Zwei‘ sollen einen Wärmeaustauschapparat durchfließen.“

Gegeben sind:

die Größe F der Trennfläche,
die Wärmedurchgangszahl k,
die Wasserwerte W_1 und W_2,
die Anfangstemperaturen $\Theta_{1,a}$ und $\Theta_{2,a}$.

Gesucht sind:

die Endtemperaturen $\Theta_{1,e}$ und $\Theta_{2,e}$ sowie
die ausgetauschte Wärme Q_h,

und zwar

α) bei Strömung im Gleichstrom,
β) bei Strömung im Gegenstrom.

Bei dieser Aufgabe ist es zweckmäßiger, nicht von der Gleichung $Q_h = k \cdot F \cdot \Delta_m$ auszugehen, sondern einen anderen Weg einzuschlagen, der allerdings für Gleich- und Gegenstrom etwas verschiedene Formeln liefert

Zu α) Wärmeaustausch bei Gleichstrom.

Mathematische Ableitung (vgl. Abb. 36). Unter der Voraussetzung, daß keine Wärme nach außen verloren geht, gelten für die innerhalb des Flächenstückes dF ausgetauschte Wärme die beiden Gleichungen

$$dQ = W_1 \cdot (- d\Theta_1),$$
$$dQ = W_2 \cdot (+ d\Theta_2).$$

Daraus
$$d(\Theta_1 - \Theta_2) = - dQ \cdot \left(\frac{1}{W_1} + \frac{1}{W_2}\right). \tag{a}$$

Für dQ ergibt sich außerdem aus dem Begriff der Wärmedurchgangszahl die Beziehung:

$$dQ = k \cdot (\Theta_1 - \Theta_2) \cdot dF. \tag{b}$$

Aus den beiden Gln. (a) und (b) folgt:

$$\frac{d(\Theta_1 - \Theta_2)}{\Theta_1 - \Theta_2}$$
$$= -\left(\frac{1}{W_1} + \frac{1}{W_2}\right) \cdot k \cdot dF.$$

Integriert man dies über die ganze Fläche F, so erhält man

$$\ln \frac{\Theta_{1,e} - \Theta_{2,e}}{\Theta_{1,a} - \Theta_{2,a}}$$
$$= -\left(\frac{1}{W_1} + \frac{1}{W_2}\right) \cdot k \cdot F$$

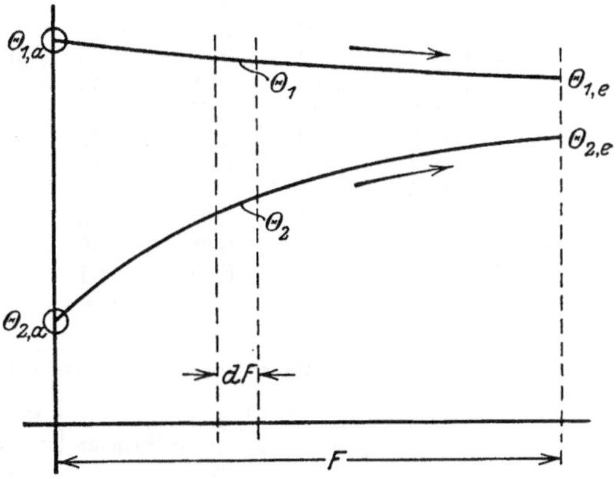

oder

Abb. 36. Gleichstrom
(Erklärung der Buchstabenbezeichnungen).

$$\frac{\Theta_{1,e} - \Theta_{2,e}}{\Theta_{1,a} - \Theta_{2,a}} = e^{-\left(\frac{1}{W_1} + \frac{1}{W_2}\right) \cdot k \cdot F}. \tag{105}$$

Diese Gleichung liefert nur die Differenz der Endtemperaturen. Um daraus die Endtemperaturen getrennt zu erhalten, subtrahiere man beide Gleichungsseiten von „Eins". Man erhält

$$(\Theta_{1,a} - \Theta_{1,e}) - (\Theta_{2,a} - \Theta_{2,e}) = (\Theta_{1,a} - \Theta_{2,a}) \cdot \left(1 - e^{-\left(\frac{1}{W_1} + \frac{1}{W_1}\right) \cdot k \cdot F}\right).$$

Aus dieser Gleichung sowie aus der früher abgeleiteten Gl. (102) findet man dann das Endergebnis

$$\Theta_{1,a} - \Theta_{1,e} = (\Theta_{1,a} - \Theta_{2,a}) \cdot \frac{1 - e^{-\left(1 + \frac{W_1}{W_2}\right) \cdot \frac{k \cdot F}{W_1}}}{1 + \frac{W_1}{W_2}}$$

$$= (\Theta_{1,a} - \Theta_{2,a}) \cdot \Phi_{\text{Gleich}}\left(\frac{W_1}{W_2}, \frac{k \cdot F}{W_1}\right), \tag{106}$$

$$\Theta_{2,a} - \Theta_{2,e} = (\Theta_{1,a} - \Theta_{2,a}) \cdot \frac{W_1}{W_2} \cdot \Phi_{\text{Gleich}}\left(\frac{W_1}{W_2},\ \frac{k \cdot F}{W_1}\right). \qquad (107)$$

Die Werte der Funktion Φ_{Gleich} sind in der nachstehenden Zahlentafel 15 zusammengestellt.

Zahlentafel 15. Wärmeaustausch im Gleichstrom.

Zeiger „1“ bedeutet die wärmere Flüssigkeit.

$\dfrac{k \cdot F}{W_1} =$	$\frac{1}{30}$	$\frac{1}{10}$	$\frac{1}{3}$	$\frac{1}{2}$	1	2	3	∞
$\frac{W_1}{W_2} = 0$	0,033	0,10	0,28	0,39	0,63	0,86	0,96	1,00
$\frac{1}{100}$	0,033	0,10	0,28	0,39	0,63	0,86	0,95	0,99
$\frac{1}{20}$	0,033	0,10	0,28	0,39	0,62	0,84	0,91	0,95
$\frac{1}{10}$	0,033	0,10	0,28	0,38	0,61	0,81	0,89	0,91
$\frac{1}{5}$	0,033	0,10	0,27	0,38	0,58	0,76	0,81	0,83
$\frac{1}{2}$	0,033	0,10	0,26	0,35	0,52	0,63	0,66	0,67
1	0,033	0,09	0,25	0,32	0,43	0,49	0,50	0,50
2	0,033	0,09	0,21	0,26	0,32	0,33	0,33	0,33
5	0,032	0,08	0,14	0,16	0,17	0,17	0,17	0,17
10	0,028	0,06	0,09	0,09	0,09	0,09	0,09	0,09
20	0,024	0,04	0,05	0,05	0,05	0,05	0,05	0,05
50	0,016	0,02	0,02	0,02	0,02	0,02	0,02	0,02
100	0,009	0,01	0,01	0,01	0,01	0,01	0,01	0,01
∞	0,000	0,00	0,00	0,00	0,00	0,00	0,00	0,00

Besprechung des Ergebnisses. Die Gleichung

$$\frac{\Theta_{1,a} - \Theta_{1,e}}{\Theta_{1,a} - \Theta_{2,a}} = \Phi_{\text{Gleich}}\left(\frac{W_1}{W_2},\ \frac{k \cdot F}{W_1}\right)$$

besagt, daß die Temperatursenkung $(\Theta_{1,a} - \Theta_{1,e})$ der heißeren Flüssigkeit gleich einem Bruchteil des zur Verfügung stehenden Temperaturgefälles $(\Theta_{1,a} - \Theta_{2,a})$ ist und dieser Bruchteil nur von den beiden unbenannten Größen

$$\frac{W_1}{W_2} \quad \text{und} \quad \frac{k \cdot F}{W_1}$$

abhängt. Die ausgetauschte Wärme ergibt sich durch Multiplikation des Wasserwertes einer der beiden Flüssigkeiten mit ihrer Temperaturänderung. Zum Beispiel aus der wärmeren Flüssigkeit berechnet:

$$Q_h = W_1 \cdot (\Theta_{1,a} - \Theta_{1,e})$$
$$= W_1 \cdot (\Theta_{1,a} - \Theta_{2,a}) \cdot \Phi_{\text{Gleich}}\left(\frac{W_1}{W_2},\ \frac{k \cdot F}{W_1}\right). \qquad (108)$$

Zahlenbeispiel. „In einem vorhandenen Wärmeaustauschapparat sollen stündlich 250 Liter einer heißen Flüssigkeit vom spez. Gewicht 1,1 $[\text{kg.dm}^{-3}]$ und der spez. Wärme 0,727 $[\text{kcal.kg}^{-1}.\text{Grad}^{-1}]$ gekühlt werden. Ihre Anfangstemperatur ist 120° C. Zur Kühlung stehen stündlich 1000 Liter Wasser von 10° C zur Verfügung. Bekannt sind ferner an dem Apparat die Werte $k = 30$ und $F = 8$ m². — Welches sind die Endtemperaturen beider Flüssigkeiten und wie groß ist die ausgetauschte Wärme bei Gleichstrom?"

1. Wir bestimmen zuerst wieder die beiden Wasserwerte:

$$W_1 = 250 \cdot 1,1 \cdot 0,727 = 200\,,$$
$$W_2 = 1000 \cdot 1,0 \cdot 1,0 = 1000\,.$$

2. Damit wird

$$\frac{W_1}{W_2} = \frac{200}{1000} = \frac{1}{5}\,,$$

$$\frac{k \cdot F}{W_1} = \frac{30 \cdot 8}{200} = 1,20\,.$$

3. Aus der Zahlentafel 15 lesen wir ab:

$$\Phi_{\text{Gleich}} \left(\tfrac{1}{5};\ 1,2\right) = 0,63\,.$$

4. Die Temperatursenkung der heißen Flüssigkeit ist·

$$\Theta_{1,a} - \Theta_{1,e} = (120^0 - 10^0) \cdot 0,63 = 69^0$$

und

$$\Theta_{1,e} = 120^0 - 69^0 = \underline{51^0\,\text{C}}\,.$$

5. Die ausgetauschte Wärme ist:

$$Q_h = W_1 \cdot (\Theta_{1,a} - \Theta_{1,e}) = 200 \cdot 69 = \underline{13\,800}\ \left[\frac{\text{kcal}}{\text{h}}\right]\,.$$

6. Die Temperaturänderung der kalten Flüssigkeit errechnet sich aus:

$$Q_h = W_2 \cdot (\Theta_{2,a} - \Theta_{2,e})$$

zu

$$\Theta_{2,a} - \Theta_{2,e} = \frac{13\,800}{1000} = 13,8^0\,.$$

Damit

$$\Theta_{2,e} = 10 + 13,8 = \underline{23.8^0\,\text{C}}\,.$$

Zu β). Wärmeaustausch im Gegenstrom.

Die mathematische Ableitung der Gleichung für die Endtemperaturen erfolgt ganz ähnlich wie beim Gleichstrom (ausführlich: siehe Grundgesetze, S. 226).

Das Ergebnis lautet:

$$\Theta_{1,a} - \Theta_{1,e} = (\Theta_{1,a} - \Theta_{2,a}) \cdot \frac{1 - e^{-\left(1 - \frac{W_1}{W_2}\right) \cdot \frac{k \cdot F}{W_1}}}{1 - \frac{W_1}{W_2} \cdot e^{-\left(1 - \frac{W_1}{W_2}\right) \cdot \frac{k \cdot F}{W_1}}}$$

$$= (\Theta_{1,a} - \Theta_{2,a}) \cdot \Phi_{\text{Gegen}}\left(\frac{W_1}{W_2},\ \frac{k \cdot F}{W_1}\right) \qquad (109)$$

und

$$\Theta_{2,a} - \Theta_{2,e} = (\Theta_{1,a} - \Theta_{2,a}) \cdot \frac{W_1}{W_2} \cdot \Phi_{\text{Gegen}}\left(\frac{W_1}{W_2},\ \frac{k \cdot F}{W_1}\right)\,. \qquad (110)$$

Die Werte dieser Funktion Φ_{Gegen} sind in der Zahlentafel 16 zusammengestellt.

Die ausgetauschte Wärme ist:

$$Q_h = W_1 \cdot (\Theta_{1,a} - \Theta_{2,a}) \cdot \Phi_{\text{Gegen}}\left(\frac{W_1}{W_2}, \frac{k \cdot F}{W_1}\right). \qquad (111)$$

Zahlentafel 16. Wärmeaustausch im Gegenstrom.

Zeiger „1" bedeutet die wärmere Flüssigkeit.

$\dfrac{k \cdot F}{W_1} =$	$\frac{1}{30}$	$\frac{1}{10}$	$\frac{1}{3}$	$\frac{1}{2}$	1	2	3	∞
$\dfrac{W_1}{W_2} = 0$	0,033	0,10	0,28	0,39	0,63	0,86	0,95	1,00
$\frac{1}{100}$	0,033	0,10	0,28	0,39	0,63	0,86	0,95	1,00
$\frac{1}{20}$	0,033	0,10	0,28	0,39	0,62	0,86	0,94	1,00
$\frac{1}{10}$	0,033	0,10	0,28	0,38	0,61	0,85	0,94	1,00
$\frac{1}{5}$	0,033	0,10	0,28	0,38	0,60	0,83	0,93	1,00
$\frac{1}{2}$	0,033	0,10	0,26	0,36	0,57	0,78	0,89	1,00
1	0,033	0,10	0,25	0,34	0,51	0,68	0,77	1,00
2	0,033	0,09	0,23	0,29	0,39	0,46	0,49	0,50
5	0,032	0,08	0,16	0,18	0,20	0,20	0,20	0,20
10	0,028	0,06	0,10	0,10	0,10	0,10	0,10	0,10
20	0,024	0,04	0,05	0,05	0,05	0,05	0,05	0,05
50	0,016	0,02	0,02	0,02	0,02	0,02	0,02	0,02
100	0,010	0,01	0,01	0,01	0,01	0,01	0,01	0,01
∞	0,00	0,00	0,00	0,00	0,00	0,00	0,00	0,00

d) Vergleich zwischen Gegenstrom und Gleichstrom.

Um die Wärme zu vergleichen, die unter sonst gleichen Verhältnissen bei beiden Strömungsarten übertragen wird, braucht man nur Gl. (108) durch Gl. (111) zu dividieren; man erhält dann eine neue Funktion mit denselben beiden Veränderlichen

$$\frac{W_1}{W_2} \quad \text{und} \quad \frac{k \cdot F}{W_1},$$

deren Werte Zahlentafel 17 wiedergibt.

Zahlentafel 17.

Verhältnis: $\dfrac{Q \text{ Gleichstrom}}{Q \text{ Gegenstrom}}$.

$\dfrac{k \cdot F}{W_1} =$	$\frac{1}{10}$	$\frac{1}{3}$	$\frac{1}{2}$	1	2	3	∞
$\dfrac{W_1}{W_2} = 0$	1,00	1,00	1,00	1,00	1,00	1,00	1,00
$\frac{1}{20}$	1,00	1,00	1,00	1,00	0,98	0,97	0,95
$\frac{1}{5}$	1,00	1,00	1,00	0,97	0,92	0,87	0,83
1	1,00	1,00	0,94	0,84	0,72	0,65	0,50
5	1,00	0,88	0,89	0,85	0,85	0,85	0,85
20	1,00	1,00	1,00	1,00	1,00	1,00	1,00
∞	1,00	1,00	1,00	1,00	1,00	1,00	1,00

Wenn die Wasserwerte beider Flüssigkeiten wesentlich verschieden sind oder wenn nur geringe Temperaturänderungen der Flüssigkeiten verlangt werden, so sind beide Strömungsarten gleichwertig. In allen anderen Fällen geht im Gleichstrom weniger Wärme über, im Grenzfall die Hälfte.

Man wird sich deshalb stets für den Gegenstrom entscheiden, wenn nicht Gründe anderer Art, z. B. konstruktive Gründe, zum Gleichstrom zwingen.

Dritter Teil.

Die Wärmestrahlung.

A. Die physikalischen Grundlagen der Wärmestrahlung.

I. Einführung.

Wir gehen von dem bekanntesten Beispiel einer Strahlung aus — von der Sonnenstrahlung. Zerlegen wir ein Bündel weißen Sonnenlichtes durch ein Prisma, so erhalten wir die bekannte Erscheinung des Farbbandes, in welchem die Strahlen so nach steigender Wellenlänge geordnet sind, daß am violetten Ende die kurzwelligen, am roten Ende die langwelligen Strahlen liegen. Schon früh fand man auch Strahlen außerhalb dieses Farbbandes. Mit Hilfe des Thermometers hatte man jenseits des roten Endes noch Strahlen von viel größerer Wellenlänge, die Wärmestrahlen, entdeckt, und jenseits des violetten Endes Strahlen von sehr kurzer Wellenlänge gefunden, die sich vor allem durch ihre chemische Wirkung z. B. auf die photographische Platte nachweisen ließen. Demgemäß hat die ältere Physik von strahlender Wärme, strahlender Lichtenergie und strahlender chemischer Energie gesprochen.

Die spätere Entwicklung hat dann gezeigt, daß es sich dabei nicht um drei verschiedene Energiearten handelt, sondern nur um verschiedene Wirkungen einer und derselben Energieart, die man ganz allgemein die „Strahlende Energie" nennt; ferner zeigte sich, daß der Bereich der Wellenlängen noch bedeutend größer ist als früher angenommen. Heute gilt etwa folgende Einteilung (vgl. Chwolson, Lehrbuch der Physik, II. Bd.):

0,017 $\mu\mu$ bis 5 $\mu\mu$	Röntgen- und Radiumwellen	[8 Oktaven]
5 $\mu\mu$ bis 0,02 μ	unerschlossenes Gebiet	[2 „]
0,02 μ bis 0,4 μ	ultraviolette (chemische) Strahlen	[3,5 „]
0,4 μ bis 0,76 μ	sichtbare Strahlen	[1 „]
0,76 μ bis 0,342 mm	infrarote (Wärme-) Strahlen	[8,5 „]
0,342 mm bis 2 mm	unerschlossenes Gebiet	[2,5 „]
2 mm bis x km	elektrische Wellen	[? „]

Dabei ist 1 μ = 0,001 mm und 1 $\mu\mu$ = 0,001 μ.

8*

Wenn wir im folgenden davon sprechen, daß ein Körper einem anderen Körper Wärme zustrahlt, so ist dies nur eine gekürzte Ausdrucksweise für einen ziemlich komplizierten Vorgang: Der erste Körper verwandelt einen Teil seines Energieinhaltes, hauptsächlich seines Wärmeinhaltes in strahlende Energie, die dann den Raum durchmißt und sich beim Auftreffen auf den zweiten Körper ganz oder zum Teil wieder in Wärme verwandelt.

Wir haben also zu untersuchen:

1. Wie erfolgt die Abgabe der strahlenden Energie, insbesondere von welcher Art, Stärke und Richtung ist die ausgestrahlte Energie?

2. Welche Veränderung erleidet die Strahlung auf ihrem Wege zum zweiten Körper?

3. Was macht der zweite Körper mit der auf ihn auftreffenden Energie?

Die zweite Frage erübrigt sich in sehr vielen Fällen; wenn nämlich strahlender und bestrahlter Körper beides feste Körper sind, welche durch Luft getrennt sind, so kann man in den meisten Fällen mit genügender Genauigkeit annehmen, daß sich die Strahlung auf ihrem Wege in keiner Weise verändert, das heißt man kann die Luft als diatherman betrachten.

II. Die Abgabe strahlender Energie. — Emission.

a) Die absolut schwarze Strahlung.

Wenn man eine geeignet geschwärzte Fläche auf hohe Temperatur, z. B. Weißglut, erhitzt, so sendet sie Strahlen aller Wellenlängen aus. Die Intensität dieser Strahlen ist aber nicht bei allen Wellenlängen gleich groß, sondern sie beginnt bei kleinen Wellenlängen mit null, steigt mit zunehmender Wellenlänge bis zu einem Höchstwert an und fällt dann bei noch größeren Wellenlängen langsam wieder auf null herab. Man vergleiche in Abb. 37 die als Beispiel stark ausgezogene Linie $T_1 = \text{const} = 1000^{0}$.

Steigert man nun die Temperatur, so wächst bei jeder Wellenlänge die Intensität der Strahlung und die Kurve $T = \text{const}$ rückt an allen Stellen höher. Die Strahlungsintensität ist also eine Funktion der beiden Veränderlichen Wellenlänge und Temperatur. Wir bezeichnen mit J_λ die Intensität eines Strahles von der Wellenlänge λ und deuten durch einen zweiten Zeiger s an, daß es sich um schwarze Strahlung handelt. Dann ist nach dem Planckschen Strahlungsgesetz

$$J_{\lambda,\,s} = \text{Const} \cdot \frac{\lambda^{-5}}{e^{-\frac{\text{const}}{\lambda \cdot T}} - 1}.$$

Diese Gleichung ist der analytische Ausdruck der in Abb. 37 gezeichneten Kurvenschar.

Wir betrachten nun wieder die in Abb. 37 stark gezogene Linie $T_1 = \text{const}$. Das Produkt $J_{\lambda,\,s} \cdot d\lambda$ ist die kleine, stark schraffierte Fläche und stellt die Energie dar, welche von der Flächeneinheit einer schwarzen Fläche in dem Wellenlängenbereich λ bis $\lambda + \varDelta\lambda$

ausgestrahlt wird. Integriert man diesen Ausdruck von $\lambda = 0$ bis $\lambda = \infty$, so erhält man die im ganzen von der Flächeneinheit bei der Temperatur T_1 ausgestrahlte Energie, welche man das Emissionsvermögen E_s der schwarzen Fläche nennt. Es ist

$$E_s = \int_0^\infty J_\lambda \cdot d\lambda = \text{Const} \cdot \int_0^\infty \frac{\lambda^{-5}}{e^{-\frac{\text{const}}{\lambda \cdot T_1}} - 1} \cdot d\lambda.$$

Führt man diese Integration wirklich aus, so erhält man $E_s = \sigma_s \cdot T_1^4$. Das Emissionsvermögen der schwarzen Fläche ist also der vierten Potenz der absoluten Temperatur proportional. Diese Abhängigkeit ist durch die experimentellen Arbeiten von Stefan und die theoretischen Begründungen von Boltzmann bekannt, und zwar schon lange bevor Planck das oben erwähnte Strahlungsgesetz aufstellte.

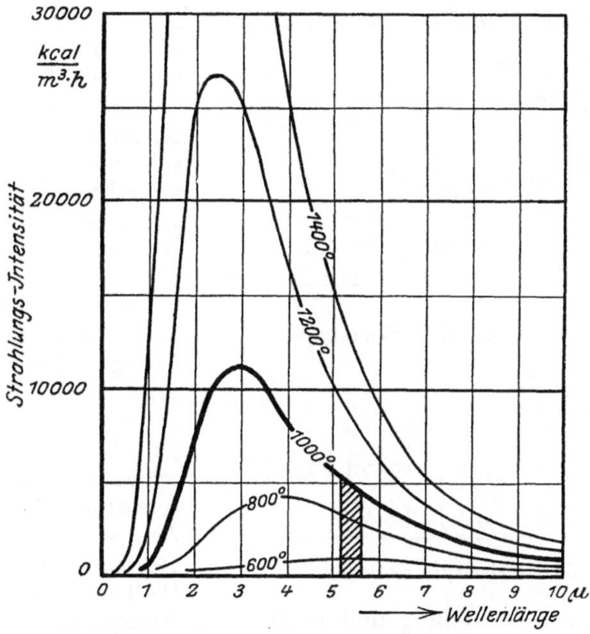

Abb. 37. Intensität der schwarzen Strahlung, abhängig von Wellenlänge und Temperatur (Plancksches Strahlungsgesetz).

Den Beiwert σ_s nennt man die Strahlungszahl der schwarzen Fläche; ihr Wert ist nach den neuesten Messungen

$$\sigma_s = 5,76 \cdot 10^{-8} \left[\frac{\text{Watt}}{\text{m}^2 \cdot \text{Grad}^4}\right] \approx 4,9 \cdot 10^{-8} \left[\frac{\text{kcal}}{\text{m}^2 \cdot \text{h} \cdot \text{Grad}^4}\right].$$

Das Stefan-Boltzmannsche Gesetz lautet damit in seiner ersten Form

$$E_s = \sigma_s \cdot T^4 = 4,9 \cdot 10^{-8} \cdot T^4 \left[\frac{\text{kcal}}{\text{m}^2 \cdot \text{h}}\right]. \tag{120a}$$

Im Interesse einer möglichst einfachen Zahlenrechnung nimmt man an Gl. (120a) noch eine Umformung vor. Der Wert T^4 ist meist eine sehr große Zahl, er ist z. B. für eine Temperatur von 800^0 C $= 1073^0$ abs. gleich $1,32 \cdot 10^{12}$. Um diese hohen Zahlen zu vermeiden, nimmt man in Gl. (120a) den Ausdruck 10^{-8} zur Temperatur herüber, indem man schreibt:

$$E_s = C_s \cdot \left(\frac{T}{100}\right)^4 = 4,9 \cdot \left(\frac{T}{100}\right)^4 \left[\frac{\text{kcal}}{\text{m}^2 \cdot \text{h}}\right]. \qquad (120\,\text{b})$$

In dieser Form (120b) ist das Stefan-Boltzmannsche Gesetz bei technischen Rechnungen gebräuchlich.

b) Die nicht schwarze Strahlung.

Wenn man statt einer geschwärzten Fläche eine beliebige Fläche auf hohe Temperatur bringt, so strahlt auch diese Fläche Energie aus. Aber diese Energie verteilt sich jetzt nicht mehr so regelmäßig über alle Wellenlängen (vgl. Abb. 38a).

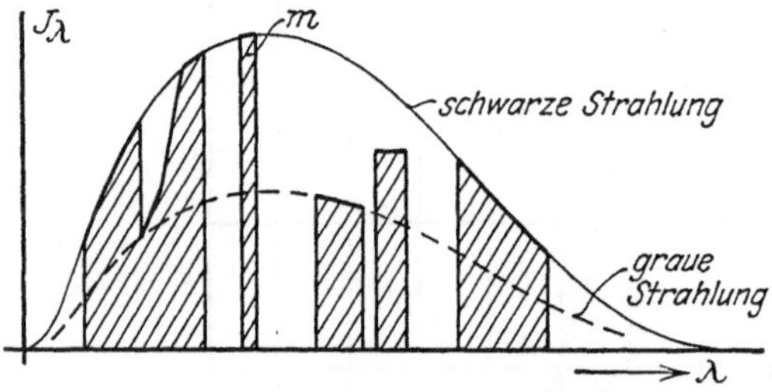

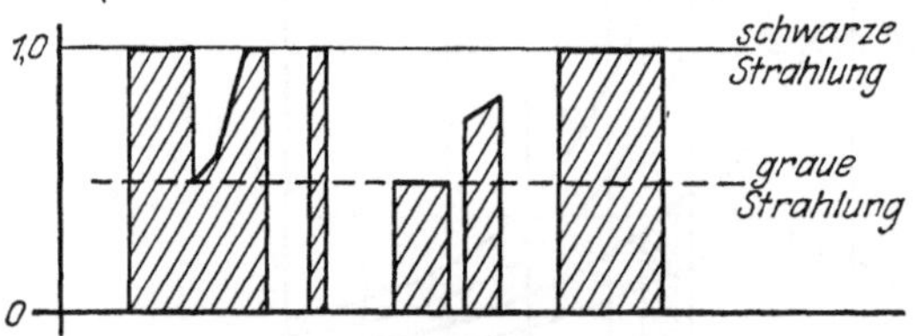

Abb. 38a. Emissions-Schaubild.

Abb. 38b. Absorptions-Schaubild.

Es können Wellenlängengebiete vorhanden sein, bei denen überhaupt keine Energie ausgestrahlt wird; bei anderen Gebieten wird zwar Energie abgegeben, aber diese erreicht an vielen Stellen nicht den Betrag der Energie bei schwarzer Strahlung derselben Wellenlänge. Nirgends wird jedoch die Linie der schwarzen Strahlung überschritten. Man nennt die Art, wie sich die Energie auf die einzelnen Wellenlängen verteilt, die spektrale Energieverteilung und heißt — in Anlehnung an eine Ausdrucksweise der Optik — eine Strahlung beliebiger spektraler Verteilung eine „farbige" Strahlung. Würde nur innerhalb eines sehr kleinen Wellenlängenbereiches $d\lambda$ Energie ausgestrahlt werden, wäre also in Abb. 38a nur der schmale Streifen „m" vorhanden, so würde man von einer „monochromatischen" Strahlung sprechen.

Ein anderer Sonderfall der farbigen Strahlung ist die „graue" Strahlung; sie ist dadurch gekennzeichnet, daß zwar alle Wellenlängen vertreten sind, aber nur mit einer Energie, die überall ein fester Bruchteil der schwarzen Strahlung ist. Die Strahlung der meisten festen Körper kann man mit hinreichender Genauigkeit als grau bezeichnen.

Auch bei der farbigen Strahlung ist der Betrag der Gesamtenergie von der Temperatur abhängig. Für die monochromatische Strahlung errechnet sich diese Abhängigkeit aus dem Planckschen Strahlungsgesetz. Für graue Strahlung und damit näherungsweise für die meisten festen Körper gilt die dem Stefan-Boltzmannschen Gesetz nachgebildete Gleichung:

$$E = \sigma \cdot T^4 = C \cdot \left(\frac{T}{100}\right)^4 \left[\frac{\text{kcal}}{\text{m}^2.\text{h}}\right]. \tag{121}$$

Der Proportionalitätsfaktor σ bzw. C ist ein Stoffwert, in dem die Strahlungseigenschaften der Fläche zum Ausdruck kommen und der sich nur durch den Versuch bestimmen läßt. Er ist stets kleiner als C_s für den schwarzen Körper.

Für seinen Wert ist in erster Linie die chemische Natur des strahlenden Körpers entscheidend. So hat z. B. Silber eine geringere Strahlung als Kupfer und dieses eine bedeutend geringere als Eisen. Von entscheidendem Einfluß ist ferner die Oberflächenbeschaffenheit, z. B. bei Metallen, ob poliert, matt oder rauh. In vielen Fällen scheint auch noch die Farbe eine Rolle zu spielen, jedoch sind die Verhältnisse hier noch keineswegs geklärt.

Eine Zusammenstellung der wichtigsten Strahlungszahlen gibt Zahlentafel 40.

Aus den Gln. (120) und (121) entnehmen wir, daß ein Körper bei jeder Temperatur strahlt, mag diese auch noch so niedrig sein. Auch ein Gefäß mit flüssiger Luft strahlt Energie aus; freilich tritt diese nicht in die Erscheinung, weil die Energie, die das Gefäß seinerseits von der warmen Umgebung zugestrahlt erhält, um ein Vielfaches größer ist.

Ferner entnehmen wir aus diesen drei Gleichungen, daß die ausgestrahlte Energie mit der Temperatur ungemein rasch zunimmt. Einen zahlenmäßigen Anhalt gibt die nachstehende Zusammenstellung.

⁰ C	⁰ abs.	$(T/100)^4$	⁰ C	⁰ abs.	$(T/100)^4$
0	273	55,5	750	1023	10 950
100	373	193,6	1000	1273	26 200
250	523	748	1250	1523	53 800
500	773	3570	1500	1773	98 800

c) Das Lambertsche Gesetz.

Das Kirchhoffsche Gesetz für schwarze Strahlung sowie die entsprechende Gl. (121) für graue Strahlung messen die Energie, welche eine Fläche von der Größe „Eins" nach allen Richtungen des Raumes hin aussendet. Diese Richtungen werden (vgl. Abb. 39) durch den Winkel φ gekennzeichnet, welchen sie mit der Flächennormalen einschließen.

Die Energie, welche ein Flächenstück df ausstrahlt, verteilt sich nicht gleichmäßig über alle Richtungen des Raumes, sondern sie ist am stärksten in Richtung der Flächennormalen und nimmt mit wachsendem Winkel φ immer mehr ab, bis sie bei $\varphi = 90^0$ den Wert null erreicht. Nach dem Lambertschen oder Kosinusgesetz ist sie dem Kosinus des Winkels φ proportional.

Außerdem ist die Energie noch der Öffnung des Raumwinkels $d\Omega$ proportional. (Über das Rechnen mit Raumwinkeln siehe S. 178.) Es ist darum die Energie, welche das Flächenelement df unter dem Raumwinkel $d\Omega$ aussendet, gleich

$$dQ_h = \text{const} \cdot d\Omega \cdot \cos \varphi \cdot df. \tag{122a}$$

Um den Proportionalitätsfaktor „const" zu bestimmen, integrieren wir Gl. (122a) über den ganzen Halbraum auf der positiven Seite der Normalen. Nach Gl. (161) auf S. 178 ist

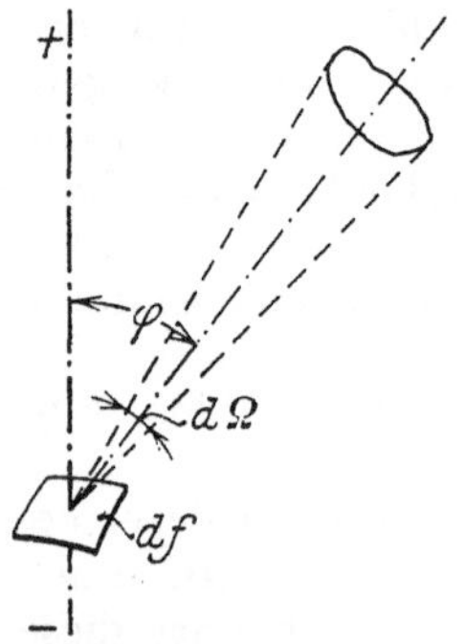

$$d\Omega = \frac{r \cdot d\varphi \cdot r \cdot \sin \varphi \cdot d\chi}{r^2} = d\chi \cdot \sin \varphi \cdot d\varphi.$$

Damit wird

$$dQ_h = \text{const} \cdot df \cdot d\chi \cdot \sin \varphi \cdot \cos \varphi \cdot d\varphi$$

und

$$Q_h = \text{const} \cdot df \cdot \int\limits_{\chi=0}^{\chi=2\pi} d\chi \cdot \int\limits_{\varphi=0}^{\varphi=\pi} \sin \varphi \cdot \cos \varphi \cdot d\varphi$$

$$= \text{const} \cdot df \cdot 2\pi \cdot [\tfrac{1}{2} \sin^2 \varphi]_0^\pi$$

$$= \text{const} \cdot \pi \cdot df.$$

Abb. 39. Zu: Lambertsches Gesetz.

Dieser Wert ist aber andererseits nach dem Stefan-Boltzmannschen Gesetz bzw. Gl. (121) gleich

$$Q_h = E = C \cdot \left(\frac{T}{100}\right)^4 \cdot df.$$

Durch Gleichsetzen ergibt sich

$$\text{const} = \frac{1}{\pi} \cdot C \cdot \left(\frac{T}{100}\right)^4$$

und die Gl. (122a) nimmt die Form an

$$dQ_h = \frac{1}{\pi} \cdot C \cdot \left(\frac{T}{100}\right)^4 \cdot df \cdot \cos \varphi \cdot d\Omega. \tag{122b}$$

Diese Gleichung ist die Grundlage zum Berechnen des Wärmeaustausches von Flächen endlicher Ausdehnung. Siehe später S. 132.

Zum Schlusse muß noch bemerkt werden, daß das Kosinusgesetz nur für matte und rauhe Oberflächen gilt, nicht aber für glatte, spiegende Oberflächen.

III. Die Aufnahme strahlender Energie. — Absorption.

a) Allgemeines.

Wenn eine Strahlung auf einen Körper auftrifft, so wird im allgemeinen ein Teil der Strahlung von der Körperoberfläche zurückgeworfen und wieder in den Raum gesandt. Der Rest der Strahlung dringt in den Körper ein und wird dort absorbiert und in Wärme umgewandelt. Streng genommen wird ein kleiner Teil der Energie nicht absorbiert und verläßt den Körper wieder auf der anderen Seite, dringt also durch den Körper hindurch. Bei den in der Technik vorkommenden festen Stoffen und Körperdicken braucht jedoch darauf im allgemeinen nicht Rücksicht genommen zu werden.

Derjenige Bruchteil der auftreffenden Strahlung, welcher reflektiert wird, heißt das Reflexionsvermögen R der Oberfläche, und der Rest, welcher aufgenommen wird, das Absorptionsvermögen A. Sowohl R als A sind unbenannte Größen, und zwar echte Brüche. Ihre Summe ist natürlich stets gleich eins.

Außer dem Betrag der zurückgeworfenen Strahlung ist noch ihre Richtung von Interesse. Wir können hier zwei Grenzfälle unterscheiden: Entweder die Reflexion erfolgt „regelmäßig", das heißt der zurückgeworfene Strahl liegt mit dem einfallenden Strahl und der Flächennormalen in einer Ebene und der Reflexionswinkel ist gleich dem Einfallwinkel; eine solche Oberfläche heißt „glatt". Oder der einfallende Strahl spaltet sich in sehr viele reflektierte Strahlen, die gleichmäßig nach allen Richtungen des Raumes zurückgeworfen werden; man spricht dann von einer „diffusen" Reflexion und nennt die Oberfläche „rauh".

Die Benennungen, welche die Eigenschaften der Oberflächen kennzeichnen, lassen sich in folgendem Schema zusammenstellen:

Auftreffende Energie	Regelmäßige Reflexion glatt	Diffuse Reflexion rauh
ganz reflektiert $A = 0$	spiegelnd	weiß
ganz absorbiert $A = 1$	—	schwarz

Eine glatte Oberfläche, welche alle auftreffenden Strahlen absorbiert, gibt es nicht.

b) Das Kirchhoffsche Gesetz.

Dieser Satz liefert eine Beziehung zwischen dem Emissionsvermögen E und dem Absorptionsvermögen A. Seine Ableitung erfordert zwar eine etwas umständliche Rechnung, die aber für den Anfänger deshalb wichtig ist, weil sie in vorzüglicher Weise in das Wesen des Strahlungsaustausches einführt.

Zwei sehr große Körper I und II sollen sich mit ihren ebenen Oberflächen in geringem Abstand gegenüberstehen, so daß jeder Strahl des einen Körpers den anderen treffen muß. Wir nehmen vorerst an, daß die Temperaturen beider Körper verschieden seien und stellen uns die Aufgabe, die durch Strahlung ausgetauschte Wärme zu berechnen.

Um die Schicksale der vom Körper I ausgetauschten Energie zu verfolgen, stellen wir folgende Rechnung auf:

$$I \text{ strahlt aus:} \qquad\qquad E_I, \qquad\qquad\qquad\qquad (a)$$

$$II \text{ absorbiert davon:} \qquad E_I \cdot A_{II}, \qquad\qquad\qquad (b)$$

$$II \text{ sendet zurück:} \qquad E_I \cdot (1 - A_{II}), \qquad\qquad (c)$$

$$I \text{ absorbiert selbst wieder: } E_I \cdot (1 - A_{II}) \cdot A_I, \qquad\qquad (d)$$

$$I \text{ sendet neuerdings aus: } E_I \cdot (1 - A_{II}) \cdot (1 - A_I), \qquad (e)$$

$$II \text{ absorbiert davon: } E_I \cdot (1 - A_{II}) \cdot (1 - A_I) \cdot A_{II}, \qquad (f)$$

$$II \text{ sendet zurück: } E_I \cdot (1 - A_{II}) \cdot (1 - A_I) \cdot (1 - A_{II}), \qquad (g)$$

$$I \text{ absorbiert selbst wieder: } E_I \cdot (1 - A_{II}) \cdot (1 - A_I) \cdot (1 - A_{II}) \cdot A_I \quad (h)$$

$$\text{usw.}$$

Genau dieselbe Aufstellung kann man für die vom Körper II ausgesandte Energie durchführen. Sie läßt sich aus der obigen Aufstellung einfach durch Vertauschen der Zeiger I und II ableiten und beginnt:

$$II \text{ strahlt aus:} \qquad E_{II},$$

$$I \text{ absorbiert davon: } E_{II} \cdot A_I,$$

$$I \text{ sendet zurück:} \qquad E_{II} \cdot (1 - A_I)$$

$$\text{usw.}$$

Um die Energie Q zu finden, die der Körper I bei diesem Strahlungsaustausch im ganzen einbüßt, müssen wir von der Energie, die er ursprünglich aussendet, diejenige Energie abziehen, die er davon selbst wieder aufnimmt, sowie diejenige Energie, die er vom Körper II erhält.

Von der eigenen Strahlung absorbiert Körper I zufolge der ersten Aufstellung selbst wieder die Beträge in Zeile (d), (h), (m), (q) usw., also:

$$E_I \cdot (1 + k + k^2 + \cdots) \cdot (1 - A_{II}) \cdot A_I.$$

Darin ist zur Abkürzung gesetzt

$$(1 - A_{II}) \cdot (1 - A_I) = k.$$

Beachtet man noch, daß nach den Lehren der Algebra

$$1 + k + k^2 + \cdots = \frac{1}{1 - k},$$

so nimmt der obige Ausdruck die Form an:

$$\frac{E_I \cdot (1 - A_{II}) \cdot A_I}{1 - k}.$$

Von der Energie des Körpers II absorbiert Körper I gemäß der zweiten Aufstellung den Betrag

$$E_{II} \cdot (1 + k + k^2 + \cdots) \cdot A_I = \frac{E_{II} \cdot A_I}{1 - k}.$$

Mit diesen Werten ergibt sich:

$$Q_{m^2, h} = E_I - \frac{E_I \cdot (1 - A_{II}) \cdot A_I}{1 - k} - \frac{E_{II} \cdot A_I}{1 - k}.$$

Wenn man das Ganze auf gemeinsamen Nenner $(1 - k)$ bringt und beachtet, daß

$$1 - k = 1 - (1 - A_I - A_{II} + A_I \cdot A_{II}) = A_I + A_{II} - A_I \cdot A_{II}$$

ist, so vereinfacht sich der Ausdruck für $Q_{m^2, h}$ auf

$$Q_{m^2, h} = \frac{E_I \cdot A_{II} - E_{II} \cdot A_I}{A_I + A_{II} - A_I \cdot A_{II}} \left[\frac{\text{kcal}}{\text{m}^2. \text{h}} \right].$$

Nach dieser Vorbereitung gelangen wir rasch zum Kirchhoffschen Gesetz. Wir nehmen jetzt an, daß die beiden Körper ursprünglich gleiche Temperatur besaßen. Dann muß diese Temperaturgleichheit auch bestehen bleiben, denn nur durch Strahlungsaustausch, also von selbst, können sich keine Temperaturdifferenzen bilden. Es muß also, wenn beide Körper gleiche Temperatur haben, $Q_{m^2, h} = 0$ sein. Da der Nenner nicht unendlich werden kann, ist dies nur möglich, wenn der Zähler gleich null wird, wenn also

$$E_I \cdot A_{II} = E_{II} \cdot A_I$$

oder

$$\frac{E_I}{A_I} = \frac{E_{II}}{A_{II}}. \tag{123}$$

Wir denken uns jetzt als Körper I einen ganz beliebigen Körper gewählt, als Körper II aber einen absolut schwarzen Körper $(A_{II} = A_s = 1)$, so lautet Gl. (123) unter gleichzeitiger Verwendung von (120a):

$$\frac{E_I}{A_I} = E_s = \sigma_s \cdot T^4. \tag{124}$$

In dieser Form besagt das Kirchhoffsche Gesetz: Das Verhältnis des Emissionsvermögens eines Körpers zu seinem Absorptionsvermögen ist bei allen Körpern gleich und allein von der Temperatur abhängig.

Hat also ein Körper ein sehr großes Absorptionsvermögen, nahezu eins, so muß auch sein Emissionsvermögen sehr groß sein, nämlich nahezu gleich demjenigen des schwarzen Körpers. Hat umgekehrt ein Körper ein sehr kleines Absorptionsvermögen, so muß auch sein Emissionsvermögen sehr klein sein.

Daraus folgt, daß Flächen, welche sehr gut reflektieren — polierte Metallflächen aus Silber oder Kupfer — selbst sehr wenig strahlen; dies erhellt aus folgender Überlegung: Da die Flächen ein großes Reflexionsvermögen R besitzen, muß ihr Absorptionsvermögen A sehr klein sein, denn es gilt die Gleichung $A + R = 1$. Einem kleinen Absorptionsvermögen entspricht aber nach dem Kirchhoffschen Satz auch ein kleines Emissionsvermögen.

Die oben gegebene Ableitung des Kirchhoffschen Satzes läßt sich auch für jede Wellenlänge getrennt durchführen. Sie liefert dann eine Gleichung, welche der Gl. (123) durchaus entspricht und sich sogleich auf beliebig viele Körper ausdehnen läßt. Sie lautet:

$$\frac{E_{\lambda, I}}{A_{\lambda, I}} = \frac{E_{\lambda, II}}{A_{\lambda, II}} = \cdots = \frac{E_{\lambda, s}}{1} = F(\lambda, T). \tag{125}$$

In dieser zweiten Form besagt das Kirchhoffsche Gesetz: Das Verhältnis des Emissionsvermögens eines Körpers für eine bestimmte Wellenlänge zu seinem Absorptionsvermögen für dieselbe Wellenlänge ist bei allen Körpern gleich und allein eine Funktion der Wellenlänge und der Temperatur.

Ist für einen Körper die Kurve der spektralen Emission bekannt (Abb. 38a), so läßt sich daraus die Kurve seiner spektralen Absorption ableiten. Um dies zu zeigen, lösen wir aus Gl. (125) die Beziehung (126) heraus:

$$\frac{A_{\lambda,I}}{1} = \frac{E_{\lambda,I}}{E_{\lambda,s}}. \tag{126}$$

Das Verhältnis $E_{\lambda,I}/E_{\lambda,s}$ ist nach Voraussetzung für jede Wellenlänge gegeben (Abb. 38a). Im Absorptionsspektrum ist die Linie des schwarzen Körpers eine Paralle zur λ-Achse im Abstand „eins". Gemäß der gefundenen Beziehung (126) müssen wir nun im Absorptionsschaubild die Ordinaten bei jeder Wellenlänge im selben Verhältnis teilen, wie sie durch die Kurve der spektralen Energieverteilung im Emissionsschaubild geteilt sind.

Man sieht aus Gl. (126) und noch besser aus Abb. 38a und b, daß ein Körper, der bei einer bestimmten Wellenlänge keine Energie absorbiert, bei dieser Wellenlänge auch keine Energie aussenden kann.

c) Die experimentelle Verwirklichung des schwarzen Körpers.

Es gibt eine Reihe von dunklen, rauhen und porösen Körpern, wie zum Beispiel Ruß, deren Strahlung der schwarzen Strahlung nahe kommt. Die beste Verwirklichung des schwarzen Körpers liefert aber der sogenannte Hohlraum.

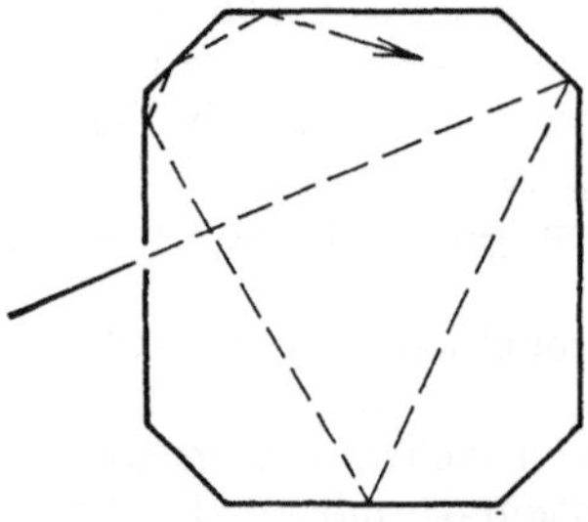

Wir stellen uns einen allseitig begrenzten Raum vor (Abb. 40), dessen Wände überall gleiche Temperatur haben; an einer Stelle der Wand soll eine sehr kleine Öffnung sein. Tritt nun ein Strahl von außen her durch diese Öffnung ein, so wird er von den Wänden des Hohlraums immer wieder reflektiert und dabei jedesmal durch Absorption geschwächt; bis der Strahl wieder den Weg ins Freie gefunden hat, ist er fast völlig vernichtet. Ist nun die Öffnung hinreichend klein, so werden alle eintretenden Strahlen vollständig absorbiert, auch wenn die Wandung für sich allein genommen nur geringes Absorptionsvermögen hat. Die Öffnung hat also das Absorptionsvermögen „eins", sie ist eine absolut schwarze Fläche. Dann muß aber auch, wenn der Hohlraum überall auf gleich hoher Temperatur gehalten wird, die aus der Öffnung heraustretende Strahlung nach dem Kirchhoffschen Satz eine absolut schwarze Strahlung sein.

Abb. 40.   Verwirklichung der schwarzen Strahlung durch den Hohlraum.

Nach diesen Grundsätzen verwirklicht man in der Experimentalphysik die schwarze Strahlung. Für die Technik ist die Lehre vom Hohlraum vor allem wichtig bei der Messung der Temperatur in Feuerungen mit Hilfe der Strahlungspyrometer, denn diese setzen das Vorhandensein einer rein schwarzen Strahlung voraus. Eine solche ist aber gegeben, wenn man mit dem Pyrometer durch eine Schauöffnung das Innere eines großen Feuerungsraumes beobachtet. Hierbei ist jedoch Voraussetzung, daß im ganzen Innern völlige Temperaturgleichheit herrscht. Ist z. B. ein Siemens-Martin-Ofen mit frischer Charge beschickt worden, so besteht nicht mehr Temperaturgleichheit und die Strahlung ist nicht mehr rein schwarz. Die Messung wird ungenau, gleichgültig ob man die Temperatur der heißeren Ofenwand oder der kälteren Charge messen will.

B. Der Wärmeaustausch zwischen festen Körpern.

Wenn wir im folgenden die Formeln aufstellen zur Berechnung des Wärmeaustausches zwischen festen Körpern, so sind dabei immer zwei Bedingungen stillschweigend angenommen.

Erstens ist stets diffuse Reflexion vorausgesetzt, die Körperflächen dürfen also nur rauh oder matt, niemals spiegelnd (poliert) sein.

Zweitens soll alle vorkommende Strahlung nur graue Strahlung, mit Einschluß der schwarzen Strahlung, sein. Bei allen Körpern mit großer Strahlungszahl — etwa über 3,5 — ist diese Bedingung mit einer meist hinreichenden Genauigkeit erfüllt. Körper mit kleinerer Strahlungszahl können jedoch mit ihrer Strahlung soweit vom Gesetz der grauen Strahlung abweichen, daß unzulässige Fehler in die Rechnung hereinkommen.

I. Der Wärmeaustausch zwischen zwei sehr großen, ebenen und parallelen Oberflächen.

Zur Ableitung des Kirchhoffschen Gesetzes hatten wir den Wärmeaustausch berechnet zwischen zwei sehr großen Körpern I und II, die sich mit ihren ebenen Flächen in geringem Abstand gegenüberstehen.

Wir hatten dort für die ausgetauschte Wärme, bezogen auf 1 qm und 1 h, den Betrag gefunden (siehe S. 123)

$$Q_{m^2,\,h} = \frac{E_I \cdot A_{II} - E_{II} \cdot A_I}{A_I + A_{II} - A_I \cdot A_{II}} \tag{a}$$

und dann angenommen, daß dieser Betrag gleich null sein muß, weil die beiden Körper gleiche Temperatur besitzen.

Nunmehr sollen aber die beiden Temperaturen nicht gleich sein und wir stellen uns die Aufgabe, die alsdann ausgetauschte Wärme zu berechnen, indem wir die Gl. (a) noch etwas umformen. Nach dem Kirchhoffschen Gesetz (Fassung 124) ist

$$E_I = A_I \cdot \sigma_s \cdot T_I^4 \quad \text{und} \quad E_{II} = A_{II} \cdot \sigma_s \cdot T_{II}^4. \tag{b}$$

Ferner ist nach Gl. (121)

$$E_I = \sigma_I T_I^{\,4} \quad \text{und} \quad E_{II} = \sigma_{II} \cdot T_{II}^{\,4}. \tag{c}$$

Aus (b) und (c) folgt

$$A_I = \sigma_I / \sigma_s \quad \text{und} \quad A_{II} = \sigma_{II} / \sigma_s. \tag{d}$$

Durch mehrmalige Umformung mit Hilfe der Gl. (b) und (d) erhalten wir aus Gl. (a):

$$Q_{m^2,h} = \frac{\sigma_s \cdot T_I^{\,4} - \sigma_s \cdot T_{II}^{\,4}}{\dfrac{1}{A_I} + \dfrac{1}{A_{II}} - 1} = \frac{T_I^{\,4} - T_{II}^{\,4}}{\dfrac{1}{\sigma_I} + \dfrac{1}{\sigma_{II}} - \dfrac{1}{\sigma_s}}.$$

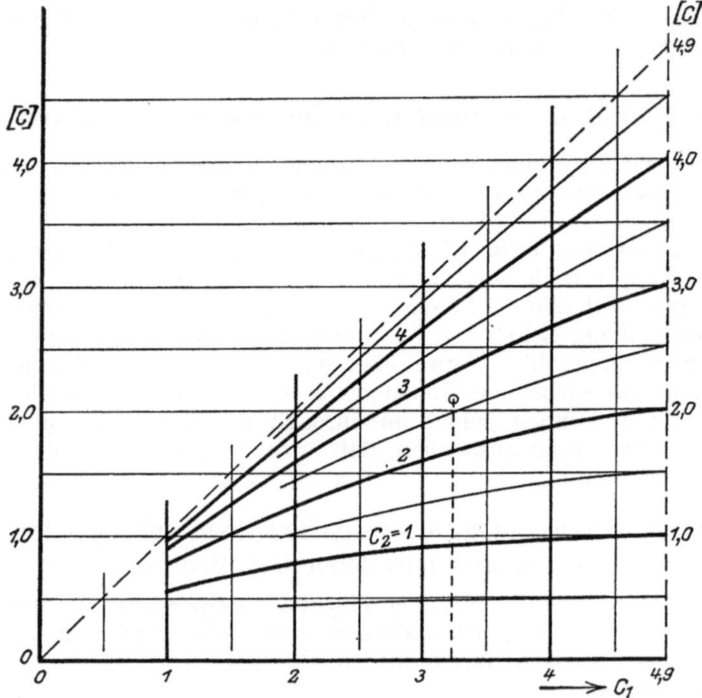

Abb. 41. Schaubild zur Bestimmung des Strahlungsfaktors:

$$[C] = \frac{1}{\dfrac{1}{C_1} + \dfrac{1}{C_2} - \dfrac{1}{C_s}},$$

z. B.: $C_1 = 3{,}2$; $C_2 = 2{,}7$; dann $[C] = 2{,}2$.

Wenn wir statt der Strahlungszahl σ wieder die Strahlungszahl C einführen und die Wärmemenge für die Fläche F und die Zeit t berechnen, so erhalten wir das Endergebnis:

$$Q = \frac{1}{\dfrac{1}{C_I} + \dfrac{1}{C_{II}} - \dfrac{1}{C_s}} \cdot \left[\left(\frac{T_I}{100} \right)^4 - \left(\frac{T_{II}}{100} \right)^4 \right] \cdot F \cdot t \ [\text{kcal}]. \tag{127}$$

Die Wärmemenge ist also der Fläche F und der Zeit t verhältnisgleich, außerdem treten in der Gleichung noch zwei Faktoren auf, von denen wir den ersten den Strahlungsfaktor, den zweiten den Temperaturfaktor nennen wollen.

In dem Strahlungsfaktor, den wir mit $[C]$ bezeichnen, kommt außer den Strahlungszahlen beider Flächen noch diejenige des schwarzen Körpers in Rechnung (vgl. Abb. 41).

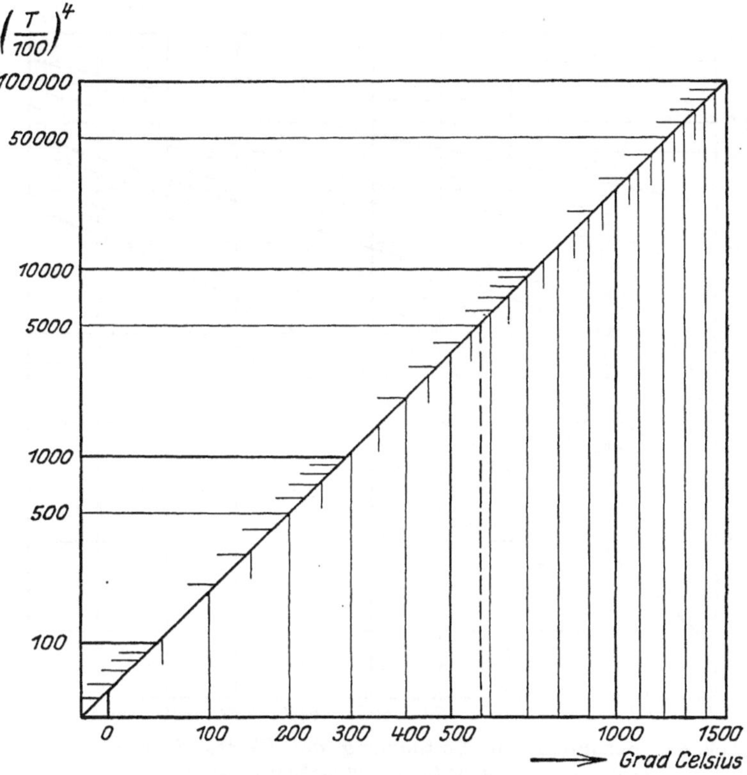

Abb. 42. Schaubild zur Bestimmung des Wertes:

$$\left(\frac{T^0\,\text{abs.}}{100}\right)^4 \quad (\text{Abszissen in Celsiusgraden!})$$

z. B. bei 570° C ist $(T/100)^4$ gleich 5100.

Sein größtmöglicher Wert ist gleich der Strahlungszahl des schwarzen Körpers und stellt sich dann ein, wenn beide Körper absolut schwarz sind.

Ist nur einer der beiden Körper schwarz, so ist der Wert des Strahlungsfaktors gleich der Strahlungszahl des anderen, also des nicht schwarzen Körpers.

Der Temperaturfaktor besteht in einer Differenz zweier vierter Potenzen, welche sich zahlenmäßig am einfachsten mittels der bekannten Quadrattafeln auswerten lassen. In den meisten Fällen genügt aber die Ablesegenauigkeit des vorstehenden Schaubildes 42. Des bequemeren Gebrauches wegen sind darin als Abszissen Celsiusgrade aufgetragen.

Der Temperaturfaktor läßt sich noch umformen, indem man aus der Algebra die Gleichung

$$a^4 - b^4 = (a^2 + b^2) \cdot (a + b) \cdot (a - b) = (a^3 + a^2 b + a b^2 + b^3) \cdot (a - b)$$

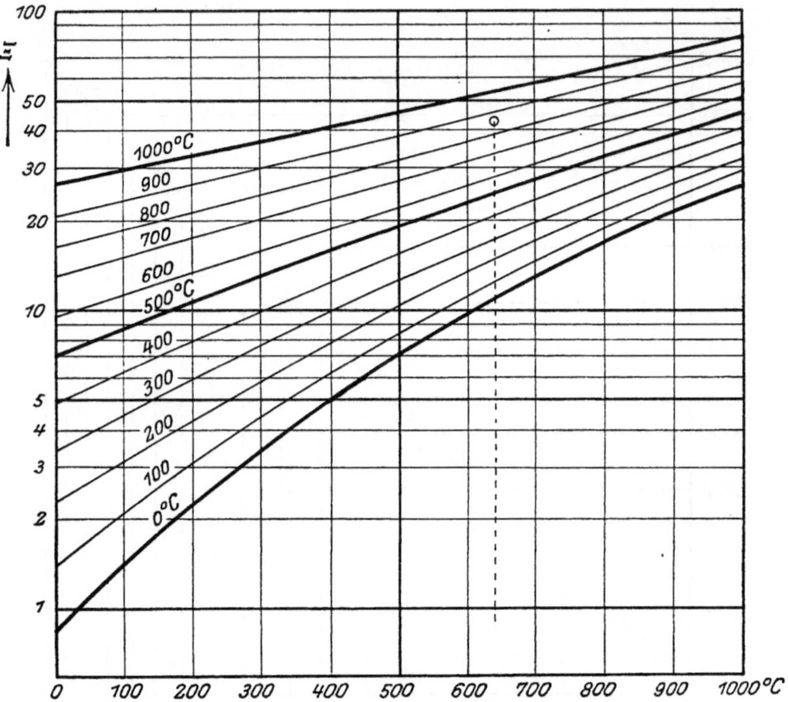

Abb. 43. Schaubild zur Bestimmung des Wertes Ξ in Gl. (128),
z. B. bei $T_1 = 640^0$ C und $T_2 = 860^0$ C ist $\Xi = 43$.

heranzieht. Man erhält dann

$$\left(\frac{T_I}{100}\right)^4 - \left(\frac{T_{II}}{100}\right)^4 = \frac{T_I^3 + T_I^2 \cdot T_{II} + T_I \cdot T_{II}^2 + T_{II}^3}{10^8} \cdot (T_I - T_{II})$$

$$= \Xi \cdot (T_I - T_{II}). \tag{128}$$

Diese Form läßt klar erkennen, daß es beim Strahlungsaustausch nicht nur auf den Temperaturunterschied, sondern in sehr hohem Maße auf die Höhe der Temperaturlage ankommt, und dafür ist die Größe Ξ ein Maß. Zur zahlenmäßigen Auswertung dient das obenstehende Schaubild 43.

Für genauere Rechnungen findet man eine Zahlentafel im I. Band des Taschenbuches „Die Hütte".

Zahlenbeispiel. Wie groß ist der Strahlungsaustausch pro Quadratmeter und Stunde zwischen zwei parallelen, sehr großen Flächen, wenn $T_I = 100^0$ C und $T_{II} = 20^0$ C ist und wenn im

Fall a: $C_I = C_{II} = C_s$ [absolut schwarz],

Fall b: $C_I = C_{II} = 4{,}3$ [mattes Eisenblech],

Fall c: $C_I = C_{II} = 0{,}7$ [gut poliertes Kupfer] ist?

Wir berechnen zuerst den Strahlungsfaktor. Er ist

im Falle a: $[C] = 4{,}9$;

im Falle b:
$$[C] = \frac{1}{\dfrac{1}{4{,}3} + \dfrac{1}{4{,}3} - \dfrac{1}{4{,}9}} = \frac{1}{0{,}232 + 0{,}232 - 0{,}204}$$

$$= \frac{1}{0{,}260} = 3{,}85;$$

im Falle c:
$$[C] = \frac{1}{\dfrac{1}{0{,}7} + \dfrac{1}{0{,}7} - \dfrac{1}{4{,}9}} = \frac{1}{1{,}430 + 1{,}430 - 0{,}204}$$

$$= \frac{1}{2{,}656} = 0{,}38.$$

Sodann ermitteln wir den Temperaturfaktor:

$$\left(\frac{373}{100}\right)^4 - \left(\frac{293}{100}\right)^4 = 193{,}5 - 73{,}7 = 119{,}8.$$

Mit diesen Werten wird die ausgetauschte Wärme

im Falle a: $Q_{h,\,m^2} = 588 \left[\dfrac{\text{kcal}}{\text{m}^2.\,\text{h}}\right]$;

im Falle b: $Q_{h,\,m^2} = 462 \left[\dfrac{\text{kcal}}{\text{m}^2.\,\text{h}}\right]$;

im Falle c: $Q_{h,\,m^2} = 45{,}6 \left[\dfrac{\text{kcal}}{\text{m}^2.\,\text{h}}\right].$

II. Strahlungsschutzschirme.

Um den Strahlungsaustausch zwischen zwei Flächen zu vermindern, wendet man als wirksames Mittel Strahlungsschirme an. Wir wollen im folgenden die Wirksamkeit solcher Schirme zahlenmäßig ermitteln. Dabei setzen wir voraus, daß der Schirm aus sehr dünnem Blech ist, so daß wir mit keinem Temperaturabfall im Schirm zu rechnen haben, und nehmen ferner an, daß dem Schirm keine Wärme durch Konvektion entzogen wird.

Wir berechnen zuerst die Wärme Q_0, welche ohne Strahlungsschirm ausgetauscht wird, und dann die Wärme Q_1 bei einem Schirm. Mit T_m bezeichnen wir die Temperatur des Schirmes. Bei dieser Rechnung wollen wir zwei Fälle unterscheiden.

1. Fall. Wir nehmen an, daß die Oberflächen der beiden Körper I und II unter sich und mit den beiden Oberflächen des Schirmes gleiche Strahlungszahl besitzen, so daß wir nur mit einem einzigen Strahlungsfaktor

$$[C] = \frac{1}{\dfrac{1}{C_I} + \dfrac{1}{C_I} - \dfrac{1}{C_s}}$$

zu rechnen haben.

Es ist dann

$$Q_0 = [C] \cdot \left[\left(\frac{T_I}{100}\right)^4 - \left(\frac{T_{II}}{100}\right)^4\right] \cdot F \cdot t$$

und

$$Q_1 = [C] \cdot \left[\left(\frac{T_I}{100}\right)^4 - \left(\frac{T_m}{100}\right)^4\right] \cdot F \cdot t = [C] \cdot \left[\left(\frac{T_m}{100}\right)^4 - \left(\frac{T_{II}}{100}\right)^4\right] \cdot F \cdot t.$$

Aus der zweiten Gleichung folgt

$$\left(\frac{T_m}{100}\right)^4 = \frac{1}{2}\left[\left(\frac{T_I}{100}\right)^4 + \left(\frac{T_{II}}{100}\right)^4\right]$$

und mit diesem Wert wird

$$Q_1 = [C] \cdot \left[\left(\frac{T_I}{100}\right)^4 - \frac{1}{2}\left(\frac{T_I}{100}\right)^4 - \frac{1}{2}\left(\frac{T_{II}}{100}\right)^4\right] \cdot F \cdot t = \frac{1}{2} Q_0.$$

Durch Zwischenschalten eines einzelnen Schirmes wird also der Strahlungsaustausch auf die Hälfte herabgedrückt.

Die Rechnung läßt sich auf zwei, drei und mehr Schirme verallgemeinern. Für n Schirme gilt die Gleichung

$$Q_n = \frac{1}{n+1} \cdot Q_0. \tag{129}$$

2. Fall. Wir nehmen nun an, daß die Strahlungszahl der beiden Körperoberflächen gleich C_k und die Strahlungszahl der beiden Schirmoberflächen gleich C_m sei.

Dann haben wir für den Strahlungsaustausch zwischen beiden Körpern ohne Schirm

$$\text{den Strahlungsfaktor } [C_a] = \frac{1}{\dfrac{1}{C_k} + \dfrac{1}{C_k} - \dfrac{1}{C_s}}$$

und den Strahlungsaustausch jeweils zwischen Körper und Schirm

$$\text{den Strahlungsfaktor } [C_b] = \frac{1}{\dfrac{1}{C_k} + \dfrac{1}{C_m} - \dfrac{1}{C_s}}.$$

Mit diesen Werten ist

$$Q_0 = [C_a] \cdot \left[\left(\frac{T_I}{100}\right)^4 - \left(\frac{T_{II}}{100}\right)^4\right] \cdot F \cdot t$$

und

$$Q_1 = [C_b] \cdot \left[\left(\frac{T_I}{100}\right)^4 - \left(\frac{T_m}{100}\right)^4\right] \cdot F \cdot t = [C_b] \cdot \left[\left(\frac{T_m}{100}\right)^4 - \left(\frac{T_{II}}{100}\right)^4\right] \cdot F \cdot t$$

$$= [C_b] \cdot \frac{1}{2} \cdot \left[\left(\frac{T_I}{100}\right)^4 - \left(\frac{T_{II}}{100}\right)^4\right] \cdot F \cdot t .$$

Es ist also das Verhältnis:

$$\frac{Q_1}{Q_0} = \frac{1}{2} \cdot \frac{[C_b]}{[C_a]} = \frac{1}{2} \cdot \frac{\dfrac{1}{C_k} + \dfrac{1}{C_k} - \dfrac{1}{C_s}}{\dfrac{1}{C_k} + \dfrac{1}{C_m} - \dfrac{1}{C_s}} . \tag{130}$$

Zahlenbeispiel. Wie groß ist das Verhältnis $Q_1 : Q_0$, wenn zwischen zwei matte Eisenplatten ein beiderseits poliertes Kupferblech als Strahlungsschutz geschoben wird?

Wir schätzen die Strahlungszahl des Eisenbleches zu $C_k = 4{,}3$ und diejenige des Kupferbleches zu $C_m = 0{,}7$ und erhalten:

$$\frac{Q_1}{Q_0} = \frac{1}{2} \cdot \frac{\dfrac{1}{4{,}3} + \dfrac{1}{4{,}3} - \dfrac{1}{4{,}9}}{\dfrac{1}{4{,}3} + \dfrac{1}{0{,}7} - \dfrac{1}{4{,}9}} = \frac{1}{2} \cdot \frac{0{,}232 + 0{,}232 - 0{,}204}{0{,}232 + 1{,}430 - 0{,}204}$$

$$= \frac{1}{2} \cdot \frac{0{,}260}{1{,}458} = \frac{1}{2} \cdot 0{,}18 = 0{,}09 .$$

Der Strahlungsaustausch wird also durch diesen Schirm auf $9\,^0/_0$ herabgedrückt.

III. Der Wärmeaustausch zwischen einem Körper und seiner Umhüllung.

Ein Körper I soll allseitig von einer Hülle II umgeben sein, wie dies Abb. 44 andeutet.

Sind F_I und F_{II} die Oberflächen des Körpers bzw. der Hülle, so berechnet sich die Wärme, welche I an II im Strahlungsaustausch abgibt, aus der Gleichung:

$$Q = \frac{1}{\dfrac{1}{C_I} + \dfrac{F_I}{F_{II}} \cdot \left(\dfrac{1}{C_{II}} - \dfrac{1}{C_s}\right)}$$

$$\cdot \left[\left(\frac{T_I}{100}\right)^4 - \left(\frac{T_{II}}{100}\right)^4\right] \cdot F_I \cdot t \;[\text{kcal}] . \tag{131}$$

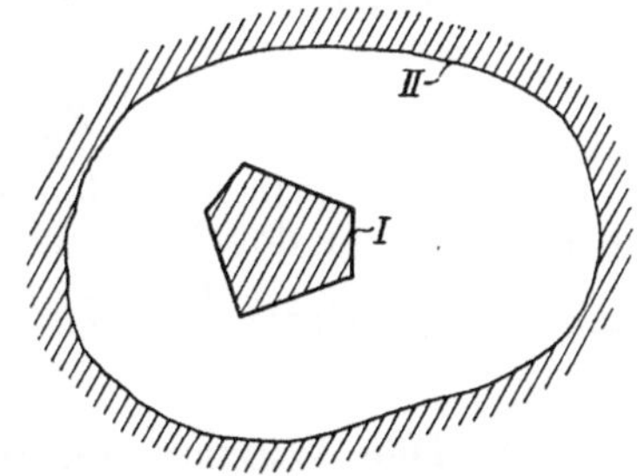

Abb. 44. Körper von einer Hülle ganz umgeben.

Der Strahlungsfaktor hängt also hier nicht allein von den beiden Strahlungszahlen des Körpers und der Hülle, sondern auch von dem Verhältnis F_I/F_{II} ab. Es ist beachtenswert, daß weder die Form des Körpers noch die Form der Hülle, auch nicht die Lage des Körpers innerhalb der Hülle eine Rolle spielt, sondern nur das Verhältnis der beiden Oberflächen.

Im übrigen ist zu beachten, daß Gl. (131) nur dann gilt, wenn der Körper I keine einspringenden Ecken hat.

Zahlenbeispiel. Ein heißes Rohr von 20 cm Außendurchmesser wird zuerst durch einen engen Kanal vom Querschnitt 30×30 cm², dann durch einen Gang von der Breite 1 m und der Höhe 2 m und zuletzt durch einen Saal von der Breite 8 m und der Höhe 5 m geführt. Wie groß ist der Strahlungsfaktor, wenn für die Rohroberfläche $C_I = 3,5$ und die Wände $C_{II} = 3,8$ gilt?

Es ist

$$\left(\frac{1}{C_{II}} - \frac{1}{C_s}\right) = (0,264 - 0,239) = 0,025;$$

ferner ist:

für den Kanal:
$$\frac{F_I}{F_{II}} = \frac{0,628}{1,2} = 0,523;$$

„ „ Gang:
$$\frac{F_I}{F_{II}} = \frac{0,628}{6,0} = 0,105;$$

„ „ Saal:
$$\frac{F_I}{F_{II}} = \frac{0,628}{26,0} = 0,024.$$

Damit wird

für den Kanal: $[C] = \dfrac{1}{0,286 + 0,523 \cdot 0,025} = \dfrac{1}{0,286 + 0,013} = 3,34;$

„ „ Gang: $[C] = \dfrac{1}{0,286 + 0,105 \cdot 0,025} = \dfrac{1}{0,286 + 0,003} = 3,46;$

„ „ Saal: $[C] = \dfrac{1}{0,286 + 0,024 \cdot 0,025} = \dfrac{1}{0.286 + 0} = 3,50.$

Diese Aufgabe läßt erkennen, daß der ganze Ausdruck

$$\frac{F_I}{F_{II}} \cdot \left(\frac{1}{C_{II}} - \frac{1}{C_s}\right)$$

in vielen praktischen Fällen nur von geringem Einfluß ist, denn die Differenz in der Klammer hat meist einen geringen Wert, der dann im Verhältnis $\dfrac{F_I}{F_{II}}$ noch weiter verkleinert wird.

IV. Der Wärmeaustausch zwischen zwei beliebigen Flächenelementen.

Es soll der Strahlungsaustausch zwischen den beiden Flächenelementen df_1 und df_2 (Abb. 45) berechnet werden, und zwar wollen wir uns die Sache dadurch vereinfachen, daß wir beide Flächen als absolut schwarz annehmen, so daß jede Fläche die Strahlung der anderen sofort bei ihrem ersten Auftreffen ganz absorbiert.

Die Wärme, welche Fläche df_1 unter dem Raumwinkel $d\Omega$ ausstrahlt, ist unter Berücksichtigung des Lambertschen Gesetzes nach Gl. (122 b):

$$[dQ_h]_1 = \frac{1}{\pi} C \cdot \left(\frac{T_1}{100}\right)^4 \cdot df_1 \cdot \cos\varphi_1 \cdot d\Omega_1.$$

Darin ist zu setzen:

$$d\Omega_1 = \frac{df_2 \cdot \cos\varphi_2}{r^2},$$

wenn mit r die Entfernung der beiden Flächen voneinander bezeichnet wird.

Die Strahlung von df_1 nach df_2 ist also

$$[dQ_h]_1$$

$$= \frac{1}{\pi} \cdot C \cdot \left(\frac{T_1}{100}\right)^4 \cdot \frac{\cos\varphi_1 \cdot \cos\varphi_2}{r^2} \cdot df_1 \cdot df_2.$$

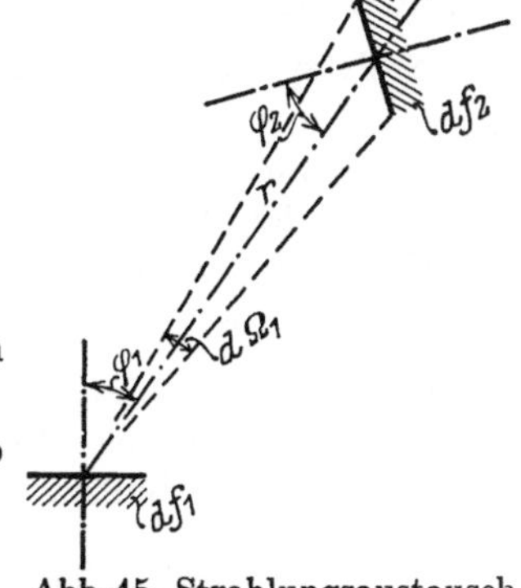

Abb. 45. Strahlungsaustausch zwischen Flächenelementen.

Der gleiche Rechnungsgang liefert die Wärme, welche in entgegengesetzter Richtung, also von df_2 nach df_1 gestrahlt wird. Es ist:

$$[dQ_h]_2 = \frac{1}{\pi} \cdot C \cdot \left(\frac{T_2}{100}\right)^4 \cdot df_2 \cdot \cos\varphi_2 \cdot \frac{df_1 \cdot \cos\varphi_1}{r^2}$$

$$= \frac{1}{\pi} \cdot C \cdot \left(\frac{T_2}{100}\right)^4 \cdot \frac{\cos\varphi_1 \cdot \cos\varphi_2}{r^2} \cdot df_1 \cdot df_2.$$

Der resultierende Wärmetransport in Richtung von df_1 nach df_2 ergibt sich als Differenz der beiden Werte zu:

$$dQ_h = \frac{1}{\pi} \cdot C \cdot \left[\left(\frac{T_1}{100}\right)^4 - \left(\frac{T_2}{100}\right)^4\right] \cdot \frac{\cos\varphi_1 \cdot \cos\varphi_2}{r_2} \cdot df_1 \cdot df_2. \tag{132}$$

Ist der Wärmeaustausch nicht zwischen Flächenelementen, sondern zwischen zwei Flächen f_1 und f_2 von endlicher Größe zu berechnen, so ist Gl. (130) noch zu integrieren und lautet dann:

$$Q_h = \frac{1}{\pi} \cdot C \cdot \left[\left(\frac{T_1}{100}\right)^4 - \left(\frac{T_2}{100}\right)^4\right] \cdot \int\limits_{f_1} \int\limits_{f_2} \frac{\cos\varphi_1 \cdot \cos\varphi_2}{r^2} \cdot df_1 \cdot df_2. \tag{133}$$

Es muß hier leider beigefügt werden, daß diese Integrationen schon bei sehr einfacher Form und Lage der beiden Flächen auf recht große rechnerische Schwierigkeiten führen, die sich nur von Fall zu Fall durch irgendein mathematisches Näherungsverfahren überwinden lassen.

V. Gleichzeitige Berücksichtigung der Wärmeübertragung durch Leitung und Strahlung.

Wenn ein Körper seine Wärme teils durch Leitung und Konvektion an die vorbeistreichende Luft, teils durch Strahlung an die umgebenden Raumwände abgibt, so kann es zweckmäßig sein die beiden Arten der Wärmeabgabe in der Rechnung zusammenzufassen.

Man sucht dann die ganze Rechnung auf die Form zu bringen:

$$Q = \alpha_G \cdot (T_I - T_{II}) \cdot F_I \cdot t \; [\text{kcal}] .$$

Darin ist:

T_I die Temperatur des Körpers,

T_{II} „   „   der Raumluft und der Wände,

α_G eine Gesamtwärmeübergangszahl, welche aus den beiden Summanden besteht,

$\alpha_L =$ Wärmeübergangszahl für Leitung und Konvektion,

$\alpha_S =$ „   „ Strahlung.

Der Wert α_L errechnet sich aus den entsprechenden Gleichungen des II. Hauptteiles dieses Buches. Für α_S benützen wir die Ableitung auf S. 128 und erhalten mit Verwendung von Gl. (128):

$$\alpha_S = [C] \cdot \varXi \left[\frac{\text{kcal}}{\text{m}^2 . \text{h} . \text{Grad}} \right] . \tag{134}$$

Es hängt sehr von den besonderen Verhältnissen der einzelnen Aufgabe ab, ob es zweckmäßiger ist, die Berechnung von Leitung und Strahlung in dieser Art zu vereinen oder sie getrennt durchzuführen.

C. Die Strahlung der Gase.

I. Einführung.

Man hat bis vor wenigen Jahren die Eigenstrahlung der Gase ganz bedeutend unterschätzt und den Wärmeaustausch zwischen heißen Gasen und Wänden fast allein auf Leitung und Konvektion zurückgeführt. Nur wenn die Gase stark mit Staub verunreinigt waren und wenn — wie bei der leuchtenden Flamme — kleine Kohleteilchen hell glühten, ließ man einen Wärmeübergang durch Strahlung gelten, aber nur wegen der Strahlung dieser festen Teilchen.

Erst durch die Arbeiten von Schack über die Strahlung der Feuergase (s. Lit.-Verz. 30 u. 31) und die Arbeit von Nußelt (s. Lit.-Verz. 19) über den Wärmeübergang in der Verbrennungskraftmaschine wurde gezeigt, daß eine Reihe von Gasen wie Wasserdampf, Kohlensäure, Kohlenoxyd, Methan usw. eine ganz beträchtliche Strahlung besitzen. Ich möchte das Studium dieser Originalarbeiten dringend empfehlen und will, um dies dem Leser zu erleichtern, mich in der Darstellungsweise und den Buchstabenbezeichnungen möglichst eng an diese Arbeiten anschließen.

Auf Seite 118 war erwähnt, daß die meisten festen Körper als graue Körper strahlen. Ganz anderer Art ist die Strahlung der Gase; sie sind für große Wellenlängenbereiche vollkommen durchlässig und nur innerhalb ganz enger Gebiete besitzen sie merkliche Absorption und Emission. Sie haben, wie man in der Physik sagt, ein Bandenspektrum.

Wir wollen uns die Darstellung dadurch vereinfachen, daß wir vorerst unserer Betrachtung ein Gas zugrunde legen, das nur ein einziges schmales Band besitzt, das also nur innerhalb des Wellenlängenbereiches von λ bis $\lambda + \varDelta\lambda$ Energie aussendet und absorbiert, für größere oder kleinere Wellen aber vollständig diatherman ist. Die Größe $\varDelta\lambda$ soll zwar sehr klein, aber immer noch groß gegen das Differential $d\lambda$ sein. Über den Unterschied zwischen diesem „idealen" Gas und den wirklichen Gasen werden wir später sprechen.

II. Die Absorption.

Wir nehmen nun an, daß ein beliebig geformter Gaskörper der eben beschriebenen Gasart von Wänden eingeschlossen sei, welche eine Strahlung beliebiger spektraler Verteilung aussenden. Dann werden alle Strahlen mit Wellenlängen kleiner als λ und größer als $\lambda + \varDelta\lambda$ den Gaskörper unverändert durchdringen; dagegen werden alle Strahlen im Bereich $\varDelta\lambda$ auf ihrem Wege durch das Gas eine dauernde Schwächung erfahren.

Ist $J_{\lambda,\,0}$ die Intensität, mit der der Strahl von der Wand ausgesandt wird, so wird sie, bis er den Weg x zurückgelegt hat, auf einen Betrag $J_{\lambda,\,x}$ gesunken sein. Wenn der Strahl weiterhin um das Wegelement dx fortschreitet, so sinkt seine Intensität um den Betrag dJ_λ. Diese Senkung dJ_λ ist erstens der Intensität $J_{\lambda,\,x}$ an der Stelle x und zweitens der Wegstrecke dx verhältnisgleich. Es gilt also die Gleichung

$$- dJ_\lambda = \mathrm{const} \cdot J_{\lambda,\,x} \cdot dx.$$

Die Intensität nimmt also nach jenem Gesetz ab, das wir im mathematischen Anhang für abklingende Vorgänge abgeleitet haben.

Die Verhältniszahl „const" heißt die Absorptionsziffer a_λ des betreffenden Gases; sie ist von der Dimension $[\mathrm{m}^{-1}]$ und ihr Zahlenwert kann zwischen null und unendlich schwanken.

Wir erhalten damit das Absorptionsgesetz in seiner ersten Form:

$$dJ_\lambda = - a_\lambda \cdot J_{\lambda,\,x} \cdot dx. \tag{135a}$$

Durch Integration folgt daraus die Intensität an der Stelle x:

$$J_{\lambda,\,x} = J_{\lambda,\,0} \cdot e^{-a_\lambda \cdot x}.$$

Die Schwächung, die der Strahl auf dem Wege x erlitten hat, ist

$$J_{\lambda,\,0} - J_{\lambda,\,x} = J_{\lambda,\,0} \cdot \left(1 - e^{-a_\lambda \cdot x}\right);$$

oder als Bruchteil der Anfangsintensität ausgedrückt:

$$\frac{J_{\lambda,\,0} - J_{\lambda,\,x}}{J_{\lambda,\,0}} = 1 - e^{-a_\lambda \cdot x}. \tag{135b}$$

Diese Gleichung stellt die zweite Form des Absorptionsgesetzes dar.

III. Die Emission.

Wenn ein Gaskörper überall gleiche Temperatur hat, so senden alle Moleküle in gleicher Weise Energie aus. Man könnte darum versucht sein, die Ausstrahlung Q des Körpers in der Zeit t der Anzahl der Moleküle und damit seinem Volumen V proportional zu setzen, also zu schreiben: $Q = \text{const} \cdot V \cdot t$. Damit würde man aber einen zu großen Wert erhalten, denn die Strahlung des einzelnen Gasteilchens gelangt ja nicht in vollem Betrage an die Oberfläche, sondern sie wird auf dem Wege dorthin zum Teil absorbiert.

Für unendlich kleine Raumteilchen ist aber die Absorption zu vernachlässigen und es gilt darum die Gleichung

$$dQ = \varepsilon_\lambda \cdot dV \cdot t \; [\text{kcal}] . \qquad (136)$$

Die Verhältniszahl ε_λ heißt die Emissionsziffer der Raumeinheit des Gases. Sie ist von der Dimension $[\text{kcal} . \text{m}^{-3} . \text{h}^{-1}]$. Wir müßten sie strenggenommen $[\varepsilon_\lambda]_\lambda^{\lambda + \varDelta\lambda}$ schreiben, weil sie sich auf den endlichen Wellenlängenbereich $\varDelta\lambda$ bezieht; wir wollen jedoch die vereinfachte Schreibweise ε_λ beibehalten.

Gl. (136) stellt das Emissionsgesetz für unendlich kleine Räume dar. Um die Ausstrahlung endlicher Gasmassen zu bestimmen, schlagen wir einen anderen Weg ein.

Ein beliebig geformter, vollständig luftleerer Hohlraum soll von Wänden umschlossen sein, welche überall dieselbe Temperatur besitzen. Dann ist im allgemeinen die Strahlung, welche die Wände aussenden, eine vollkommen schwarze Strahlung, das heißt die Energie verteilt sich über alle Wellenlängen gemäß dem Planckschen Gesetz.

Die Energie, welche ein Oberflächenelement df nach der ganzen übrigen Oberfläche strahlt, läßt sich aus dem Stefan-Boltzmannschen Gesetz berechnen. Genau ebenso groß ist auch die Energie, welche die ganze übrige Oberfläche ihrerseits nach df strahlt, denn wäre dies nicht der Fall, so würde in df eine Anhäufung oder eine Abnahme von Wärme stattfinden, so daß sich eine Temperaturdifferenz von selbst bilden würde; dies ist aber nach dem zweiten Hauptsatz nicht möglich.

Nun denken wir uns den Hohlraum mit Gas gefüllt, welches dieselbe Temperatur wie die Wände besitzt. Dann werden zwar in den gestrahlten Energiemengen Änderungen eintreten, aber die Änderungen müssen so abgestimmt sein, daß auch dann keine Temperaturdifferenzen von selbst auftreten können.

Die Energie, welche df ausstrahlt, ist dieselbe wie oben, auch die übrige Oberfläche strahlt ihrerseits noch dieselbe Energie aus, aber davon wird ein bestimmter Bruchteil von Gas absorbiert, erreicht also df nicht. Dafür sendet jetzt aber der Gaskörper selbst Energie nach df hin. Soll also in df weder eine Temperatursteigerung noch eine Temperatursenkung eintreten, so muß die Energie, welche der Gaskörper aussendet — und welche wir ja berechnen wollen — gleich sein der Energie, die er absorbiert.

Die Oberfläche F strahlt nach dem Planckschen Strahlungsgesetz Energie aller Wellenlängen aus; um die Energie im Bereich unter λ und über $\lambda + \varDelta\lambda$ brauchen wir uns nicht zu kümmern, da hierfür das Gas vollkommen durchlässig ist. Im Wellenlängenbereich $\varDelta\lambda$ sendet sie die Energie aus

$$F \cdot t \cdot \int_{\lambda}^{\lambda + \varDelta\lambda} J_{\lambda,s} \cdot d\lambda = F \cdot t \cdot \left[E_s\right]_{\lambda}^{\lambda + \varDelta\lambda}.$$

Die Größe $\left[E_s\right]_{\lambda}^{\lambda + \varDelta\lambda}$ ist in Abb. 46 durch die schmale schraffierte Fläche wiedergegeben und bedeutet denjenigen Teil der Strahlung einer schwarzen Fläche, welche auf den Bereich $\varDelta\lambda$ trifft. Wir werden sie manchmal gekürzt nur $[E]$ schreiben.

Die Größe $\left[E_s\right]_{\lambda}^{\lambda + \varDelta\lambda}$ läßt sich durch einfache Integration mittels des Planckschen Strahlungsgesetzes berechnen, sobald man aus Versuchen die Lage λ und die Breite $\varDelta\lambda$ des Absorptionsbandes kennt.

Von dieser Energie absorbiert der Gaskörper einen Bruchteil, den wir mit A_λ bezeichnen und der das Absorptionsvermögen des Gaskörpers heißt. Es ist eine unbenannte Größe und sein Wert kann zwischen null und eins schwanken.

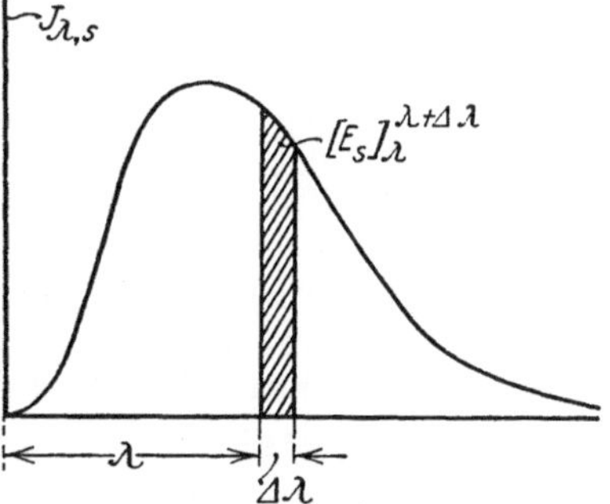

Abb. 46. Darstellung des Wertes $[E_s]_{\lambda}^{\lambda + \varDelta\lambda}$ im Schaubild.

Die Absorption und damit auch die Emission des Gaskörpers ist also

$$Q = F \cdot t \cdot \left[E_s\right]_{\lambda}^{\lambda + \varDelta\lambda} \cdot A_\lambda \; [\text{kcal}]. \tag{137}$$

Für eine unendlich dicke Gasschicht wird das Absorptionsvermögen gleich „eins" und dann nimmt Gl. (137) die Form an:

$$\frac{Q}{F \cdot t} = Q_{\text{m}^2,\,\text{h}} = \left[E_s\right]_{\lambda}^{\lambda + \varDelta\lambda}.$$

Die Größe $\left[E_s\right]_{\lambda}^{\lambda + \varDelta\lambda}$ stellt also das Emissionsvermögen einer unendlich dicken Gasschicht dar. Nußelt nennt sie in seiner Arbeit die „schwarze Gasstrahlung".

Recht umständlich ist die Bestimmung des Absorptionsvermögens für beliebig gestaltete Körper. Man muß von der Gl. (135b)

$$\frac{J_{\lambda,0} - J_{\lambda,x}}{J_{\lambda,0}} = 1 - e^{-a_\lambda \cdot x}$$

ausgehen und findet unter Berücksichtigung der Abmessungen des Gaskörpers durch Integration den Wert A_λ.

Für eine Kugel vom Durchmesser d gilt der Wert

$$A_\lambda = 1 - \frac{2}{a_\lambda{}^2 \cdot d^2} + \frac{2}{a_\lambda \cdot d}\, e^{-a_\lambda \cdot d} + \frac{2}{a_\lambda{}^2 \cdot d^3} \cdot e^{-a_\lambda \cdot d} = f\,(a_\lambda \cdot d). \quad (138)$$

Das Absorptionsvermögen der Kugel ist also nur eine Funktion der Kenngröße $(a_\lambda \cdot d)$. Die Werte dieser Funktion sind in nachstehender Zahlentafel 18 zusammengestellt. (Auszug aus der Tabelle in der Nußeltschen Arbeit.)

Zahlentafel 18. Absorptionsvermögen der Kugel.

$a_\lambda \cdot d$	A_λ	$a_\lambda \cdot d$	A_λ	$a_\lambda \cdot d$	A_λ
0	0,000	1,0	0,472	4,0	0,887
0,2	0,124	1,5	0,610	5,0	0,923
0,4	0,231	2,0	0,703	8,0	0,969
0,6	0,323	2,5	0,772	10,0	0,980
0,8	0,403	3,0	0,822	∞	1,000

Für andere Formen, wie rechteckigen Körper, Zylinder usw. führt die Integration auf sehr verwickelte Formeln. Wir werden deshalb später im Abschnitt VI, S. 141 ein Näherungsverfahren besprechen, welches diese Integration vermeidet.

Einschaltung. Im folgenden wollen wir die Gl. (138) über das Absorptionsvermögen einer Gaskugel ableiten, weil diese Rechnung den Verlauf der Absorptionsvorgänge sehr gut erläutert und dabei nicht die rechnerischen Schwierigkeiten bietet, welche sonst bei Aufgaben der Wärmestrahlung sich so gerne einstellen. Die Buchstabenbedeutung ist aus der Abb. 47 zu ersehen.

Wir berechnen zuerst die Energie, welche die Ringfläche dF nach dem Flächenelement df hinstrahlen würde, wenn kein Gas vorhanden wäre, bestimmen dann den Betrag, welchen das Gas davon absorbiert, und integrieren zum Schluß von dF ausgehend über die ganze Kugeloberfläche F.

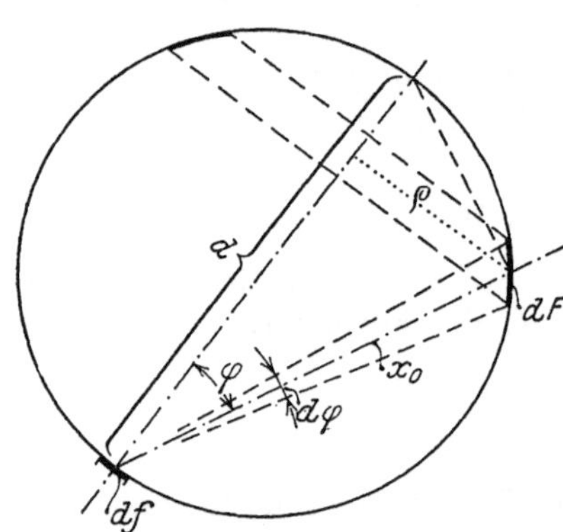

Abb. 47. Zu: Berechnung des Absorptionsvermögens der Kugel.

Der Abbildung entnehmen wir zuerst die einfachen, geometrischen Beziehungen

$$x_0 = d \cdot \cos \varphi \quad \text{und} \quad \varrho = x_0 \cdot \sin \varphi\,.$$

Damit wird

$$dF = 2\,\varrho\,\pi \cdot \frac{x_0 \cdot d\varphi}{\cos \varphi} = 2\,\pi \cdot x_0{}^2 \cdot \frac{\sin \varphi}{\cos \varphi} \cdot d\varphi\,.$$

Die Energie, welche dF nach df strahlt, ist nach Abschnitt V auf S. 133:

$$[E_s]_\lambda^{\lambda+\Delta\lambda} \cdot \frac{df \cdot dF}{x_0^{\,2}} \cdot \cos\varphi \cdot \cos\varphi$$

$$= [E_s] \cdot df \cdot 2\pi \cdot x_0^{\,2} \cdot \frac{\sin\varphi}{\cos\varphi} \cdot \frac{\cos^2\varphi}{x_0^{\,2}} \cdot d\varphi$$

$$= 2\pi \cdot df \cdot [E_s] \cdot \sin\varphi \cdot \cos\varphi \cdot d\varphi. \tag{a}$$

Von dieser Energie erreicht zufolge dem Absorptionsgesetz nur der Bruchteil $\left(e^{-a_\lambda \cdot x_0}\right)$ das Flächenelement df und der Bruchteil $\left(1 - e^{-a_\lambda \cdot x_0}\right)$ wird absorbiert.

Mit diesem Faktor müssen wir den Ausdruck (a) multiplizieren und dann noch über die ganze Kugel, also von $\varphi = 0$ bis $\varphi = \pi/2$ integrieren, um die Absorption der ganzen Gaskugel zu erhalten. Der Ausdruck lautet dann:

$$2\pi \cdot df \cdot [E_s] \cdot \int_{\varphi=0}^{\varphi=\pi/2} \left(1 - e^{-a_\lambda \cdot d \cdot \cos\varphi}\right) \cdot \sin\varphi \cdot \cos\varphi \cdot d\varphi. \tag{b}$$

Nebenrechnung: Wir teilen das Integral und erhalten:

$$1. \quad \int_0^{\pi/2} \sin\varphi \cdot \cos\varphi \cdot d\varphi = \left[\tfrac{1}{2}\sin\varphi\right]_0^{\pi/2} = \tfrac{1}{2}.$$

$$2. \quad \int_0^{\pi/2} \cos\varphi \cdot e^{-a_\lambda \cdot d \cdot \cos\varphi} \cdot \sin\varphi \cdot d\varphi = - \int_0^{\pi/2} \cos\varphi \cdot e^{-a_\lambda \cdot d \cdot \cos\varphi} \cdot d(-\cos\varphi).$$

Wir setzen $\cos\varphi = z$:

$$-\int_1^0 z \cdot e^{-a_\lambda \cdot dz} \cdot dz = - \left[\frac{z \cdot e^{-a_\lambda \cdot dz}}{-a_\lambda \cdot d} \cdot \left(1 - \frac{1}{-a_\lambda \cdot dz}\right)\right]_1^0$$

$$= - \left[\frac{0 \cdot 1}{-a_\lambda \cdot d} + \frac{e^{-0}}{-a_\lambda^{\,2} \cdot d^2} - \frac{e^{-a_\lambda \cdot d}}{-a_\lambda \cdot d} - \frac{e^{-a_\lambda \cdot d}}{-a_\lambda \cdot d}\right]$$

$$= - \left[-\frac{1}{a_\lambda^{\,2} \cdot d^2} + \frac{e^{-a_\lambda \cdot d}}{a_\lambda \cdot d} + \frac{e^{-a_\lambda \cdot d}}{a_\lambda^{\,2} \cdot d^2}\right].$$

Setzen wir das Ergebnis dieser Nebenrechnung in den Ausdruck (b) für die absorbierte Energie ein, so lautet dieser:

$$\pi \cdot df \cdot [E_s] \cdot \left\{ 1 - \frac{2}{a_\lambda^{\,2} \cdot d^2} + \frac{2}{a_\lambda \cdot d} \cdot e^{-a_\lambda \cdot d} + \frac{2}{a_\lambda^{\,2} \cdot d^2} \cdot e^{-a_\lambda \cdot d} \right\}. \tag{c}$$

Die Energie, welche die ganze Oberfläche F nach df aussenden würde, wenn kein Gas vorhanden wäre, ergibt sich aus dem Ausdruck (a) durch Integration von $\varphi = 0$ bis $\varphi = \pi/2$ zu: $\pi \cdot [E_s] \cdot df$.

Das Verhältnis der absorbierten Energie (c) zur ursprünglich ausgesandten Energie ist das Absorptionsvermögen der Gaskugel und dies ist somit gleich dem Klammerausdruck in (c).

IV. Das Kirchhoffsche Gesetz für Gasstrahlung.

Zwischen den nachstehenden drei Größen

1. der Emissionsziffer ε_λ bezogen auf die Raumeinheit Gas

2. der Absorptionsziffer a_λ „ „ „ Längeneinheit des Weges
und

3. dem Emisssionsvermögen $[E_s]_\lambda^{\lambda+\varDelta\lambda}$ bezogen auf die Flächeneinheit einer schwarzen Fläche

besteht als Beziehung das Kirchhoffsche Gesetz in der Form (139),
welche in ihrer Bauart der Gleichung (125) entspricht.

$$\frac{\varepsilon_\lambda}{a_\lambda} = 4\cdot[E_s]_\lambda^{\lambda+\varDelta\lambda}. \tag{139}$$

Wir wollen auf die Ableitung dieser Beziehung nicht eingehen,
sondern nur die Bedeutung des Faktors 4 erläutern; wir schreiben
dazu Gl. (139) in der Form

$$\frac{\varepsilon_\lambda}{2\cdot a_\lambda} = 2\cdot[E_s]_\lambda^{\lambda+\varDelta\lambda}.$$

Bei der Absorptionsziffer a_λ ist der Faktor 2 dadurch zu erklären,
daß die beiden einander geradlinig entgegengesetzten Richtungen in
Rechnung zu setzen sind und der andere Faktor 2 ist dadurch entstanden, daß sich der Wert ε_λ auf die Strahlung einer Gasmasse
und damit auf den Raumwinkel 4π bezieht, der Wert E_s dagegen
auf die Strahlung einer Fläche, also auf den Raumwinkel 2π.

V. Die Strahlungseigenschaften von Kohlensäure und Wasserdampf.

Wir hatten auf S. 135 ein Gas mit besonders einfachen Strahlungseigenschaften definiert und dies unseren bisherigen Betrachtungen
zugrunde gelegt. Von diesem ge-
dachten Gas unterscheiden sich die
wirklichen Gase in zweifacher Hinsicht.

Der erste Unterschied besteht
darin, daß die Absorptionsziffer nicht
bei einer bestimmten Wellenlänge
plötzlich von null an auf einen hohen
Wert springt und dann ebenso
plötzlich wieder auf null fällt, wie
dies Abb. 48a darstellt, sondern
daß sie den in Abb. 48b wieder-
gegebenen kurvenmäßigen Verlauf
hat.

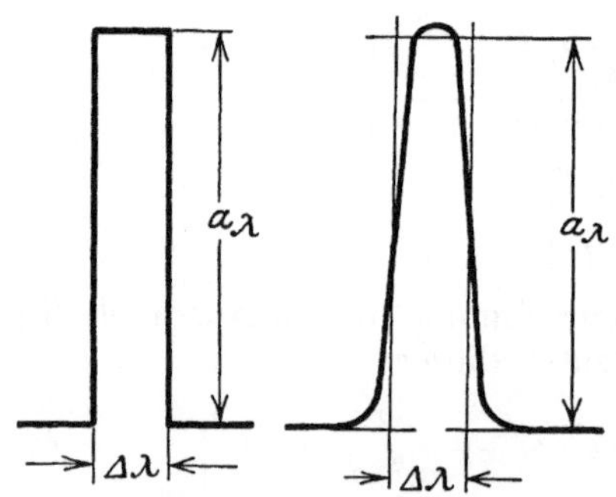

Abb. 48a.   Abb. 48b.
Absorptionsband eines Gases
(ideell und wirklich).

Wenn wir im folgenden mit
einer wirksamen Breite $\varDelta\lambda$ des Streifens und mit einem Wert a_λ
innerhalb des Streifens rechnen, so können diese Werte nur die Bedeutung von Mittelwerten haben.

Der zweite Unterschied besteht darin, daß die wirklichen Gase nicht nur ein Absorptionsband haben, sondern deren mehrere.

Aus der Experimentalphysik entnehmen wir noch folgende Tatsachen:

1. Die Veränderlichkeit der Absorptionskurve mit der Temperatur ist nicht allzu groß, so daß sie bei technischen Aufgaben vernachlässigt werden kann.

2. In einem Gasgemisch ist die Absorptionsziffer eines Bestandteiles der Mischung mit dem Bruchteil in Rechnung zu setzen, der dem Partialdruck dieses Bestandteiles entspricht. Ist p der Partialdruck in Prozenten, so ist

$$a_\lambda = k_\lambda \cdot p.$$

k_λ ist ein Wert, der nur mehr von der Natur des Gases und der Wellenlänge abhängt.

3. Viele Gase, wie Wasserstoff, Sauerstoff, Stickstoff usw. haben so schmale Absorptionsbänder, daß sie bei technischen Aufgaben als durchlässig betrachtet werden können. Anders ist dies bei Kohlensäure und Wasserdampf.

Die Kohlensäure hat drei Absorptionsbänder, nämlich

bei $\lambda_1 = 2{,}74\,\mu$ mit einer wirksamen Breite von $0{,}2\,\mu$
und einem Wert $k_1 = 16$

bei $\lambda_2 = 4{,}33\,\mu$ mit einer wirksamen Breite von $0{,}34\,\mu$
und einem Wert $k_2 = 1800.$

bei $\lambda_3 = 14\,\mu$ mit einer wirksamen Breite von $4{,}0\,\mu$
und einem Wert $k_3 = 80.$

Ebenso hat der Wasserdampf drei Absorptionsbänder

bei $\lambda_1 = 2{,}7\,\mu$ mit einer wirksamen Breite von $0{,}29\,\mu$
und einem Wert $k_\lambda = 20\,,$

bei $\lambda_2 = 6{,}6\,\mu$ mit einer wirksamen Breite von $1{,}0\,\mu$
und einem Wert $k_\lambda = 45\,,$

bei $\lambda_3 = 18{,}5\,\mu$ mit einer wirksamen Breite von $13\,\mu$
und einem Wert $k_\lambda = 1\,.$

VI. Berechnung der Gasstrahlung bei Feuerungen.

Die genaue Berechnung des Wärmeüberganges durch Strahlung von heißen Gasen in Feuerungen würde auf ungemein schwerfällige Formeln führen, welche für die Praxis wenig Bedeutung hätten. Deshalb hat Schack ein Näherungsverfahren ausgearbeitet, welches wir, ohne auf die Ableitung einzugehen, aus der Originalarbeit übernehmen. Er stellte für die Wärmemenge $Q_{\Delta\lambda}$, welche von einem Gaskörper innerhalb des Bereiches $\Delta\lambda$, also für ein einzelnes Absorptionsband, an die Wandfläche F abgegeben wird, die Näherungsgleichung auf

$$Q = \frac{C}{4{,}9} \cdot F \cdot t \cdot (E_\lambda - E_\lambda') \cdot \varphi \cdot \left(1 - \frac{1 - e^{-k_\lambda \cdot p \cdot d}}{k_\lambda \cdot p \cdot d}\right).$$

In dieser Gleichung bedeuten außer den bekannten Größen

C die Strahlungszahl der bestrahlten Fläche,

4,9   „   „   „ schwarzen Fläche,

E_λ den Wert $[E_\lambda]_\lambda^{\lambda+\Delta\lambda}$ bei der Temperatur des Gases,

E_λ' „   „   „   „   „   „   der Fläche

und

$$\varphi\cdot\left(1-\frac{1-e^{-k_\lambda\cdot p\cdot d}}{k_\lambda\cdot p\cdot d}\right)=\varphi\cdot f(k_\lambda\cdot p\cdot d)\approx A_\lambda$$

einen Näherungswert für das Absorptionsvermögen des Gaskörpers. In diesem Ausdruck ist d die Dicke der strahlenden Schicht über der bestrahlten Fläche und φ ein Korrektionsfaktor, dessen Wert zwischen 0,7 und 1,1 schwankt und über den später gesprochen werden wird.

Der Wert der Funktion $f(k_\lambda\cdot p\cdot d)$ kann aus nachstehender Abb. 49 entnommen werden.

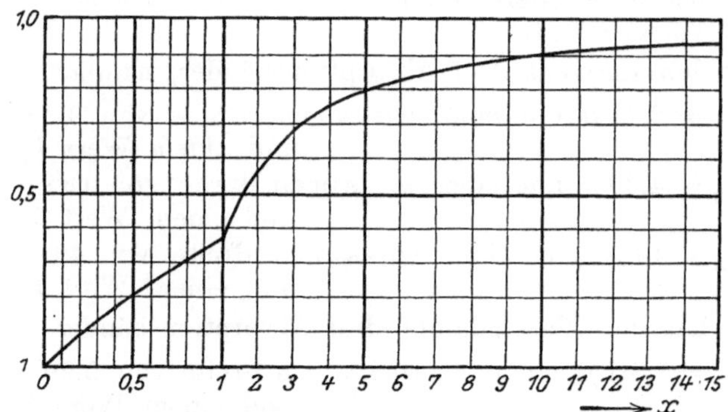

Abb. 49. Schaubild zur Bestimmung der Funktion
$$1-\frac{1-e^{-x}}{x}.$$

Hat ein Gas mehr als einen Absorptionsstreifen, so ist der Wert Q als Summe aus mehreren Gliedern zu bilden. Wir erhalten unter Verwendung der physikalischen Konstanten aus dem vorigen Abschnitt folgende Gleichungen:

1. Für Kohlensäure:

$$Q=\frac{C}{4,9}\cdot F\cdot t\cdot[(K_1-K_1')\cdot\varphi_1\cdot f(16\cdot pd)+(K_2-K_2')\cdot\varphi_2\cdot f(1800\cdot pd)$$

$$+(K_3-K_3')\cdot\varphi_2\cdot f(80\cdot pd)]\left[\frac{\text{kcal}}{\text{m}^2\cdot\text{h}}\right] \tag{140}$$

2. Für Wasserdampf:

$$Q=\frac{C}{4,9}\cdot F\cdot t\cdot[(W_1-W_1')\cdot\varphi_4\cdot f(20\cdot pd)+(W_2-W_2')\cdot\varphi_5\cdot f(45\cdot pd)$$

$$+(W_3-W_3')\cdot\varphi_6\cdot f(1\cdot pd)]\left[\frac{\text{kcal}}{\text{m}^2\cdot\text{h}}\right]. \tag{141}$$

In diesen Gleichungen bedeuten K_1, K_1', W und W' die Werte $[E_s]_\lambda^{\lambda+\varDelta\lambda}$ und $[E_s']_\lambda^{\lambda+\varDelta\lambda}$ für Kohlensäure bzw. Wasserdampf bei den entsprechenden Streifen 1, 2 oder 3. Diese Werte sind der nachstehenden Zahlentafel 19 zu entnehmen.

Zahlentafel 19.

Strahlung einer unendlich dicken Gasschicht.

Temperatur ^{0}C	Kohlensäure			Wasserdampf			Temperatur ^{0}C
	Streifen 1 K_1 $\dfrac{\text{kcal}}{\text{m}^2.\text{h}}$	Streifen 2 K_2 $\dfrac{\text{kcal}}{\text{m}^2.\text{h}}$	Streifen 3 K_3 $\dfrac{\text{kcal}}{\text{m}^2.\text{h}}$	Streifen 1 W_1 $\dfrac{\text{kcal}}{\text{m}^2.\text{h}}$	Streifen 2 W_2 $\dfrac{\text{kcal}}{\text{m}^2.\text{h}}$	Streifen 3 W_3 $\dfrac{\text{kcal}}{\text{m}^2.\text{h}}$	
200	$0{,}004\cdot10^3$	$0{,}07\cdot10^3$	$0{,}23\cdot10^3$	$0{,}006\cdot10^3$	$0{,}38\cdot10^3$	$0{,}63\cdot10^3$	200
300	0,045	0,24	0,36	0,075	0,88	0,81	300
400	0,15	0,52	0,50	0,25	1,6	1,1	400
500	0,42	0,95	0,65	0,75	2,4	1,4	500
600	0,96	1,6	0,79	1,5	3,6	1,6	600
700	1,9	2,4	0,90	2,8	4,9	1,9	700
800	3,2	3,4	1,1	4,7	6,3	2,2	800
900	4,8	4,3	1,3	5,8	7,9	2,4	900
1000	6,8	5,4	1,4	10	9,3	2,7	1000
1100	9,3	6,7	1,6	14	11	3,1	1100
1200	12,3	8,3	1,9	18	13	3,4	1200
1300	15,6	9,7	2,2	23	14	3,7	1300
1400	19,2	11,2	2,4	29	16	4,1	1400
1500	23,4	12,9	2,7	35	18	4,5	1500
1600	27,9	14,6	3,0	41	20	4,9	1600
1700	33	16,6	3,4	48	22	5,2	1700
1800	38	18,7	3,8	56	24	5,6	1800
1900	44	21,1	4,1	63	26	6,0	1900
2000	51	23,6	4,5	72	28	6,4	2000

Die Beiwerte φ haben den Zweck die angenäherten Ausdrücke für das Absorptionsvermögen A_λ noch zu verbessern; sie hängen sowohl von der Form des Gaskörpers als auch vom Wert des Produktes $p\cdot d$ ab. Im allgemeinen wird $p\cdot d$ zwischen den Grenzen 0,01 und 0,3 schwanken. Unter dieser Voraussetzung haben die Größen φ folgende Werte.

Form des Gaskörpers	φ_1	φ_2	φ_3	φ_4	φ_5	φ_6
kurz und gedrungen z. B. Kugel, Würfel	0,7 — 0,8	1,0	0,8 — 0,9	0,7 — 0,8	0,7 — 0,8	0,7 — 0,8
flach u. langgestreckt z. B. Kanäle, rechteck. Räume	1,1 — 1,0	1,0	1,1 — 1,0	1,1 — 1,0	1,1 — 1,0	1,1 — 1,0

Überall wo zwei Zahlen angegeben sind, gelten die ersten Zahlen jeweils für kleine Werte von $p\cdot d$, die zweiten Zahlen für große Werte $p\cdot d$; die Faktoren φ nähern sich also mit wachsendem $p\cdot d$ von beiden Seiten her dem Wert „eins". Ist $p \cdot d$ noch größer, etwa von $p \cdot d = 0,5$ ab, so sind alle sechs Werte φ gleich „eins" zu setzen.

Wenn in besonderen Ausnahmefällen bei Kohlensäure $p \cdot d$ unter 0,01 sinken sollte oder wenn p allein kleiner als 0,02 — also der CO_2-Gehalt unter $2,0\,^0/_0$ sinken sollte —, so ist zu setzen:

$$\varphi_1 \text{ wie oben,}$$
$$\varphi_2 = 0,64\,\text{mal dem obigen Wert,}$$
$$\varphi_3 = 0,45 \quad „ \qquad „ \qquad „ \qquad „ \quad .$$

Zahlenbeispiel: Es ist die Wärme zu berechnen, die in einem Flammrohrkessel von den heißen Gasen an die Wandung des Flammrohres allein durch Strahlung übergeht. Dabei ist anzunehmen:

$$\text{Durchmesser } d \text{ des Flammrohres} = 1,0 \text{ [m]},$$
$$\text{Temperatur der Rauchgase} = 1200\,^0\text{C},$$
$$„ \qquad \text{des Flammrohres} = 250\,^0\text{C},$$
$$\text{Gehalt der Rauchgase an } CO_2 = 15\,^0/_0.$$
$$„ \qquad „ \qquad „ \qquad „ \ H_2O = 6\,^0/_0.$$

Aus Zahlentafel 19 lesen wir ab:

$$K_1 = 12,3 \cdot 10^3 \qquad K_2 = 8,3 \cdot 10^3 \qquad K_3 = 1,9 \cdot 10^3$$
$$\underline{K_1{}' = \quad 0,0} \qquad \underline{K_2{}' = 0,2} \qquad \underline{K_3{}' = 0,3}$$
$$K_1 - K_1{}' = 12,3 \cdot 10^3 \qquad 8,1 \cdot 10^3 \qquad 1,6 \cdot 10^3$$

$$W_1 = 18,0 \cdot 10^3 \qquad W_2 = 13,0 \cdot 10^3 \qquad W_3 = 3,4 \cdot 10^3$$
$$\underline{W_1{}' = \quad 0,0} \qquad \underline{W_2{}' = \quad 0,6} \qquad \underline{W_3{}' = 0,7}$$
$$18,0 \cdot 10^3 \qquad 12,4 \cdot 10^3 \qquad 2,7 \cdot 10^3.$$

Sodann müssen wir die Funktion $f(k_\lambda \cdot pd)$ berechnen. Für die einzelnen Absorptionsstreifen ist:

	Streifen	$k_\lambda \cdot pd$	$f(k_\lambda \cdot pd)$	(Werte für $d = 0,6$)
CO_2 $pd = 0,15$	1 2 3	$16 \cdot 0,15 = \quad 2,4$ $1800 \cdot 0,15 = 270$ $80 \cdot 0,15 = \quad 12$	0,63 1,00 0,92	(0,44) (1,00) (0,86)
H_2O $pd = 0,06$	1 2 3	$20 \cdot 0,06 = \quad 1,2$ $45 \cdot 0,06 = \quad 2,7$ $1 \cdot 0,06 = \quad 0,06$	0,42 0,66 0,03	(0,28) (0,47) (0,018)

Die Größen φ kann man bei Kohlensäure alle gleich 1,0 und bei Wasserdampf alle gleich 1,1 setzen.

Mit diesen Werten gibt Gl. (140) bzw. (141):

$$\frac{Q}{F \cdot t} = \frac{4,3}{4,9} \cdot [12,3 \cdot 1,0 \cdot 0,63 + 8,1 \cdot 1,0 \cdot 1,00 + 1,6 \cdot 1,0 \cdot 0,92] \cdot 10^3$$

$$= \frac{4,3}{4,9} \cdot [7,75 + 8,1 + 1,47] \cdot 10^3 = \underline{15\,200} \left[\frac{\text{kcal}}{\text{m}^2 \cdot \text{h}}\right] \text{ für Kohlensäure,}$$

$$\frac{Q}{F \cdot t} = \frac{4,3}{4,9} \cdot [18 \cdot 1,1 \cdot 0,42 + 12,4 \cdot 1,1 \cdot 0,66 + 2,7 \cdot 1,1 \cdot 0,03] \cdot 10^3$$

$$= \frac{4,3}{4,9} \cdot [8,3 + 9,0 + 0,1] \cdot 10^3 = \underline{15\,300} \left[\frac{\text{kcal}}{\text{m}^2.\text{h}}\right] \text{ für Wasserdampf}.$$

Im Ganzen gehen also $30\,500$ kcal.m^{-2}.h^{-1} durch Strahlung über. Bei dem Temperaturunterschied von $1200^0 - 250^0 = 950^0$ errechnet sich daraus eine Wärmeübergangszahl für Strahlung von

$$32 \, [\text{kcal.m}^{-2}.\text{h}^{-1}.\text{Grad}^{-1}].$$

An Hand dieses Zahlenbeispieles können wir noch einige Beziehungen besprechen, die zur Beurteilung der Gasstrahlung wichtig sind.

Erstens zeigt die Rechnung, daß die Temperatur des Kesselbleches nur geringen Einfluß ausübt. Die Werte K' und W' sind so klein, daß sie gegenüber K und W keine Rolle spielen.

Würden wir den — allerdings praktisch ganz unmöglichen — Fall einer Blechtemperatur von 500^0 annehmen, so würde damit das Temperaturgefälle um $16^0/_0$ gesunken sein, die übergestrahlte Wärme würde aber nur um $4^0/_0$ sinken.

Zweitens läßt sich an diesem Beispiel zeigen, in welcher Weise eine Veränderung des Rohrdurchmessers sich auswirkt. Verkleinern wir d auf $0,6$ m, also um $40^0/_0$, so sinkt die übergestrahlte Wärme um $23^0/_0$. In der Rechnung kommt die Verkleinerung des Durchmessers dadurch zum Ausdruck, daß die Produkte $(k_\lambda \cdot pd)$ im selben Verhältnis kleiner werden und infolge dessen auch die Funktion $f(k_\lambda \cdot pd)$. Hier wirkt sich aber die Verkleinerung bei den einzelnen Absorptionsstreifen ganz verschieden aus, wie das die Zahlen erkennen lassen, die oben in Klammer nebenan gesetzt sind. Darum entspricht auch nicht immer einer Abnahme des Durchmessers um $40^0/_0$ auch eine Abnahme der Strahlung um $23^0/_0$, sondern dieses Verhältnis ist je nach den besonderen Umständen ganz verschieden und kann nur von Fall zu Fall durch Rechnung ermittelt werden.

Drittens ist noch der Einfluß des Partialdruckes der Gase zu beachten. Würde z. B. durch übermäßigen Luftüberschuß der Partialdruck beider Gase um $40^0/_0$ sinken, so würde die Strahlung sich ebenso ändern wie oben bei Verkleinerung des Durchmessers, also wieder um $23^0/_0$ sinken, denn für die Rechnung ist nur das Produkt (pd) maßgebend, nicht aber der einzelne Faktor. Die Schädlichkeit eines zu großen Luftüberschusses ist ja längst aus anderen Gründen bekannt. In obigen Verhältnissen liegt aber ein neuer Grund, den CO_2-Gehalt der Rauchgase möglichst hoch zu halten.

*   *   *

Aus diesen Betrachtungen über die Eigenstrahlung der Feuergase insbesondere aus Gl. (140) und (141) können wir folgende für die Feuerungstechnik wichtigen Gesichtspunkte entnehmen.

Die Wärmemenge, welche 1 m^2 Heizfläche in der Stunde von den Heizgasen aufnimmt, ist um so größer

1. je höher die Temperatur der Heizgase ist,

2. je niederer die Temperatur der Heizfläche ist; der zahlenmäßige Einfluß ergibt sich aus den K- und W-Werten der Zahlentafel 19,

3. je dicker die strahlende Gasschicht ist; dies bedeutet, daß man bei gegebenem, stündlichem Volumen der Heizgase die Strömungsquerschnitte möglichst groß und damit die Strömungsgeschwindigkeit möglichst klein machen muß. — Haben sich aber die Gase schon soweit abgekühlt, daß die Strahlung gegenüber Leitung und Konvektion zurücktritt, so gelten die entgegengesetzten Konstruktionsgrundsätze,

4. je größer in den Rauchgasen der Prozentsatz der stark strahlenden Bestandteile Kohlensäure und Wasserdampf ist,

5. je größer die Strahlungszahl der Heizfläche ist. Die Rechnung gestattet es, all diese Einflüsse nicht nur ihrer Richtung nach sondern auch zahlenmäßig mit einer für die Praxis weitaus hinreichenden Genauigkeit festzustellen.

Vierter Teil.

Einige Anwendungen der Gesetze.

Die nachstehenden vier Abschnitte sollen in knapper und skizzenhafter Form einige Anwendungen auf technische Fragen zeigen, um damit das Verständnis für die abgeleiteten Gesetze zu vertiefen. Eine auch nur annähernd erschöpfende Behandlung dieser Fragen vom fachtechnischen Standpunkte ist damit natürlich nicht beabsichtigt.

I. Die Berechnung von Heiz- und Kühlrohren.

Die Heiz- und Kühlrohre bilden den wesentlichen Bestandteil der meisten Wärmeaustauschapparate. Diese Apparate finden in allen Zweigen der Technik Verwendung; je nach der Natur der beiden strömenden Flüssigkeiten (Luft, Dampf, Wasser, Öl usw.), je nach dem gegenseitigen Mengenverhältnis der Stoffe, je nach den besonderen Verhältnissen des Betriebes und nicht zumindest je nach den zulässigen Herstellungskosten ist die Bauart eine ganz verschiedene und es lassen sich darum auch keine allgemeingültigen Berechnungsvorschriften aufstellen. Die nachstehende Rechnung soll nur als ein Beispiel dienen, um bei dieser Gelegenheit einige allgemeine Gesichtspunkte besprechen zu können. Wir stellen uns folgende Aufgabe:

„Durch ein Rohr von gegebener Wandtemperatur $t_W\,^0$C soll in der Zeiteinheit ein gegebenes Flüssigkeitsvolumen von einer bestimmten Anfangstemperatur t_a auf eine verlangte Endtemperatur $t_e\,^0$C abgekühlt (oder erwärmt) werden. Es sind Rohrlänge L, Rohrdurchmesser d und Strömungsgeschwindigkeit ω so zu bestimmen, daß erstens die verlangte Temperaturerhöhung auch wirklich erreicht wird, und daß zweitens der Druckverlust in der Flüssigkeit eine vorgeschriebene Höhe nicht überschreitet."

Die erste Bedingung führt uns auf Gl. (97a). Wir schreiben statt des Buchstaben z den Buchstaben L und statt Θ_z die Bezeichnung Θ_e und erhalten

$$\frac{t_e - t_W}{t_a - t_W} = \frac{\Theta_e}{\Theta_a} = e^{-0{,}0263 \cdot \left(\frac{\omega \cdot d}{a}\right)^{-0{,}21} \cdot \left(\frac{L}{d}\right)^{0{,}95}}$$

$$= e^{-0{,}0263 \cdot L^{0{,}95} \cdot d^{-1{,}16} \cdot \omega^{-0{,}21} \cdot a^{+0{,}21}}.$$

Da die Temperaturen t alle gegeben sind, ist auch der Wert der Exponentialfunktion bekannt und wir können mit Hilfe der Zahlentafel 23 feststellen, welchen Wert Ex der Exponent haben muß. Wir erhalten also als erste Bedingung zwischen L, d und ω die Gleichung

$$L^{0{,}95} \cdot d^{-1{,}16} \cdot \omega^{-0{,}21} = 38 \cdot \frac{Ex}{a^{0{,}21}} = Z_Q, \tag{I}$$

worin Z_Q einen Wert bedeutet, der sich in vorbereitender Rechnung aus Ex und a bestimmen läßt.

Die zweite Bedingung betrifft den Druckverlust. Ist p_a der Druck am Anfang des Rohres in [kg.m^{-2}], p_e der Druck am Ende, und nimmt man an, daß die Rohrwand nicht ganz glatt ist, so gilt die Gl. (69b) mit etwas veränderten Zahlenwerten

$$\frac{p_a - p_e}{L} = 1{,}76 \cdot 10^{-2} \cdot \frac{\gamma \cdot \omega^2}{d} \cdot \left(\frac{\omega \cdot d \cdot \gamma}{\mu}\right)^{-0{,}21}$$

oder

$$p_a - p_e = 1{,}76 \cdot 10^{-2} \cdot L^{1{,}00} \cdot d^{-1{,}21} \cdot \omega^{1{,}79} \cdot \gamma^{0{,}79} \cdot \mu^{0{,}21}$$

oder

$$L^{1{,}00} \cdot d^{-1{,}21} \cdot \omega^{+1{,}79} = 57 \cdot \frac{p_a - p_e}{\gamma^{0{,}79} \cdot \mu^{0{,}21}} = Z_R. \tag{II}$$

Z_R ist wieder ein Wert, der in gesonderter Rechnung zu bestimmen ist.

Eine dritte Bedingung ist dadurch gegeben, daß durch das Rohr ein bestimmtes Flüssigkeitsvolumen V in der Zeiteinheit strömen muß. Es ist also

$$\frac{d^2 \pi}{4} \cdot \omega = V \quad \text{oder} \quad d^2 \cdot \omega = \frac{4}{\pi} \cdot V = Z_V. \tag{III}$$

Stellen wir die drei Gleichungen zusammen,

$$L^{0{,}95} \cdot d^{-1{,}16} \cdot \omega^{-0{,}21} = Z_Q \tag{I}$$

$$L^{1{,}00} \cdot d^{-1{,}21} \cdot \omega^{1{,}79} = Z_R \tag{II}$$

$$d^{2{,}00} \cdot \omega^{1{,}00} = Z_V \tag{III}$$

so erkennen wir, daß hier ein Gleichungssystem von drei Gleichungen mit drei Unbekannten vorliegt, daß also die drei Größen L, d und ω eindeutig bestimmt sind. Oder mit anderen Worten, die drei Bedingungen: ein vorgeschriebenes sekundliches Flüssigkeitsvolumen V, ein vorgeschriebenes Verhältnis $\Theta_e : \Theta_a$ und ein vorgeschriebener Druckverlust $p_a - p_e$ bestimmen die Abmessungen des Rohres und die Strömungsgeschwindigkeit eindeutig.

10*

Aus den drei Gleichungen läßt sich L und ω eliminieren und man erhält

$$d^{\,4,01} = Z_Q^{+1,05} \cdot \frac{Z_V^{2,01}}{Z_R^{1,00}}$$

oder mit genügender Annäherung

$$d = \sqrt[4]{Z_Q^{1,05} \cdot \frac{Z_V^2}{Z_R}} \qquad\qquad \text{(IV)}$$

ferner

$$\omega = \frac{Z_V^{1,00}}{d^{2,00}}, \qquad\qquad \text{(V)}$$

und

$$L = Z_R \cdot \frac{d^{1,21}}{\omega^{1,79}}. \qquad\qquad \text{(VI)}$$

Zur Berechnung der vorkommenden Potenzfunktionen dienen die Zahlentafeln im Anhang.

Zahlenbeispiel. Vorgeschrieben sei:

das sekundliche Luftvolumen . . .	$V = 0{,}012 \text{ m}^3/\text{sek}$
der Druck der Luft	$p = 1 \text{ at}$
der Druckverlust	$p_a - p_e = {}^1\!/_{50} \text{ at}$
die Wandtemperatur	$t_W = 100^0 \text{ C}$
die Anfangstemperatur	$t_a = 20^0 \text{ C}$
der prozentuale Abwärmeverlust . .	$\Theta_e : \Theta_a = 0{,}10.$

Gesucht sind die Abmessungen des Rohres und die Strömungsgeschwindigkeit.

1. **Vorbereitende Rechnung:**

$$\Theta_a = -80^0; \quad \Theta_e = 0{,}10 \cdot (-80^0) = -8^0; \quad t_e = 92^0 \text{ C}.$$

$$t_m = \frac{1}{2}\left(100 + \frac{20 + 92}{2}\right) = 78^0 \text{ C}.$$

Aus physikalischen Tabellen ist für eine Temperatur von 78^0 C zu entnehmen:

$$a = 0{,}106; \quad \gamma = 0{,}975; \quad \mu = 2{,}06 \cdot 10^{-6}.$$

Zu $\Theta_e : \Theta_a = 0{,}10 = e^{-Ex}$ gehört zufolge Zahlentafel 23 ein Exponent $Ex = 2{,}30$.

Mit diesen Werten wird

aus Gl. (I): $\qquad Z_Q = 38 \cdot \dfrac{2{,}3}{0{,}106^{0,21}} = 143;$

„ „ (II): $\qquad Z_R = 57 \cdot \dfrac{200 \cdot 10^{6 \cdot 0,21}}{0{,}975^{0,79} \cdot 2{,}06^{0,21}} = 18{,}2 \cdot 10^4;$

„ „ (III): $\qquad Z_V = \tfrac{4}{3} \cdot 0{,}012 = 1{,}53 \cdot 10^{-2}.$

2. Hauptrechnung.

Aus Gl. (IV):
$$d^4 = 143^{1,05} \cdot \frac{1,53^2 \cdot 10^{-4}}{18,2 \cdot 10^4} = 23,6 \cdot 10^{-8}$$
$$d^2 = 4,85 \cdot 10^{-4}$$
$$d = 2,20 \cdot 10^{-2} = \underline{2,2 \text{ cm.}}$$

Aus Gl. (V):
$$\omega = \frac{1,53 \cdot 10^{-2}}{4,85 \cdot 10^{-4}} = \underline{31,5 \text{ m/sek.}}$$

Aus Gl. (VI):
$$L = 1,82 \cdot 10^5 \cdot \frac{0,022^{1,21}}{31,5^{1,79}} = \underline{3,70 \text{ m.}}$$

Diese drei berechneten Werte für d, L und ω sind die einzig möglichen und richtigen Werte, solange die drei vorgeschriebenen Bedingungen aufrechterhalten werden. Es kann nun der Fall eintreten, daß einer der drei Werte aus anderen Gründen nicht brauchbar ist; so kann z. B. das errechnete Rohr aus konstruktiven Gründen zu lang sein. Dann gibt es nur den einen Ausweg, daß man die vorgeschriebenen Bedingungen erleichtert. Es stehen also drei Möglichkeiten offen: entweder man nimmt einen größeren Abwärmeverlust $\Theta_e : \Theta_a$, also ein niedereres t_e in Kauf, oder man läßt einen größeren Druckverlust $p_a - p_e$ zu oder man begnügt sich mit der Erwärmung eines geringeren Flüssigkeitsvolumens V.

Die Zahlentafeln 20a, 20b und 20c zeigen die Wirkungen dieser drei Maßnahmen, jedesmal von dem obigen Beispiel als Normalfall ausgehend.

Zahlentafel 20a.

Druckverlust und sekundliches Volumen unverändert.

Abwärmeverlust: 10%, 20%, 30%.

$\Theta_e : \Theta_a$	d	L	ω
10%	0,0220	3,70	31,5
20%	0,0200	2,31	38,5
30%	0,0186	1,65	44,2

Zahlentafel 20b.

Abwärmeverlust und sekundliches Volumen unverändert.

Druckverlust: $^1/_{50}$, $^1/_{30}$, $^1/_{10}$ at.

$p_e - p_a$	d	L	ω
$^1/_{50}$ at	0,0220	3,70	31,5
$^1/_{30}$ at	0,0194	3,36	40,7
$^1/_{10}$ at	0,0147	2,99	70,5

Zahlentafel 20c.

Abwärmeverlust und Druckverlust unverändert,

Sekundl. Volumen: 12, 9 und 6 Liter/Sekunde.

V	d	L	ω
0,012	0,0220	3,70	31,5
0,009	0,0191	3,18	31,5
0,006	0,0156	2,48	31,5

Man sieht, daß alle drei Maßnahmen auch wirklich eine Verkürzung des Rohres bewirken, daß aber ganz beträchtliche Milderungen in den vorgeschriebenen Bedingungen notwendig sind, um eine merkliche Verkürzung des Rohres zu erzielen. Hat also die Rechnung eine Rohrlänge ergeben, welche um ein Vielfaches größer ist, als aus konstruktiven Gründen zulässig ist, so muß man die Flüssigkeit auf mehrere Rohre verteilen, also zum Röhrenbündel oder Röhrenkessel übergehen.

Das Röhrenbündel. Die Gesetze für Wärmeübergang und Druckverlust gelten für das Rohr eines Bündels ebenso wie für das einzelne Rohr. Wir können deshalb die Gl. (I) und (II) unverändert übernehmen. Dagegen hat das einzelne Rohr bei einem Bündel von z Rohren nur den z-ten Teil des ganzen Volumens aufzunehmen. In Gl. (III) ist deshalb statt Z_V zu setzen $Z_V : z$.

Es liegt jetzt ein System von drei Gleichungen mit vier Unbekannten (d, L, ω und z) vor, die Aufgabe ist also nicht mehr eindeutig bestimmt und wir können eine der vier Unbekannten beliebig wählen. Vom rechnerischen Standpunkte aus ist es vollständig gleichgültig, welche Größe wir wählen, allein in der Praxis kommen wohl nur zwei Fälle in Frage: entweder man kann die Anzahl der Rohre frei wählen, was meist bei geringer Rohrzahl zweckmäßig sein wird, oder man wird die Länge der Rohre annehmen, wenn für die Baulänge des Röhrenbündels eine Vorschrift besteht.

1. Bei freigewählter Rohrzahl.

Da z bekannt ist, ist nur d, L und ω zu berechnen, und dies erfolgt in der oben angegebenen Weise, nur ist statt Z_V in Gl. (III) der Wert $Z_V : z$ zu setzen.

Auch dieser Fall sei durch ein Zahlenbeispiel erläutert (vgl. Zahlentafel 21). Hierbei sind alle Bedingungen aus dem obigen Zahlenbeispiel übernommen, nur ist für V der 19 mal größere Wert 0,228 [m³/sek] genommen.

Zahlentafel 21.

Wärmeübergang im Rohrbündel.

Rohrzahl	d	L	ω
1	0,0958	26,5	31,5
7	0,0362	7,18	31,5
19	0,0220	3,70	31,5
37	0,0158	2,50	31,5
61	0,0123	1,87	31,5

Man beachte, daß die Strömungsgeschwindigkeit von der Rohrzahl unabhängig ist (vgl. auch Zahlentafel 20c).

2. Bei freigewählter Rohrlänge.

Wir schreiben das Gleichungssystem (I), (II), (III) wieder an, bringen dabei aber alle unbekannten Größen auf die linke Seite und alle bekannten auf die rechte:

$$d^{-1,16} \cdot \omega^{-0,21} = Z_Q \cdot L^{-0,95} \qquad \text{(Ia)}$$

$$d^{-1,21} \cdot \omega^{+1,79} = Z_R \cdot L^{-1,00} \qquad \text{(IIa)}$$

$$z^{1,00} \cdot d^{+2,00} \cdot \omega^{1,00} = Z_V \qquad \text{(IIIa)}$$

Wir potenzieren die erste Gleichung mit $(-1,04)$, worauf sie lautet:

$$d^{+1,21} \cdot \omega^{+0,22} = Z_Q^{-1,04} \cdot L^{+0,99}$$

und multiplizieren diese neue Gleichung mit Gl. (IIa). Das Ergebnis ist

$$\omega^{2,01} = Z_R \cdot Z_Q^{-1,04} \cdot L^{-0,01}$$

oder mit genügender Annäherung

$$\omega^2 = Z_R \cdot \frac{1}{Z_Q^{1,05}},$$

eine Gleichung, in der sich $Z_Q^{1,05}$ leicht mit Hilfe von Zahlentafel 31 auswerten läßt.

Aus Gl. (IIa) folgt dann

$$d^{+1,21} = \frac{L \cdot \omega^{1,79}}{Z_R}$$

und aus (IIIa):

$$z = \frac{Z_V}{d^2 \cdot \omega}.$$

Die Durchrechnung eines Zahlenbeispieles dürfte sich hier erübrigen.

II. Der Wärmeübergang in der Feuerung.

In nachstehendem sollen die Wege beschrieben werden, auf denen die Wärme von ihrem Entstehungsort, dem Brennstoffbett, bis zu ihrem Verwendungsort, den Heizflächen, gelangt, und zwar soll dies an dem Beispiel eines Dampfkessels durchgeführt werden; wir wollen uns etwa einen Steil- oder Schrägrohrkessel mit Wanderrost vorstellen. Der Vorgang in einer solchen Feuerung ist etwa folgender:

Die ganze Kohlenschicht befindet sich in heller Glut und strahlt beträchtliche Wärmemengen aus. Davon trifft ein großer Teil unmittelbar die untersten Reihen der Wasserrohre und wird dort völlig absorbiert, da wir die Rohrwandungen mit genügender Annäherung als schwarz betrachten können. Diese Wärmemenge ist sehr groß, da sie der vierten Potenz der hohen Rosttemperatur T_1 verhältnisgleich ist. — Die Wärmemenge, welche in entgegengesetzter Richtung, also von den Rohren nach dem Brennstoffbett gestrahlt wird, ist nur gering, weil die Temperatur T_2 der Rohre nur niedrig ist.

Bei $T_1 = 1200^0$ C $= 1473^0$ abs. ist $(T_1/100)^4 = 47\,100 \left[\dfrac{\text{Grad}}{100}\right]^4$,

Bei $T_2 = 200^0$ C $= 473^0$ abs. ist $(T_2/100)^4 = 500 \left[\dfrac{\text{Grad}}{100}\right]^4$.

Diejenigen Heizflächen, welche der direkten Bestrahlung des Rostes ausgesetzt sind, sind also die wirksamsten, und man sucht sie durch geeignete räumliche Anordnung möglichst groß zu halten. Dies kann man auch ohne Bedenken tun, solange man mit gutem Brennstoff rechnen kann. Bei schlechtem Brennstoff aber, z. B. stark mulmigen und feuchten Sorten der Rohbraunkohle, kann dieser starke Wärmeentzug aus der Brennstoffschicht verhängnisvoll werden. Bei dem geringen Heizwert dieser Brennstoffe ist schon die theoretische Verbrennungstemperatur sehr niedrig. Kommt nun noch die starke Abstrahlung nach dem kalten Kesselblech hinzu, so sinkt die Temperatur leicht unter die Zündtemperatur und das Feuer versagt. Um dies zu vermeiden, legt man einen Strahlungsschutz in Gestalt des sogenannten Zünd- oder Rückstrahlgewölbes über das Brennstoffbett.

Ein anderer Teil der Strahlung aus der Brennstoffschicht trifft die Wände des Feuerraumes und wird dort ebenfalls absorbiert, da wir auch das Mauerwerk als schwarz annehmen können. Durch diese Strahlungsaufnahme wird das Mauerwerk sehr heiß und strahlt nun selbst sehr stark, einerseits zurück nach dem Rost, andererseits nach den kalten Wasserrohren. Um diesen Strahlungsaustausch wenigstens der Größenordnung nach richtig einschätzen zu können, stellen wir folgende kleine Rechnung an. Wir stellen den dachförmigen Feuerraum über dem Rost durch ein gleichseitiges Dreieck dar (Abbildung 50).

Wenn wir annehmen, daß die Mauer nach außen hin keine Wärme verliert, so muß die Energie, die sie im Austausch mit der Brennstoffschicht gewinnt, gleich der Energie sein, die sie im Austausch mit den Wasserrohren verliert.

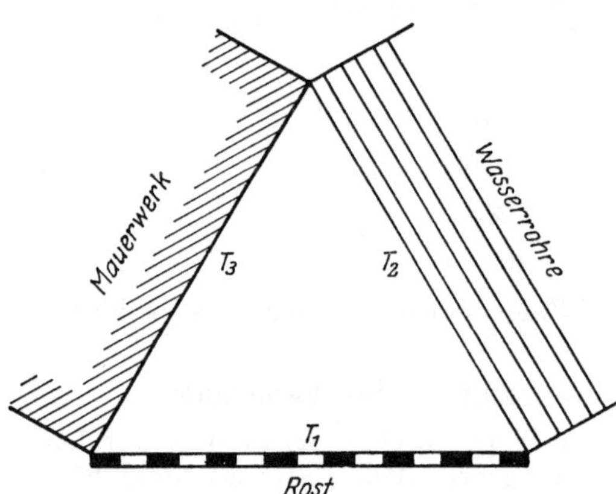

Abb. 50. Zu: Strahlungsaustausch im Wasserrohrkessel.

Mit T_3 als Temperatur der Mauer führt diese Bedingung auf die Gleichung

$$\left(\frac{T_1}{100}\right)^4 - \left(\frac{T_3}{100}\right)^4 = \left(\frac{T_3}{100}\right)^4 - \left(\frac{T_2}{100}\right)^4$$

oder

$$\left(\frac{T_3}{100}\right)^4 = \frac{1}{2}\cdot\left\{\left(\frac{T_1}{100}\right)^4 + \left(\frac{T_2}{100}\right)^4\right\}.$$

Es sind dies dieselben Gleichungen, die wir schon auf S. 130 bei der Besprechung des Strahlungsschirmes kennengelernt haben. Wenn wir die dort gefundenen Ergebnisse hierher übertragen, so ergibt dies, daß die Wärme, welche auf Umwegen über die Wand nach den Rohren gelangt, gleich der Hälfte derjenigen Wärme ist, welche direkt dorthin gelangt.

Außer der Wärme, welche das Brennstoffbett in Form von Strahlung verläßt, wird auch Wärme mit den Rauchgasen abgeführt und nach den Heizflächen, dem Mauerwerk und nach dem Schornstein geleitet. Wir wollen nun verfolgen, auf welchen Wegen diese Wärme nach den Heizflächen gelangt, dabei aber vorerst noch nicht unterscheiden, ob der Übergang mehr durch Leitung und Konvektion oder mehr durch Gasstrahlung erfolgt.

Schon im Feuerraum geben die Rauchgase einen Teil ihrer Wärme an die untersten Wasserrohre und die Wände des Feuerraumes ab. Dann dringen sie zwischen den untersten Rohrreihen hindurch nach den oberen Rohrreihen, dem Oberkessel, dem Überhitzer und endlich dem Vorwärmer; sie gelangen somit nach den „hinteren" Heizflächen, womit wir alle jene Heizflächen bezeichnen wollen, welche nicht mehr direkt vom Rost bestrahlt werden. Ein Teil der Wärme geht dabei direkt an die Heizflächen über, ein anderer Teil erwärmt zuerst das Mauerwerk und wird dann von dort nach den Heizflächen gestrahlt.

Auf Grund dieser Überlegung gelangt man zu folgendem Schema der Wärmewege. In demselben ist die Strahlung fester Körper durch gerade Pfeile, der Wärmetransport durch die Gase durch geschlängelte Linien dargestellt.

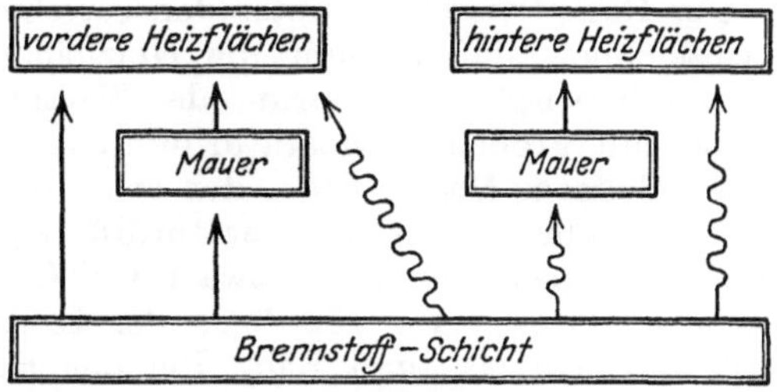

Wenn wir uns jetzt der Frage zuwenden, inwieweit die Wärme von den Rauchgasen durch Leitung und

Abb. 51. Schema der Wärmewege vom Brennstoffbett zu den Heizflächen in der Dampfkesselfeuerung.

inwieweit durch Strahlung abgegeben wird, so müssen wir uns vergegenwärtigen, welche Umstände die beiden Arten der Übertragung fördern beziehungsweise hemmen.

Die Wärmeübergangszahl für Leitung nimmt zu bei steigender Gasgeschwindigkeit, nimmt ab bei steigender Temperatur und nimmt ab mit wachsender Schichtdicke (größerem Rohrdurchmesser). Die Wärmeübergangszahl durch Strahlung dagegen ist von der Geschwindigkeit unabhängig, nimmt mit steigender Temperatur sehr stark zu und nimmt mit steigender Schichtdicke langsam zu.

Wir dürfen also annehmen, daß im Feuerraum, wo hohe Gastemperatur herrscht, große Schichtdicke und kleine Geschwindigkeit vorhanden sind, die Eigenstrahlung der Gase überwiegt, daß dagegen im Vorwärmer, wo sich die Gase schon sehr stark abgekühlt haben, die Schichtdicke klein und die Geschwindigkeit hoch ist, die Wärmeübertragung fast nur durch Leitung und Konvektion erfolgt.

Eine besondere Betrachtung verdient der Überhitzer. Da er die Aufgabe hat, den gebildeten Dampf nachträglich auf möglichst hohe Temperatur zu überhitzen, so wäre der Gedanke naheliegend, ihn der direkten Bestrahlung durch den Rost auszusetzen. Daß dies aus anderen Gründen verfehlt wäre, lehrt eine Überlegung über die Verhältnisse auf der Dampf- bzw. Wasserseite der Heizflächen. Die Heizflächen der Wasserrohre und des Kessels sind von verdampfendem Wasser bespült, so daß für sie die hohe Wärmeübergangszahl von etwa 10000 gilt und ihre Temperatur auch bei stärkster Bestrahlung nur wenig über die Sättigungstemperatur des Dampfes steigt (bei 20 at $= 211^0$ C). Im Gegensatze dazu gilt für die Innenseite der Überhitzerrohre eine Wärmeübergangszahl von nur etwa 100 bis 300 und die Rohrwandtemperatur kann ganz beträchtlich über die Dampftemperatur steigen. Damit besteht aber die Gefahr, daß die Rohre zu heiß werden und dem Drucke nicht mehr standhalten oder doch in kurzer Zeit verbrennen. Man baut deshalb immer den Überhitzer dort ein, wo er vor der direkten Bestrahlung durch die glühende Kohlenschicht geschützt ist und auch die Rauchgase keine zu hohe Temperatur mehr haben.

Der Dampfkessel ist unter den verschiedenen Feuerungen dadurch ausgezeichnet, daß in ihm die Heizflächen eine sehr niedere Temperatur haben; er ist darum der Vertreter aller jener Feuerungen, welche mit großen Temperaturdifferenzen arbeiten. Das Gegenstück ist der Siemens-Martin-Ofen, der zwar in sehr hoher Temperaturlage, aber mit sehr kleiner Temperaturdifferenz arbeitet. Bei ihm ist die Temperatur des Stahlbades etwa 1500^0 C, des Gewölbes etwa 1700^0 C und des Gases etwa 1900^0 C; der Unterschied ist also nur etwa 400^0 zwischen Gas und Bad. Bei der Höhe der Temperaturen und der Dicke der Gasschicht geht sicher der größte Teil der Wärme durch Eigenstrahlung der Gase an das Bad und das Gewölbe über (vgl. Lit.-Verz. 32).

III. Über die Isolierwirkung von Luftschichten.

Zwecks Verminderung des Wärmeverlustes verwendet man in der Technik vielfach Luftschichten. Bei diesen erfolgt die Wärmeübertragung von der einen festen Begrenzungswand nach der anderen auf dreifach verschiedene Weise, nämlich durch Strahlung, Leitung und Konvektion. Wir werden diese drei Teilbeträge einzeln berechnen und dabei die Bezeichnungen der nebenstehenden Abb. 52 verwenden.

1. Strahlung (unter Benutzung von Gl. (127) und (128):

$$Q_1 = F \cdot t \cdot \frac{1}{\dfrac{1}{C_1} + \dfrac{1}{C_2} - \dfrac{1}{C_s}} \cdot \left[\left(\frac{T_1}{100} \right)^4 - \left(\frac{T_2}{100} \right)^4 \right]$$

$$= F \cdot t \cdot (T_1 - T_2) \cdot [C] \cdot \varXi; \tag{a}$$

2. Leitung (unter Benutzung von Gl. (1):

$$Q_2 = F \cdot t \, (T_1 - T_2) \cdot \frac{\lambda}{\varDelta} \tag{b}$$

3. Konvektion: Wir wollen unserer Betrachtung nur senkrechte, von ebenen Wänden begrenzte Luftschichten zugrunde legen und können dann den Vorgang wie folgt beschreiben: Auf der heißeren Seite wird die Luft von der Wand Wärme aufnehmen, damit leichter werden und in die Höhe steigen; umgekehrt wird sie an die kältere Wand Wärme abgeben, und infolgedessen schwerer werden und abwärts sinken. Solange die Luftschicht ziemlich weit ist im Vergleich zu ihrer Höhe, wird sich ein Kreisen der Luft in wohl geregelten Bahnen einstellen. Wenn wir uns nun vorstellen, daß die Luftschicht immer dünner gewählt wird $(\varDelta \ll H)$, so geht dieses Kreisen der Luft allmählich über in ein Vorbeischieben zweier dünner Luftschichten aneinander. Es ist zu erwarten, daß von einem bestimmten Werte $\varDelta : H$ an diese Bewegung labil wird und plötzlich in einen anderen Bewegungszustand übergeht.

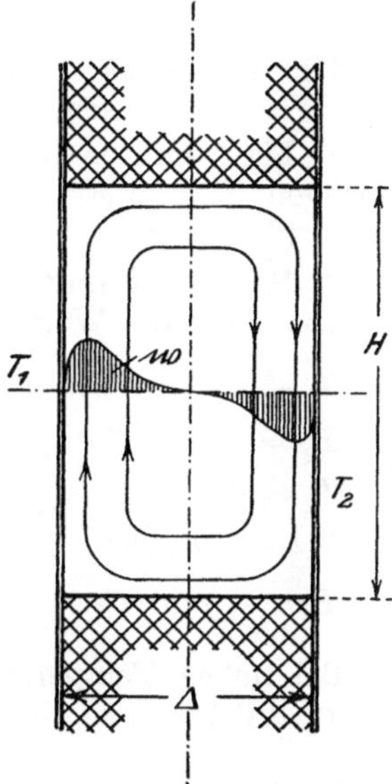

Abb. 52. Luftschichten als Wärmeschutz (Darstellung der Luftströmung).

Diese Verhältnisse sind aber noch keineswegs geklärt; wir können nur, weil es sich um einen Bewegungsvorgang aus inneren Ursachen handelt (vgl. Einleitung, S. 2), annehmen, daß die übertragene Wärme irgendwie von den Kenngrößen

$$\frac{\varDelta^3 \cdot \gamma^2 \cdot (T_1 - T_2)}{g \cdot \mu^2 \cdot T_m} \qquad \text{und} \qquad \frac{\varDelta}{h}$$

abhängt (Gl. 75).

In Ermangelung einwandfreier Unterlagen müssen wir uns mit einem ganz rohen Annäherungsverfahren begnügen. Wir setzen in Anlehnung an Gl. (a):

$$Q_3 = F \cdot t \cdot (T_1 - T_2) \cdot \frac{\varkappa}{\varDelta} . \tag{c}$$

$\varkappa$ ist darin eine rein erfundene Hilfsgröße, die man die Konvektionszahl nennt; der Zahlenwert nimmt mit zunehmender Dicke $\varDelta$ der Luftschicht zu, wie das Zeile 1 der folgenden Zahlentafel zeigt.

Zahlentafel 22.

Konvektionszahlen $\varkappa$ bei einer senkrechten Luftschicht.

Von Hencky nach Versuchswerten von Nußelt interpoliert. Bei diesen Versuchen war Höhe und Breite der Luftschicht gleich 60 cm.

d [m]	0,00	0,01	0,02	0,03	0,04	0,05	0,06	0,07	0,08	0,10	0,15
$\varkappa$	0,00	0,01	0,02	0,03	0,038	0,044	0,047	0,050	0,051	0,053	0,060
$\lambda + \varkappa$	0,02	0,03	0,04	0,05	0,058	0,064	0,067	0,070	0,071	0,073	0,080
$\dfrac{\lambda + \varkappa}{\varDelta}$	∞	3,0	2,0	1,7	1,45	1,28	1,12	1,00	0,089	0,73	0,53

Addiert man die drei Gln. (a), (b) und (c), so erhält man die ganze hindurchgehende Wärme:

$$Q = F \cdot t \cdot (T_1 - T_2) \cdot \left\{ [C] \cdot \Xi + \frac{\lambda + \varkappa}{\varDelta} \right\} \qquad (d)$$

Die Wirksamkeit der Luftschicht ist um so größer, je kleiner der Wert der geschwungenen Klammer ist. Daraus folgt:

1. Man muß beide Begrenzungsebenen der Luftschicht als Flächen geringen Strahlungsvermögens ausführen, damit der Wert $[C]$ möglichst klein wird.

2. Man darf Luftschichten nur bei niederen Temperaturen anwenden, denn der Wert Ξ wächst sehr rasch mit der Temperatur; es ist

bei $T_2 = -\ 20\,^0\mathrm{C}$ und $T_1 =\ \ \ 0\,^0\mathrm{C}$ der Wert $\Xi =\ \ 0{,}729$ ⎫

„ $T_2 =\ \ \ \ \ 0\,^0\mathrm{C}$ „ $T_1 = 20\,^0\mathrm{C}$ „ „ $\Xi =\ \ 0{,}908$ ⎬ rund 1,0

„ $T_2 = +\ 20\,^0\mathrm{C}$ „ $T_1 = 40\,^0\mathrm{C}$ „ „ $\Xi =\ \ 1{,}114$ ⎭

„ $T_2 = +200\,^0\mathrm{C}$ „ $T_1 = 220\,^0\mathrm{C}$ „ „ $\Xi =\ \ 4{,}6$

„ $T_2 = +600\,^0\mathrm{C}$ „ $T_1 = 620\,^0\mathrm{C}$ „ „ $\Xi = 27{,}3$.

Bei hohen Temperaturen gehen also — auch bei gleichem Temperaturunterschied — allein durch Strahlung große Wärmemengen über.

3. Man soll die Luftschicht ziemlich dick halten, da der Wert $(\lambda + \varkappa) : \varDelta$ mit wachsendem Wert $\varDelta$ abnimmt, wie das Zahlentafel 22 zeigt. Es ist dabei aber zu beachten, daß diese Zahlentafel nur für eine Luftschicht von $0{,}6 \times 0{,}6$ m gilt.

Es ist hier noch auf eine Möglichkeit zur Verbesserung der Isolierwirkung von Luftschichten hinzuweisen, von der man manchmal Gebrauch macht (physikalische Meßapparate, Dewarsche Gefäße und Thermosflaschen usw.). Diese Möglichkeit besteht in dem Auspumpen der Luftschicht auf geringeren Druck. Der Strahlungsaustausch wird davon natürlich nicht beeinflußt, auch die Leitung nicht, da der Wert λ bis herab auf ganz geringe Werte vom Druck unabhängig ist (vgl. S. 184). Dagegen wird die Wärmeübertragung durch Konvektion durch das Auspumpen bedeutend herabgemindert, was wohl damit zu erklären ist, daß in der oben erwähnten Kenngröße der Faktor γ^2 kleiner wird.

Zahlenbeispiel. Wie groß ist der Wärmedurchgang je Stunde und Quadratmeter bei einer Luftschicht mit den Werten

$$\varDelta = 0{,}06\ [\mathrm{m}],$$

$$T_1 = +\ 20\,^0\mathrm{C} = 293\,^0\ \mathrm{abs.},$$

$$T_2 = -\ 20\,^0\mathrm{C} = 253\,^0\ \mathrm{ab.},$$

$$C_1 = C_2 = 1{,}2 \left[\frac{\mathrm{kcal}}{\mathrm{m^2 . h . Grad^4}} \right] .$$

Wir berechnen zuerst

$$[C] = \frac{1}{\dfrac{2}{1,2} - \dfrac{1}{4,9}} = \frac{1}{1,667 - 0,204} = 0,69$$

und

$$\varXi = 0,820\,.$$

Mit diesen Werten und der Ablesung aus Zahlentafel 22 ergibt sich

$$\frac{Q}{F\cdot t} = (20^0 + 20^0)\cdot\{0,69\cdot 0,820 + 1,12\}$$

$$= 40\cdot\{0,565 + 1,12\} = 40\cdot 1,68 = 67\left[\frac{\mathrm{kcal}}{\mathrm{m^2.h}}\right].$$

Wenn die Luftschicht durch eine dünne senkrechte Wand, welche oben und unten dicht anschließt, in zwei vollständig getrennte Hälften geteilt wird, so wird dadurch der Wärmedurchgang bedeutend vermindert; die Strahlung wird etwa auf die Hälfte sinken, die Leitung unverändert bleiben und die Konvektion auf vielleicht zwei Drittel zurückgehen.

Setzt man dieses Verfahren fort, indem man die Lufschicht möglichst vielfach sowohl in wagrechter als auch in senkrechter Richtung unterteilt, so kann man dadurch die Isolierwirkung weitgehend steigern. Am einfachsten läßt sich dies dadurch erreichen, daß man den ganzen Hohlraum mit einem lockeren Isolierstoff vollschüttet.

Es ist als Nachtrag zu obigem Zahlenbeispiel zu berechnen, wie groß der Wärmedurchgang je Stunde und Quadratmeter für obige Isolierschicht ist, wenn sie mit trockener Torfmull ($\lambda = 0,05$) angefüllt wird?

Es ist

$$\frac{Q}{F\cdot t} = (T_1 - T_2)\cdot\frac{\lambda}{\varDelta} = 40\cdot\frac{0,05}{0,06} = 33,3\left[\frac{\mathrm{kcal}}{\mathrm{m^2.h}}\right].$$

Der Wärmedurchgang durch die Isolierschicht ist also durch das Anfüllen mit Torfmull genau auf die Hälfte herabgedrückt worden.

Über den Wert der Luftschichten.

Wir haben in der obigen Zahlenrechnung ein Beispiel kennengelernt, bei dem die Luftschicht ihre Aufgabe nur sehr unvollkommen erfüllt. Es gibt aber auch Fälle, bei denen die Luftschichten direkt schädlich wirken; solche Fälle betreffen vor allem die Luftschächte in den Wänden von Gebäuden und den Ummauerungen von Feuerungen.

Unsere ganzen Überlegungen über die Luftschichten setzen voraus, daß die Luft nur innerhalb des Hohlraumes sich umwälzt und mit der Außenluft keinerlei Verbindung hat. Dies ist aber bei Hohlräumen in Mauern schwer zu erreichen, nicht nur weil das Mauerwerk an sich porös ist, sondern vor allem weil sich stets mit der

Zeit Risse einstellen, insbesondere bei den Ummauerungen von Feuerungen. Überall wo Eisenteile das Mauerwerk durchbrechen (Verankerungen, Rahmen der eisernen Türen usw.) werden sich infolge der verschieden starken Ausdehnung Risse bilden. Sobald aber die Luftschicht unten und oben Verbindung mit der Außenluft hat, wirkt sie wie ein Kamin, und statt eines Umwälzens derselben Luftmasse durchzieht ständig ein kalter Luftstrom den Hohlraum von unten nach oben und die Folge ist eine außergewöhnlich starke Abkühlung des Mauerwerkes.

Es wäre zu weit gegangen, wenn man die Verwendung von Luftschichten grundsätzlich verurteilen wollte, aber ich bin der Überzeugung, daß neun Zehntel der ausgeführten Luftschichten den Wärmeverlust vermehren statt ihn zu beschränken.

IV. Über Kühlrippen.

Die Kühlrippen finden zur Erhöhung des Wärmedurchganges durch Metallwände dann Verwendung, wenn die Wärmeübergangsverhältnisse auf beiden Seiten recht verschieden sind. Man will dann auf der Seite der kleineren Wärmeübergangszahl die Verhältnisse dadurch bessern, daß man die wärmeabgebende Fläche künstlich vergrößert. Sind die Wärmeübergangszahlen auf beiden Seiten sehr klein, so ist es im allgemeinen nicht zweckmäßig, beiderseits auf die Heizflächen Rippen aufzusetzen; es gibt dann meist zweckmäßigere konstruktive Maßnahmen, um die nötigen Heizflächen unterzubringen. Von diesem Standpunkte aus sind zum Beispiel die älteren Überhitzerbauarten als unzweckmäßig zu bezeichnen; sie waren aber nicht zu vermeiden, solange man aus andereren Gründen auf Gußeisen als Baustoff angewiesen war.

Die Wirksamkeit der Kühlrippen hat zur Voraussetzung, daß innerhalb des ganzen Materiales ein guter Wärmeausgleich stattfindet, daß also Wandung und Rippen aus gut leitendem Stoff bestehen. Im allgemeinen genügt Eisen, es gibt aber auch besondere Fälle, in denen man besser leitende Metalle, wie Aluminium oder Kupfer verwendet. Bei einigen Motorrädern besteht z. B. der Motorzylinder samt Rippen aus einem Aluminiumgußstück, dem eine stählerne Laufbuchse eingezogen ist.

Eine besondere Beachtung verdient die Richtung der Rippen. Wenn die wärmeabgebende Fläche ein Zylinder ist, so können die Rippen entweder längs des Umfanges verlaufen, also in einer Ebene senkrecht zur Achse liegen, oder sie können auf Mantellinien des Zylinders aufsitzen, also in Meridianebenen liegen. In jedem Falle ist die Lage der Rippen so anzuordnen, daß die Luft nicht quer über die Rippen hinwegstreichen kann, sondern möglichst tief zwischen die Rippen hineindringen muß. Wo eine solche Lage der Rippen aus konstruktiven oder gießtechnischen Gründen nicht mögli·h ist, verzichte man lieber ganz auf Kühlrippen, sie könnten die Wärmeabgaben mehr behindern als fördern. Aus demselben Grunde ist es auch verfehlt, ein Heizrohr mit Querrippen in senkrechter Lage einzubauen.

Solange wir uns darauf beschränken die Wirkung der Kühlrippen nur in allgemeinen Sätzen zu erfassen, treffen wir auf keinerlei Schwierigkeiten. Diese stellen sich aber sofort ein, sobald wir versuchen, die Wirkung der Kühlrippen zahlenmäßg zu erfassen.

Für den einfachen Fall einer einzigen, ebenen Rippe an einer sehr dicken Wand läßt sich näherungsweise eine Rechnung durchführen, und zwar dient hierzu die Aufgabe 7 über den Stab von endlicher Länge. Am meisten interessiert hierbei die Temperatur an der Spitze der Rippe.

Bezeichnet gemäß Abb. 53:

b die Dicke der Rippe,
h die Höhe der Rippe,
Θ_C die Temperatur am Fuß der Rippe,
Θ_h die Temperatur an der Spitze der Rippe,

so können wir Gl. (22 c) anwenden und in der nachstehenden Form anschreiben:

$$\frac{\Theta_h}{\Theta_C} = \frac{1}{\mathfrak{Cof}\,(K_1)} = \frac{1}{\mathfrak{Cof}\left(h \cdot \sqrt{\dfrac{2\,\alpha}{\lambda\,b}}\right)} \, . \quad \text{(a)}$$

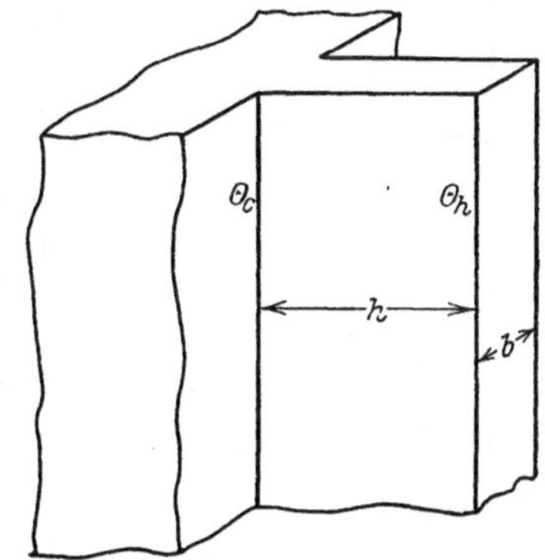

Abb. 53. Einzelne Kühlrippe.

Wir verwenden diese Gleichung zur Berechnung einer eisernen Kühlrippe und zwar soll sein: $\alpha = 40$, $\lambda = 40$, $b = 4$ mm, $h = 2$ cm, 4 cm, 6 cm oder 8 cm.

Mit diesen Zahlenwerten ist

$$K_1 = h \cdot \sqrt{\frac{2 \cdot \alpha}{b \cdot \lambda}} = h \cdot \sqrt{\frac{2 \cdot 40}{40 \cdot 40} \cdot 10000} = 100 \cdot h \cdot \sqrt{\frac{1}{20}} = \frac{100 \cdot h}{4{,}47}\,.$$

Mit den vorgeschriebenen vier Werten von h lautet die weitere Rechnung

$h = 2$ cm	$K_1 = \dfrac{2}{4{,}47} = 0{,}447$	$\mathfrak{Cof}\,(K_1) = 1{,}102$	$\Theta_h/\Theta_C = 0{,}91$.
$= 4$ cm	$= \dfrac{4}{4{,}47} = 0{,}894$	$= 1{,}427$	$= 0{,}70$.
$= 6$ cm	$= \dfrac{6}{4{,}47} = 1{,}341$	$= 2{,}042$	$= 0{,}49$.
$= 8$ cm	$= \dfrac{8}{4{,}47} = 1{,}788$	$= 3{,}072$	$= 0{,}33$.

Diese Rechnung zeigt, daß es im allgemeinen nicht zweckmäßig ist, diese Rippe 8 cm hoch zu machen, denn das letzte Ende hat sich bereits so stark abgekühlt, daß seine Kühlwirkung nicht mehr sehr bedeutend ist. Dagegen wird eine Höhe von 4 bis 6 cm zweckmäßig sein.

Es ließe sich aus der obigen Gl. (a) noch mancherlei ablesen. Wir wollen jedoch davon absehen, weil der einzelstehenden Kühlrippe wenig Bedeutung zukommt.

Vielmehr stehen die Rippen fast immer in Reihen beisammen, so daß ein ganzes Rippensystem entsteht. Es sind dabei entsprechend Abb. 54 folgende Maße zu beachten:

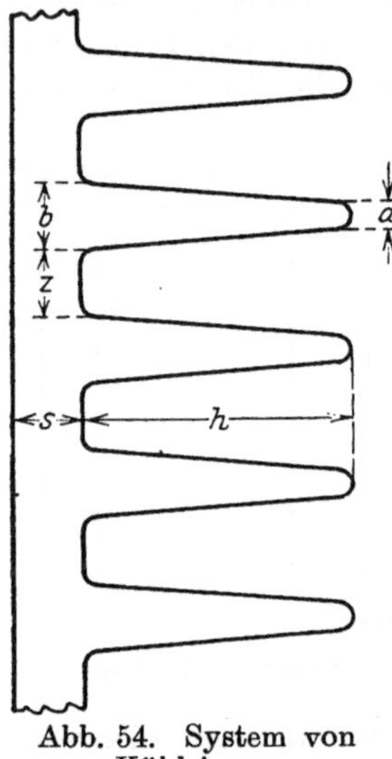

Abb. 54. System von Kühlrippen.

b die Breite der Rippe am Fuß,
a die Breite der Rippe an der Spitze,
h die Höhe der Rippe,
z der Abstand zweier Rippen am Fuß,
s die Dicke der Wand, auf welcher die Rippen aufsitzen.

Ist diese Wand ein Zylinder, so kommt noch der Durchmesser d dieses Zylinders hinzu.

Wir wählen die Breite b als Grundmaß und beziehen alle anderen Maße auf dieses, so daß jedes Wertesystem

$$a/b, \quad h/b, \quad z/b \quad \text{und} \quad s/b$$

eine Gesamtheit von geometrisch ähnlichen Rippenprofilen festlegt.

Für die Kennzeichnung des Rippensystems ist ferner noch entscheidend, ob die Rippen auf einer ebenen Fläche aufsitzen oder auf einem Zylinder, und in letzterem Falle wieder, ob es sich um Längs- oder Querrippen handelt.

Damit ist aber erst die Form des Rippensystems festgelegt. Für die Wirksamkeit der Kühlrippe ist außerdem von Einfluß die Wärmeleitzahl des Rippenstoffes und der Strömungszustand der Luft oder des Gases. Je nach der Bewegung der Luft haben wir zwei grundsätzlich verschiedene Fälle zu unterscheiden: entweder die Luft wird durch äußeren Arbeitsaufwand gegen die Rippen geblasen oder sie steigt infolge des Auftriebes von selbst in die Höhe. Im ersteren Falle ist bei der Rechnung neben der Temperatur Θ_W der Wand auch die Strömungsgeschwindigkeit ω der Luft zu berücksichtigen; im zweiten Falle ist die Strömungsgeschwindigkeit durch die Temperatur Θ_W bedingt, tritt also bei der Rechnung nicht sichtbar in die Erscheinung.

Wir beschränken uns im weiteren auf Rippen, welche auf Zylinder oder Rohre aufgesetzt sind und erhalten die folgenden symbolischen Gleichungen für die abgegebene Wärme

1. bei aufgezwungener Strömung
$$Q_h = \Psi(a/b, \ h/b, \ z/b, \ s/b, \ d/b, \ b, \ \omega, \ \lambda, \ T_W);$$

2. bei freier Strömung:
$$Q_h = \Psi(a/b, \ h/b, \ z/b, \ s/b, \ d/b, \ b, \ \lambda, \ T_W).$$

In jedem der beiden Fälle ist die Funktion Ψ wieder ganz verschieden bei einem Zylinder mit Längs- oder mit Querrippen, so daß im ganzen vier verschiedene Funktionen entstehen.

Wir sind weit entfernt diese Funktionen in allgemeinster Form zu kennen, und es hat auch keinen Sinn dies in absehbarer Zeit anzustreben. Wir dürfen zufrieden sein, wenn es uns einmal gelingt, für einzelne, eng umgrenzte, technische Aufgaben die günstigste Rippenform zu finden. Dabei dürfen wir aber den Begriff „günstigste Form" nicht nur nach wärmetechnischen Gesichtspunkten beurteilen, sondern müssen auch die Herstellungskosten und gießtechnischen Fragen berücksichtigen. Bis heute ist es der Praxis noch nicht gelungen zu solch einheitlichen Formen zu gelangen, denn man findet für vollständig gleiche Zwecke gänzlich verschiedene Rippenprofile verwendet.

Das Rippenprofil, welches Abb. 54 darstellt, ist mit den Verhältnissen

$$a = {}^1/_3\,b, \quad h = 4\,b, \quad z = b, \quad s = b$$

gezeichnet und stellt eine häufig vorkommende Rippenform dar. Im allgemeinen kann über die einzelnen Maßverhältnisse folgendes gesagt werden:

1. die Verjüngung der Rippe nach ihrer Spitze zu ist in vielen Fällen schon aus gießtechnischen Gründen notwendig; aber auch bei Rippenanordnungen, wo dieser Zwang nicht besteht, macht man gerne a etwas kleiner als b; etwa ${}^1/_2$ oder ${}^2/_3\,b$.

2. Die Dicke s der Wand und der Abstand z zweier Rippen sind von einander nicht ganz unabhängig. Ist die Wand verhältnismäßig zu dünn, so findet kein richtiger Temperaturausgleich statt und die Wandstücke zwischen den Rippen werden zu heiß. Im allgemeinen gilt $s = 0,5 \cdot z$ bis z.

3. Ebenso wie s und z hängen auch h und z voneinander ab, denn das Verhältnis $h : z$ bestimmt die Tiefe der Rippenlücke, durch welche die Luft hindurchstreichen muß. Damit kommen wir zu dem Unterschied zwischen der alleinstehenden Rippe und der Rippenreihe. Bei Ableitung der Gl. (a) für die einzelstehende Rippe war vorausgesetzt, daß die Strömungsgeschwindigkeit und damit der Wert α in der ganzen Rippenhöhe konstant ist. Für die Rippenreihe trifft dies in keinem Falle zu, und zwar ist hier zu unterscheiden, ob die Luft durch die Rippenreihe hindurchgeblasen wird oder sich allein infolge des Auftriebes bewegt. Bei vorbeigeblasener Luft wird die Geschwindigkeit nach der Tiefe der Lücke zu abnehmen, bei natürlicher Strömung wird sie aber dort am größten sein, weil hier auch die Temperatur am höchsten ist. Aus dieser Überlegung kann man mit einiger Sicherheit folgern, daß bei vorbeigeblasener Luft die Rippen etwas weiter gestellt werden müssen als bei natürlichem Auftrieb. Bei hohen Temperaturen ist aber noch die Strahlung zu berücksichtigen, und damit werden die Verhältnisse weiterhin in schwer zu übersehender Weise kompliziert.

Wir müssen hier die Besprechung der Kühlrippen beenden und
dabei leider feststellen, daß es bis heute weder der Theorie gelungen
ist, brauchbare Gesetze für die Wirksamkeit der Kühlrippen aufzustellen, noch auch konnte die Praxis zu einheitlichen Bauformen oder
zu zuverlässigen Erfahrungswerten für die Berechnungen gelangen,
und dies trotz der überaus großen Zahl von Versuchen, die von den
verschiedensten Seiten mit großem Aufwand an Geld und Mühe durchgeführt wurden.

Wenn trotz dieser Sachlage der Besprechung der Kühlrippen ein
so breiter Raum gewidmet wurde, so geschah dies nicht deswegen,
weil es sich dabei um einen wichtigen Konstruktionsteil handelt,
denn dann hätten wir nicht mit dem obigem Bekenntnis schließen
dürfen. Die Besprechung erfolgte vielmehr deshalb, weil das Problem
der Kühlrippe alle die Schwierigkeiten besonders klar erkennen läßt,
welche für das ganze Gebiet der Wärmeübertragung bezeichnend sind
und immer wieder in derselben Weise auftreten.

Die einfachen Vorstellungen, welche wir uns von den Vorgängen
machen können, verleiten dazu, die Schwierigkeiten zu unterschätzen.
Immer wieder sehen wir es, daß zur Klärung einer technischen Frage
rasch und ohne genügende Vorbereitung einige Versuche unternommen
werden. Der Erfolg ist aber dann immer der gleiche: da die gefundenen
Zahlenwerte nur für den Versuchsapparat gelten und keine Übertragung auf andere Verhältnisse zulassen, finden die Ergebnisse der
Versuche keine Verbreitung in der Praxis und sind nach wenigen
Jahren wieder völlig vergessen. Die Erfahrungen der letzten Jahrzehnte müßten gezeigt haben, daß nur jene Versuche bleibenden Wert
haben, welche von Anfang an unter klarer Erkenntnis der Schwierigkeit
und mit ausreichenden Vorkenntnissen in Angriff genommen werden.

Schluß.

Wissenschaftliche und technische Bedeutung der Lehre von der Wärmeübertragung.

Da es in der Natur keine völlig umkehrbaren Zustandsänderungen
gibt, sondern immer ein Teil der Energie in Form von Wärme der
Zerstreuung und Entwertung verfällt, so finden in jedem Augenblick
und an allen Stellen des Raumes Vorgänge der Wärmeausbreitung statt,
von denen freilich nur der geringste Teil zu unserem Bewußtsein
gelangt oder gar zu unserer Tätigkeit in irgendwelche Beziehung tritt.
Wie umfangreich und wichtig aber auch dieser Teil noch ist, soll die
nachstehende Übersicht zeigen, welche bei den wichtigsten natur-
wissenschaftlichen Gebieten und technischen Fachrichtungen auf einige
Beziehungen zur Lehre von der Wärmeübertragung hinweist. Diese
Übersicht erhebt keineswegs den Anspruch auf Vollständigkeit weder
hinsichtlich der aufgeführten Fachgruppen, noch hinsichtlich der Auf-

gaben innerhalb der einzelnen Gruppe. Dem jeweiligen Fachmann wäre es sicher ein leichtes, die Liste seines Arbeitsgebietes zu verzehnfachen.

Ich glaube, daß eine solche Zusammenstellung der Anwendungsgebiete vor allem bei einem Anfänger das Verständnis der ganzen Lehre wesentlich fördert. Deshalb habe, ich auch die Beispiele nicht nach ihrer Bedeutung für die einzelne Fachrichtung, sondern nach rein didaktischen Gesichtspunkten ausgewählt.

Ein Teil der hier angeführten Aufgaben ist von der Praxis allein längst in zufriedenstellender Weise gelöst worden. Bei einem anderen Teil konnte die Wissenschaft der Praxis einwandfreie Unterlagen, insbesondere einwandfreie Berechnungsmethoden, zur Verfügung stellen. Ein dritter Teil betrifft wichtige, aber noch ungelöste Probleme der Wärmeübertragung, welche noch eingehender, wissenschaftlicher Bearbeitung bedürfen.

1. Reine Wissenschaft.

Die Temperaturen der Himmelskörper und ihre Erkaltungsgeschwindigkeit, die Temperaturverhältnisse im Innern der Erde, die klimatischen Bedingungen einer Epoche oder eines Landstriches, die Temperaturregelung im Pflanzen- und Tierkörper — all dies ist den Gesetzen der Wärmeübertragung unterworfen, daher sind diese Gesetze für Astrophysik, Geologie, physikalische Geographie, Botanik und Zoologie von nicht zu unterschätzender Bedeutung. Daß selbst die Medizin sich mit mathematischen Problemen der Wärmeleitung befaßt, zeigt die Arbeit von Schmaltz und Völker (Pflügers Arch. f. d. ges. Physiol., Bd. 204, 207 und 208. 1924 und 1925).

In der Physik gilt die Wärmeleitung als das Schulbeispiel für alle dissipativen oder ausgleichenden Vorgänge, vor allem für die Diffusion.

2. Technische Temperaturmessung.

Die Genauigkeit einer Temperaturmessung hängt nicht allein von der Genauigkeit und Güte des Meßgerätes ab, sondern ebensosehr von der fehlerfreien Anwendung, insbesondere dem fehlerfreien Einbau des Instrumentes. Voraussetzung für die richtige Messung ist ja, daß der temperaturempfindliche Teil des Gerätes auch genau die Temperatur desjenigen Körpers annimmt, den man untersuchen will. Da aber jedes Meßgerät (Thermometer, Thermoelement und Widerstandsthermometer) durch Wärmeableitung nach seiner Befestigung und durch Abstrahlung nach kälteren Flächen hin dauernd Wärme verliert, so erreicht es nie ganz genau die gewünschte Temperatur. Der Fehler ist besonders groß bei der Messung heißer Gase in der Nähe kalter Flächen. Die Bestimmung der Rauchgastemperatur in Dampfkesseln kann bei Nichtbeachtung dieses Umstandes wegen der niederen Temperatur der wasserbespülten Heizflächen bis zu 100 oder 150° falsch werden. Wie sich dieser Fehler vermindern oder rechnerisch bestimmen läßt, zeigt das Buch von Knoblauch und Hencky (s. Lit.-Verz. 6).

3. Thermodynamik.

Die technische Thermodynamik untersucht die Zustandsänderungen (Druck, Volumen und Temperatur), welche bei Flüssigkeiten, Gasen und Dämpfen auftreten, wenn diesen Körpern von außen her Wärme oder Arbeit entzogen oder zugeführt wird. Dem äußeren Verlauf nach ist zu unterscheiden, ob es sich um Vorgänge in einem geschlossenen Gefäß mit festen Wänden, um Expansion oder Kompression in einem Arbeitszylinder mit beweglichem Kolben, um Strömung in einer geschlossenen Leitung oder um Ausströmen aus einer Düse handelt.

Wir sprechen im folgenden nur von der Zufuhr oder dem Entzug von Wärme und stellen fest, daß die Thermodynamik das Gesetz dieser Zufuhr (adiabatisch, polytropisch usw.) stets als gegeben voraussetzt und die Frage offen läßt, wie sich ein gegebenes Gesetz praktisch verwirklichen läßt oder wie sich umgekehrt bei einem gegebenen Vorgang das noch unbekannte Gesetz finden läßt. Dies ist Sache der Lehre von der Wärmeübertragung und in einigen Fällen der Thermochemie. Darum sind Wärmeübertragung und Thermodynamik eng miteinander verkettet.

4. Verbrennungslehre.

Die Berechnung der theoretischen Verbrennungstemperatur eines Brennstoffes bekannter Zusammensetzung bei gegebenem Luftüberschuß ist mit Hilfe der Thermochemie ziemlich einwandfrei möglich. Die tatsächlich sich einstellende Temperatur bleibt aber hinter dieser errechneten Temperatur um ein Erhebliches zurück, weil sowohl der glühende Brennstoff als auch die Flamme fortdauernd große Wärmemengen durch Strahlung abgeben. Die Berechnung dieses Temperaturabfalles ist ein Problem der Wärmeübertragung, das aber trotz seiner Wichtigkeit noch nicht gelöst ist.

5. Feuerungskunde.

Über die wichtigsten Beziehungen der Feuerungskunde zur Wärmeübertragung wurde schon auf S. 151 bei dem Abschnitt „der Wärmeübergang in der Feuerung" gesprochen.

Besondere Beachtung verdienen noch die Wärmeleitvorgänge in den Umfassungswänden der Feuerungen. Im allgemeinen wird man das Mauerwerk möglichst gut isolieren, weil man die Wärmeverluste möglichst einschränken will, und weil ein heißes Mauerwerk stark nach den Heizflächen strahlt und damit die Wärmeübertragung auf das Heizgut verbessert. — In besonders gearteten Fällen kühlt man aber auch das Mauerwerk, indem man Schächte einbaut, die von Luft durchströmt werden, oder indem man in die Wandungen Rohre einfügt, durch die man Wasser treibt. Die Wärme, die man auf diese Weise der Feuerung entzieht, muß man natürlich im Interesse der Wirtschaftlichkeit dem Betrieb an anderen Stellen wieder zuführen.

Das heiße Mauerwerk wirkt mit seinen angesammelten, großen Wärmemassen bei Betriebsschwankungen als Wärmespeicher, insbesondere bewirkt es durch seine kräftige Strahlung ein rasches Entflammen von frisch aufgelegtem Brennstoff.

Bei allen Feuerungen, welche sehr hohe Temperaturen erzeugen müssen, wie bei den Entgasungsöfen der Kokereien und Gaswerke, bei den Siemens-Martin-Öfen, bei den Schmelzöfen der Glashütten usw. besteht die Aufgabe, die Verbrennungsluft vorzuwärmen, und zwar geschieht dies mit Hilfe der Abgase. Die Überführung der Wärme von den Abgasen nach dem Wind erfolgt entweder in Rekuperatoren oder in Regeneratoren. Bei den ersteren werden die beiden Gase im Gegenstrom aneinander vorbeigeführt und sie müssen ihre Wärme durch eiserne oder steinerne Wände hindurch austauschen. Die Regeneratoren beruhen auf dem Prinzip der Wärmespeicherung und bestehen aus zwei sehr großen gitterförmig angeordneten Steinmassen. Durch die heißen Abgase wird die eine Steinmasse hochgeheizt. Hat ihre Temperatur eine genügende Höhe erreicht, so wird umgeschaltet und nun die Frischluft durch das Gitter hindurchgetrieben, wobei sich die Luft erwärmt und das Gitter abkühlt. Während dieser Zeit heizen die Abgase das zweite Gitterwerk hoch. Auf diese Weise wird mit einhalbstündigem bis zweistündigem Umschalten der Betrieb durchgeführt. In manchen Fällen sind drei Gitterwerke vorhanden, von denen immer zwei „auf Gas" und eines „auf Wind" gestellt sind. Vom Standpunkt der Wärmeübertragung aus handelt es sich dabei um ein Problem des Wärmeüberganges und der Wärmespeicherung. Wie wenig die Verhältnisse hier noch geklärt sind, zeigten die Überraschungen, welche das Pfoser-Stumm-Strack-Verfahren beim Betrieb der Hochofen-Winderhitzer brachte (vgl. darüber die letzten fünf Jahrgänge von „Stahl und Eisen").

6. Dampfkessel.

Über den rein feuerungstechnischen Teil ist schon auf S. 151 gesprochen worden und wir wollen uns den Verhältnissen auf der Wasserseite der Heizflächen zuwenden. Man sucht den Umlauf der Wassermassen durch geeignete Formgebung des Kessels, richtige Wahl der Strömungsquerschnitte, richtige Temperaturverteilung im Kessel durch geeignete Führung der Heizgase usw. möglichst zu fördern. Es ist klar, daß ein kräftiger Umlanf des Wassers im Kessel den Wärmeübergang von den Heizflächen auf das Wasser begünstigt und damit die Verdampfung fördert. Es ist jedoch fraglich, ob man die Wirkung dieses Umlaufes nicht etwas überschätzt, wenigstens innerhalb der Steigerungen, die sich bei den heutigen Kesselbauarten mit den obigen Mitteln erreichen lassen. Etwas anderes ist dies bei vollkommen neuartigen Konstruktionen, wie etwa dem schwedischen Blomquistkessel für 100 at mit seinen rotierenden Wasserrohren.

Besondere Beachtung verdienen die Verunreinigungen des Kesselbleches durch Rußablagerungen auf der Feuerseite und durch Kesselstein auf der Wasserseite. Beide behindern den Wärmedurchgang und beeinträchtigen damit die Ausnützung der Rauchgase. Der Kesselstein ist außerdem noch schädlich, weil er die Lebensdauer und die

Sicherheit des Kessels herabsetzt. Er bewirkt eine unzulässige Erhöhung der Temperatur im Kesselblech, wodurch Ausbeulungen sowie Undichtheiten der Nietreihen entstehen können.

Von den Zubehörteilen einer Dampfanlage wollen wir zunächst die Kondensatoren erwähnen. Für sie gelten im allgemeinen die Gesichtspunkte für Wärmeaustauschapparate, aber doch mit besonderen Abänderungen. Vor allem spielt wegen des hohen Vakuums der Luftgehalt des Dampfes eine ausschlaggebende Rolle. Die Wärmeübergangsverhältnisse sind darum bedeutend ungünstiger als bei Kondensation unter höherem Druck.

Recht interessante Probleme der Wärmeübertragung bieten die Rückkühltürme der Kondensationsanlagen.

Von den Dampfspeichern wollen wir den Ruthschen Speicher erwähnen. Sein täglicher Wärmeverlust beträgt nur etwa $2\,{}^0/_0$ des Wärmeinhaltes. Dies günstige Verhältnis ist eine Folge seiner Größe, denn der Wärmeinhalt wächst mit der dritten Potenz der linearen Abmessungen, die wärmeabgebende Oberfläche aber nur mit der zweiten Potenz.

7. Wärmewirtschaft.

Aus dem großen Gebiet der Wärmewirtschaft wollen wir zuerst die Aufgabe des Wärmeschutzes erwähnen. Im Maschinenbau handelt es sich vor allem um die Isolierung des Mauerwerkes bei Feuerungen, die Isolierung von freiliegenden Kesselböden, von Lokomotivkesseln, von Behältern aller Art, insbesondere die Isolierung von Rohrleitungen einschließlich ihrer Flanschen und Ventile.

Mit der Isolierung eng verknüpft ist die Frage nach den Abkühlungsverlusten bei Betriebspausen.

Die volkswirtschaftlich wichtige Aufgabe der Erstellung von wärmedichten Wohngebäuden, sodann die Isolierung von Kühlräumen, Eiskellern usw. führt hinüber in das Bauwesen.

Die zweite energiewirtschaftliche Aufgabe, die wir herausgreifen, betrifft die Abhitze- und Abdampfverwertung, deren Wesen wir an zwei Beispielen erläutern wollen.

Wenn bei einer keramischen Feuerung das Heizgut auf 1100^0 C erwärmt werden soll, so sind die Feuergase für den Brennprozeß wertlos, sobald sie sich auf 1100^0 C abgekühlt haben. Sie nun ins Freie zu entlassen, wäre Energieverschwendung. Man kann sie in einem Regenerator zur Vorwärmung der Verbrennungsluft verwenden und auch, nachdem sie diesen Apparat verlassen haben, kann man ihre Wärme zum dritten Male noch zum Trocknen der Formen oder zu ähnlichen Zwecken ausnützen.

Ein anderer Weg wäre der, daß man die Abgase in einen Abhitzekessel schickt, dort hochgespannten Dampf erzeugt, diesen Dampf unter Energieabgabe in einer Dampfmaschine sich auf 3 bis 4 at ausdehnen läßt und diesen Dampf von etwa 140^0 C zu Heizzwecken irgendwelcher Art verwendet.

Das Wesen beider Wege besteht darin, dieselbe Wärme in möglichst vielen Stufen wiederholt auszunützen. Dabei muß sie natürlich immer wieder auf einen anderen Körper übergeleitet werden. Das hierzu nötige Temperaturgefälle bedeutet vom Standpunkt der Energiewirtschaft einen Verlust und ist so klein als möglich zu halten. Das Ziel möglichst großen Wärmeüberganges bei kleinstem Temperaturgefälle läßt sich entweder durch große Heizflächen oder durch hohe Strömungsgeschwindigkeiten erreichen. In beiden Fällen erreicht man aber bald eine wirtschaftliche Grenze, denn große Heizflächen bedingen große oder feingegliederte — in jedem Falle also teure — Apparate und hohe Geschwindigkeiten erfordern zu ihrer Erzeugung und Unterhaltung großen Aufwand an mechanischer Energie. Um in einem gegebenen Falle die wirtschaftlichste Lösung zu finden, muß man nicht nur die Gesetze der Wärmeübertragung, sondern auch diejenigen des Druckverlustes beachten.

8. Chemische Industrie und Nahrungsmittelindustrie.

Es handelt sich dabei um Kochen, Eindampfen, Kondensieren, Kühlen, Trocknen usw., alles Aufgaben, die in Wärmeaustauschapparaten der verschiedensten Art ausgeführt werden. Als Wärmequelle dient hierbei nur selten direkte Feuerung, meist niedergespannter Dampf oder die Abgase anderer Anlagen. Solche Aufgaben treten in allen Zweigen der chemischen Industrie einschließlich der Zellstoff- und Papierindustrie, in Brauereien und Brennereien, Zuckerfabriken, Konservenfabriken usw. auf. Sie sind in den Büchern von Hausbrand (s. Lit.-Verz. 7 und 8) eingehend besprochen.

9. Raumbeheizung.

Die Heizung bildet ein einziges, großes Anwendungsgebiet der Lehre von der Wärmeübertragung, sowohl bei Einzelheizung durch Kachelöfen und eiserne Öfen, als auch bei Zentralheizung. Besondere Schwierigkeiten bereitet die wirtschaftliche Beheizung großer Räume, insbesondere von sehr hohen Hallen und Kirchen. Die Aufgabe, den Wärmebedarf eines Gebäudes richtig im voraus zu ermitteln, führt wieder auf die schon erwähnten Beziehungen zum Hochbau.

10. Kältetechnik, Technik der komprimierten Gase.
Technik der tiefsten Temperaturen.

Die Aufgabe, einen Raum zu kühlen, hat vieles gemeinsam mit der Aufgabe, einen Raum zu heizen, hat aber doch auch ihre Besonderheiten, die in der Hauptsache mit dem Niederschlagen und Gefrieren der Luftfeuchtigkeit zusammenhängen. In der Technik der komprimierten Gase und der Technik tiefster Temperaturen spielt der Entzug der Kompressionswärme mit Hilfe von Wärmeaustauschapparaten eine wichtige Rolle.

11. Hüttenwesen und Metallverarbeitung.

Wenn wir an die vielen und verschiedenartigen Feuerungen der Metallindustrie denken, an Hochöfen, Siemens-Martin-Öfen, Kupolöfen, Tiegelöfen, Glüh-, Schmiede- und Härteöfen usw., so kommt uns zum Bewußtsein, welch überragende Bedeutung der Feuerungskunde und durch sie der Lehre von der Wärmeübertragung für die ganze Metallverarbeitung zukommt.

Ein Problem der Wärmeleitung ist die vollständige Durchwärmung großer Schmiede- und Walzblöcke im Glühofen. Zur Erzielung eines gleichmäßigen Gefüges ist es notwendig, daß der Kern des Blockes nicht kälter ist, als die äußeren Schichten. Die Zeiten, die für eine solch vollkommene Durchwärmung notwendig sind, sind bei großen Stücken erstaunlich lange. Ähnliche Durchwärmungs- und Abkühlungsaufgaben liegen bei der Metallvergütung, insbesondere beim Härten vor.

Zum Schlusse sei noch an die Gußspannungen erinnert und an das verschieden rasche Abkühlen des Gusses bei Sand- und bei Metallformen mit ihrer verschiedenen Wirkung auf das Gefüge des erhaltenen Gusses.

12. Wärmekraftmaschinen.

Bei den Kolbenmaschinen tritt die bekannte Wechselwirkung zwischen Wärmeträger und Wand auf, die wir schon im Zahlenbeispiel auf S. 53 als Problem der oszillierenden Temperaturen oder der Wärmespeicherung kurz behandelt haben.

Bei allen Verbrennungskraftmaschinen besteht die Aufgabe, den Arbeitszylinder und den Kolben dauernd zu kühlen, vor allem um die Schmierung aufrechterhalten zu können, und auch sonst besteht die Aufgabe, an verschiedenen Stellen das Auftreten allzu hoher Temperaturen zu vermeiden. So notwendig diese Kühlung für die Betriebssicherheit der Maschine auch ist, so bedeutet sie doch vom Standpunkt der Thermodynamik aus einen Fehler, denn sie bedingt Wärmeabfuhr ohne Arbeitsleistung. Die Verhältnisse beleuchtet in sehr klarer Weise der folgende — wenigstens im Prinzip richtige — Konstruktionsgedanke: Eine Automobilfirma hatte bei einem Rennmotor die Kolbenböden der Aluminiumkolben mit hochglanzpoliertem Platinblech überzogen. Das geringe Strahlungsvermögen der polierten Fläche verminderte den Wärmeübergang nach dem Kolben; was an Wärme aber trotzdem übergetreten war, wurde durch das gut leitende Aluminium rasch nach den wassergekühlten Zylinderwandungen abgeführt.

Die Beherrschung der Temperaturen führt bei Dieselmaschinen und vor allem bei den hochtourigen und hochkomprimierten Fahrzeugmotoren zu sehr großen Schwierigkeiten, die die Weiterentwicklung der Konstruktionen empfindlich hemmen.

Die Probleme, welche die Dampfturbine und die Gasturbine stellen, sind von Stodola in seinem Buche eingehend behandelt, z. B. die Temperaturspannungen und als Folge davon Schwerpunktverlagerungen im Laufrad, Risse im Gehäuse beim Anwärmen, dann bei Gasturbinen das Erglühen der Schaufelkanten u. a. m. Die Art, wie die Probleme hier in Angriff genommen werden, ist so überaus lehrreich, daß ich jedem Leser dringend empfehlen kann, diese Abschnitte zu studieren, auch wenn er selbst mit Dampfturbinen beruflich nichts zu tun haben sollte.

13. Verschiedenes aus dem Maschinenbau.

Eine sehr häufige Aufgabe des Maschinenbaues betrifft die Kühlung hochbeanspruchter Lager. Die erste Aufgabe ist freilich die Wärmeentwicklung durch Beachtung der physikalischen Gesetze für die Schmierung auf ein Mindestmaß zu beschränken. Erst dann kommt die zweite Aufgabe, diese unvermeidliche Wärme geschickt abzuführen. [Über die Schmierungsaufgabe vgl. Gümbel-Everling, Reibung und Schmierung im Maschinenbau. Berlin 1925.] Bei geschlossenem Ölkreislauf muß das Öl durch besondere Vorrichtungen gekühlt werden, ehe es wieder ins Lager eintreten kann.

Über Kühlrippen wurde schon auf S. 158 gesprochen.

Von besonderer wirtschaftlicher Bedeutung ist die richtige Anlage von Rohrnetzen. Ob nun die Rohre Heißdampf oder Sattdampf, heiße Gase oder warmes Wasser führen, ob es sich um die Leitung eines Fernheizwerkes oder um ein Fabriknetz handelt — immer besteht die Aufgabe, Anlagekosten, Druckverlust und Wärmeverlust geschickt gegeneinander abzugleichen, also eine Verkettung von wirtschaftlichen Berechnungen mit Aufgaben der Strömungslehre und des Wärmeüberganges.

Die Ermittlung von Temperaturspannungen bildet eine kombinierte Aufgabe aus Elastizitätstheorie und Lehre der Wärmeübertragung; ebenso ist es bei den ihnen verwandten Guß- und Härtespannungen.

14. Gaserzeugung.

Für die Gaserzeugung durch Entgasen, wie sie in Gaswerken und Kokereien durchgeführt wird, bildet wieder die Feuerungstechnik die Grundlage.

Ein wichtiges Problem der Gastechnik betrifft die Form und Größe der Entgasungsräume. Entscheidend dafür sind die Gesetze für das Eindringen der Wärme in die Koksmasse. Diese Gesetze wären in Anlehnung an die bekannte Aufgabe über das Eindringen der Wärme in auftauendes Erdreich abzuleiten.

Andere Aufgaben sind: die Kühlung des erzeugten Gases und des erzeugten Kokses. Besonders wichtig ist die Frage der trockenen Kokskühlung, denn das alte Verfahren des Abspritzens mit Wasser ist nicht nur Energievergeudung, sondern auch für die Güte des Kokses nachteilig.

Bei den großen Gasbehältern der Gaswerke tritt unter der Einwirkung einseitiger Sonnenbestrahlung stark einseitige Erwärmung auf, die zu Temperaturspannungen im Aufbau und zu Temperaturungleichheiten in der Gasmasse führen.

Auch bei der Vergasung der Brennstoffe im Generator treten verschiedene Probleme der Wärmeübertragung auf.

15. Elektrotechnik.

Die Erwärmung von Kabeln, Schmelzsicherungen, Regelwiderständen, Dynamomaschinen, Elektromotoren und Transformatoren spielt in der Elektrotechnik eine ganz außerordentlich wichtige Rolle und vielfach ist die Weiterentwicklung — sei es in bezug auf größere Einheiten oder in bezug auf neue Bauarten — allein durch die Unmöglichkeit gehemmt, die auftretenden Wärmemengen sicher abzuführen.

Die Berechnung der Maschinen auf Erwärmung ist bei Maschinen für Dauerbetrieb eine ganz andere als bei Maschinen für unterbrochenen Betrieb. Die letzteren, z. B. die Bahn- und Aufzugsmotore, gestatten eine bedeutende Überlastung.

Bei großen Maschinen werden zwischen die Bleche der Magnete und zwischen die Wicklungen schmale Kanäle eingebaut, durch welche Kühlluft getrieben wird. Hierbei besteht aber die Gefahr, daß sich in den Kanälen Staub ablagert, der nicht nur die Kühlwirkung aufhebt, sondern zum Brand der Maschine führen kann. Man muß darum entweder die Luft zuerst sorgfältig entstauben oder dieselbe Luftmasse im Kreislauf immer wieder verwenden, wobei dann Rückkühlanlagen notwendig sind.

Zum Schlusse sei noch auf die elektrische Heizung, insbesondere auf die Speicheröfen zur Verwendung des billigeren Nachtstromes hingewiesen.

16. Tiefbau.

Bei größeren Bauwerken, wie Mauern von Talsperren, großen Brücken, treten unter dem Einfluß von Witterungsänderungen, insbesondere der Sonnenbestrahlung, Temperaturspannungen auf, welche durch ihre ständige Wiederkehr den Bestand des Bauwerkes gefährden können. Die Gesetze der Wärmeübertragung können darum auch für den Bauingenieur Bedeutung gewinnen.

Anhang.

A. Mathematischer Teil.

Aus Gründen, die im Vorwort näher ausgeführt sind, ließ es sich nicht vermeiden, von der Mathematik ausgiebigeren Gebrauch zu machen, als dies sonst bei einem kurzen, nur der Einführung dienenden, technischen Lehrbuch zulässig ist.

Die nachstehenden Absätze sollen deshalb die wichtigsten mathematischen Sätze in Erinnerung bringen, soweit dies für das Verständnis des Buches erwünscht ist.

I. Verschiedene wichtige Funktionen.

a) Die trigonometrischen Funktionen: Sinus und Cosinus.

Die Gleichungen $y = \sin x$ und $y = \cos x$ stellen die bekannten oszillierenden, rein periodischen Funktionen dar, deren zeichnerisches Abbild eine wellenförmige Linie ist. Die Periode beider Funktionen ist 2π.

Es ist nach den Lehren der Trigonometrie:

$$\cos x = \sin\left(x - \frac{\pi}{2}\right). \tag{150}$$

Die Funktionen $y = \sin(mx)$ und $y = \cos(mx)$ sind ebenfalls periodische Funktionen, deren Periode aber m mal kürzer ist (vgl. Abb. 55 für das Beispiel $m = 3$).

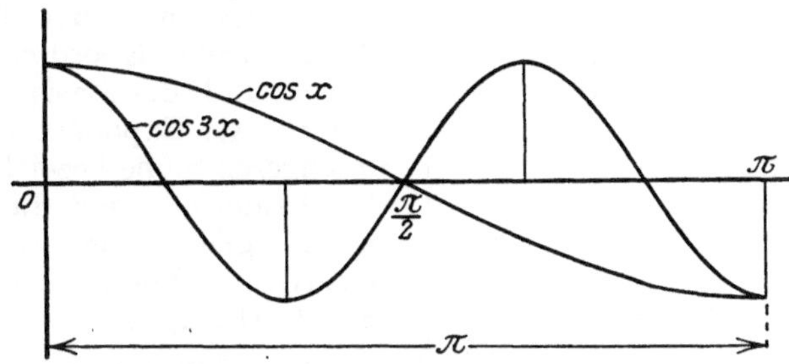

Abb. 55. Funktionen: $\cos x$ und $\cos 3x$.

b) Die Potenzfunktion $y = x^n$.

In dieser Gleichung heißt y die Potenz, x die Basis und n der Exponent und es sind darin y und x als die Veränderlichen oder laufenden Koordinaten aufgefaßt, welche die Zahlenreihe stetig durchlaufen, während n ein sogenannter Parameter ist, dem man bestimmte, feste Werte beilegt.

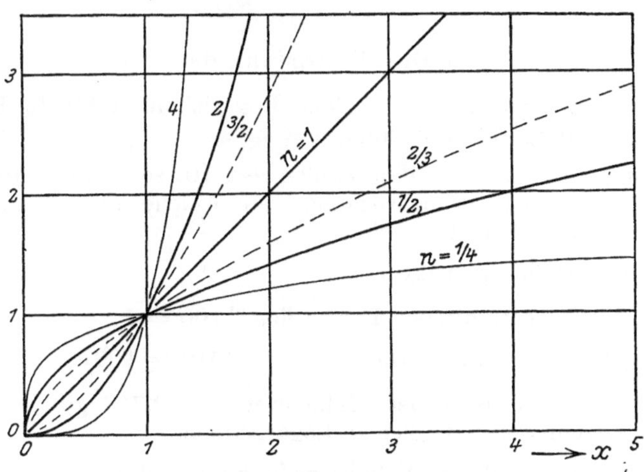

Abb. 56. Funktionen: x^n.

Setzen wir der Reihe nach $n = 1$, $\frac{3}{2}$, 2, 4, $\frac{2}{3}$, $\frac{1}{2}$, $\frac{1}{4}$, so erhalten wir die in Abb. 56 gezeichneten Kurven.

Die zahlenmäßige Auswertung solcher Funktionen erfolgt mittels der Logarithmentafel nach der Gleichung: $\log y = n \cdot \log x$. Für diejenigen Exponenten, welche bei den Aufgaben des Wärmeüberganges am häufigsten vorkommen, sind die Potenzen in den Zahlentafeln 26 bis 34 zusammengestellt.

c) Die Exponentialfunktion $y = a^x$.

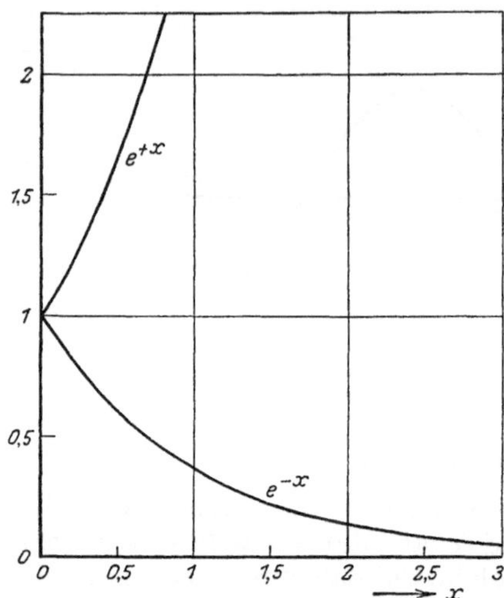

Abb. 57. Funktionen: e^{+x} und e^{-x}.

In dieser Schreibweise sind die Potenz und der Exponent als laufende Koordinaten aufgefaßt und die Basis als Parameter. Als Exponentialfunktion im engeren Sinne bezeichnet man den Sonderfall, daß dieser Parameter gleich der Basis des natürlichen Logarithmensystems ($e = 2{,}718\ldots$) ist.

Der Exponent kann auch negative Werte annehmen und es ist

$$y = e^{-x} = \frac{1}{e^{+x}} ; \qquad (151)$$

Zahlentafel 23 und die Abb. 57 geben den Verlauf der Exponentialfunktion wieder.

d) Der Logarithmus.

Die Gleichung $y = \log^m x$ (y gleich Logarithmus x für die Basis m) ist die Umkehrung der Gleichung $x = m^y$.

Gibt man der Basis m den Zahlenwert 10, so erhält man die sogenannten Briggschen Logarithmen, für welche die gewöhnlichen Logarithmentafeln berechnet sind.

Dieselbe Gleichung heißt z. B.:

in logarithmischer Form: $\log^{10} 100 = 2 ,$

in Exponentialform: $10^2 = 100 .$

Wenn man der Basis m den Zahlenwert $e = 2{,}718$ gibt, so erhält man das System der natürlichen Logarithmen.

Statt $\log^e y$ schreibt man $\ln y$; es ist zu beachten, daß $\ln e = 1{,}00$ ist, weil $e^{1,00} = e$ ist.

Wenn man die Exponentialfunktion $y = e^x$ logarithmiert, so erhält man $\ln y = x \cdot \ln e = x$. Ebenso gibt die Gleichung $\ln y = x$, wenn man sie delogarithmiert, die Exponentialfunktion $y = e^x$. Jede der beiden Funktionen ist also die Umkehrung der andern.

e) Die Hyperbelfunktionen Sinus und Cosinus.

Diese beiden Funktionen lassen sich durch Exponentialfunktionen ausdrücken. Es ist

$$\operatorname{Sin} x = \frac{e^{+x} - e^{-x}}{2}; \quad (153)$$

$$\operatorname{Cof} x = \frac{e^{+x} + e^{-x}}{2}. \quad (152)$$

Die Werte dieser beiden Funktionen findet man am Anfang des I. Bandes der „Hütte". In Abb. 58 ist der Verlauf beider Funktionen von $x = 0$ bis $x = 2$ dargestellt. Die Funktion $\operatorname{Cof} x$ beginnt mit dem Werte „Eins" und steigt so rasch, daß sie schon bei $x = 5$ den Wert 74,20 hat. Die Funktion $\operatorname{Sin} x$ beginnt mit dem Wert „Null" und steigt am Anfang noch etwas rascher, so daß sie schon beim Argument $x = 2,5$ auf $1,3\,^0/_0$ an den Wert von $\operatorname{Cof} x$ herangekommen ist.

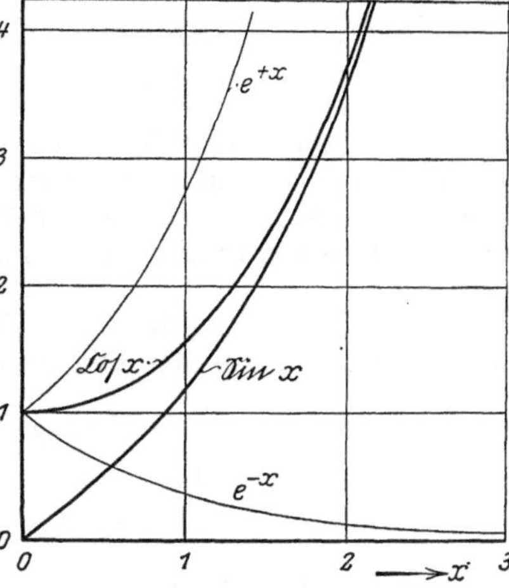

Abb. 58. Funktionen: $\operatorname{Sin} x$ und $\operatorname{Cof} x$.

II. Einige Beziehungen aus der Differential- und Integralrechnung.

a) Der erste und zweite Differentialquotient.

Wir gehen von der Gleichung $y = f(x)$ aus und bezeichnen

mit y_x den Wert der Funktion an der Stelle x,

mit y_{x+dx} ” ” ” ” ” ” ” $x + dx$.

Dann ist $y_{x+dx} - y_x = dy$ und $\dfrac{dy}{dx}$ ist der erste Differentialquotient.

Ist $\left(\dfrac{dy}{dx}\right)_x$ der Wert des ersten Differentialquotienten an der Stelle x

und $\left(\dfrac{dy}{dx}\right)_{x+dx}$ ” ” ” ” ” ” ” $x + dx$,

so ist nach dem Taylorschen Satz:

$$\left(\frac{dy}{dx}\right)_{x+dx} - \left(\frac{dy}{dx}\right)_x = \left(\frac{d^2 y}{dx^2}\right) \cdot dx. \quad (154)$$

Darin ist $\dfrac{d^2 y}{dx^2}$ der zweite Differentialquotient.

b) Differentialformeln.

Differenziert man die Sinus-, die Cosinus- und die Exponentialfunktion erst einmal und dann noch ein zweites Mal, so erhält man nachstehende Ausdrücke.

Funktion:	1. Ableitung:	2. Ableitung:
$y = \sin(mx)$	$\dfrac{dy}{dx} = (+\,m)\cdot\cos(mx)$	$\dfrac{d^2y}{dx^2} = -\,m^2\cdot\sin(mx) = -\,m^2\cdot y$
$y = \cos(mx)$	$= (-\,m)\cdot\sin(mx)$	$= -\,m^2\cdot\cos(mx) = -\,m^2\cdot y$
$y = e^{+(mx)}$	$= (+\,m)\cdot e^{+(mx)}$	$= +\,m^2\cdot e^{+(mx)} = +\,m^2\cdot y$
$y = e^{-(mx)}$	$= (-\,m)\cdot e^{-(mx)}$	$= +\,m^2\cdot e^{(-mx)} = +\,m^2\cdot y$

$$(155)$$

Man sieht daraus, daß bei allen vier Funktionen die zweiten Ableitungen gleich der ursprünglichen Funktion multipliziert mit einem konstanten Faktor sind. Dieser konstante Faktor ist bei den beiden trigonometrischen Funktionen negativ, bei den Exponentialfunktionen positiv.

Diese Eigenschaft der vier Funktionen ist von besonderer Bedeutung beim Lösen der Differentialgleichung der Wärmeleitung.

c) Integralformeln.

Aus der Gleichung

$$dy = \pm\,\frac{1}{x}\cdot dx$$

folgt. aus der Integration

$$y = \pm\int\frac{dx}{x} = \pm\ln x + C. \qquad (a)$$

Statt der noch willkürlichen Integrationskonstanten C kann man eine andere, ebenfalls noch willkürliche Integrationskonstante k nach der Gleichung $\ln k = -\,C$ einführen.

Schreibt man Gl. (a) in der Form $\ln x + C = \pm\,y$ und führt dann die neue Integrationskonstante k ein, so ergibt sich

$$\ln x - \ln k = \ln\frac{x}{k} = \pm\,y. \qquad (b)$$

Wenn man noch Gl. (b) delogarithmiert, so lautet sie:

$$\frac{x}{k} = e^{\pm y} \quad \text{oder} \quad x = k\cdot e^{\pm y}.$$

Der Wert der Integrationskonstante k muß dann aus irgendwelchen Bedingungen, die meist physikalischer Art sind, bestimmt werden.

Eine ganz ähnliche Aufgabe geht von der Gleichung

$$dy = \frac{1}{a + bx}\cdot dx$$

aus.

Daraus folgt zuerst durch Integration:

$$y = \int\frac{dx}{a + bx} = \frac{1}{b}\cdot\ln(a + bx) + C;$$

dann ergibt sich

$$\ln(a + bx) - \ln k = by$$

und endlich

$$a + bx = k\cdot e^{+by}.$$

III. Von imaginären und komplexen Größen.

a) Der Wert von $\sqrt{+1}$ ist sowohl gleich der positiven als auch gleich der negativen Einheit, denn es ist

$$(+1)^2 = +1 \quad \text{und} \quad (-1)^2 = +1.$$

Für die Wurzel $\sqrt{-1}$ bleibt also kein Wert mehr über und man hat deshalb eine neue Art der Einheit erdacht, die man die imaginäre Einheit nennt (mit i bezeichnet) und von der man behauptet, daß ihr Quadrat gleich minus Eins sei. Es ist also

$$\sqrt{-1} = i$$

und damit

$$\sqrt{-p} = \sqrt{-1} \cdot \sqrt{p} = i \cdot \sqrt{p},$$

sowie

$$\sqrt{-q^2} = \sqrt{-1} \cdot \sqrt{q^2} = i \cdot q.$$

b) Sind a und b zwei reelle Zahlen, so ist $(b \cdot i)$ eine rein imaginäre Größe und $(a + b \cdot i)$ eine komplex-imaginäre oder kurz komplexe Größe.

Besteht zwischen zwei komplexen Zahlen die Gleichung

$$a + b \cdot i = m + n \cdot i,$$

so ist der reelle Teil links gleich dem reellen Teil rechts und der rein imaginäre Teil links gleich dem rein imaginären Teil rechts. Eine Gleichung zwischen komplexen Größen verbirgt also in sich zwei Gleichungen, welche lauten: $a = m$ und $b = n$.

c) Man hat gefunden, daß

$$\sqrt{\pm i} = (1 \pm i) \cdot \sqrt{\tfrac{1}{2}} = \sqrt{\tfrac{1}{2}} \pm i \cdot \sqrt{\tfrac{1}{2}}. \tag{156}$$

Es ist also $\sqrt{\pm i}$ eine komplexe Größe. Von der Richtigkeit der obigen Gleichung kann man sich durch Quadrieren der rechten Seite überzeugen.

d) Es sei ferner an die beiden Gleichungen erinnert:

$$e^{+ix} = \cos x \pm i \cdot \sin x \tag{157}$$

und

$$e^{\pm inx} = (e^{\pm ix})^n = \underbrace{(\cos x + i \cdot \sin x)^n}_{\text{Moivrescher Satz.}} = \cos(nx) + i \cdot \sin(nx). \tag{158}$$

IV. Die Darstellung abklingender Vorgänge durch Exponentialfunktionen mit negativem Exponenten.

Mit R wollen wir irgendeine physikalische Eigenschaft eines Körpers bezeichnen und können uns darunter etwa die Temperatur, eine elektrostatische Ladung, die Radioaktivität usw. vorstellen. Wenn wir annehmen, daß der Wert stetig abnimmt, so sind für das Tempo dieser Abnahme die verschiedensten Gesetze möglich.

Das einfachste solche Gesetz ist, daß der Wert R in jeder Zeiteinheit um denselben absoluten Betrag abnimmt. Dann erreicht R nach kurzer, endlicher Zeit den Wert Null. In Wirklichkeit wird dieses Gesetz für die zeitliche Abnahme nur selten befolgt. In den meisten Fällen nähert sich zwar der Wert R der Null ständig, erreicht ihn jedoch theoretisch erst nach unendlich langer Zeit (vgl. den Wert der Papiermark während der Inflation).

Unter all den Gesetzen, welche diese asymptotische Annäherung an Null bewirken, entspringt das einfachste aus der Annahme, daß der Wert R in jedem Zeitteilchen dt um denselben Bruchteil seines augenblicklichen Wertes weiter abnimmt. Wenn wir mit t die Zeit, mit R den Wert im Augenblick t und mit $1/\tau$ ($=$ einem echten Bruch) den Bruchteil der Abnahme in der Zeit „Eins" bezeichnen, so gilt die Gleichung

$$- dR = + \frac{1}{\tau} \cdot R \cdot dt$$

oder

$$\frac{dR}{R} = - \frac{1}{\tau} \cdot dt . \tag{a}$$

Das Minuszeichen ist einzusetzen, weil dR eine Abnahme ist. Da es sich um eine Abnahme in der Zeiteinheit handelt, ist $1/\tau$ von der Dimension $[t^{-1}]$ und τ von der Dimension der Zeit. Wir integrieren Gl. (a) und erhalten

$$\ln R = - \frac{1}{\tau} \cdot t + \ln k . \tag{b}$$

Daraus ergibt sich durch Delogarithmieren

$$R = k \cdot e^{-t/\tau} . \tag{c}$$

Um noch die Integrationskonstante k bestimmen zu können, muß bekannt sein, welchen Wert R zur Zeit $t = 0$ hatte. Er sei mit R_0 bezeichnet. Setzen wir in Gl. (c) $R = R_0$ und $t = 0$, so wird die Exponentialfunktion zu Eins und die Gl. (c) reduziert sich auf: $R_0 = k \cdot 1$.

Damit lautet das Gesetz für die Abkühlung

$$R = R_0 \cdot e^{-t/\tau} \tag{159} \tag{d}$$

Nach diesem Gesetz verlaufen sehr viele Vorgänge in der Natur, insbesondere solche aus dem Gebiete der Wärmeübertragung.

Die Abnahme von R befolgt also das Gesetz der Exponentialfunktion, deren zeichnerische Wiedergabe die Exponentialkurve (Abb. 59) ist. Diese hat die Eigentümlichkeit, daß ihre Subtangente konstant ist, in unserem Falle gleich τ.

Den Beweis findet man, indem man Gl. (a) in der Form

$$- \frac{dR}{dt} = \frac{R}{\tau}$$

schreibt; dieselbe Gleichung läßt sich auch aus der Ähnlichkeit der beiden schraffierten Dreiecke in Abb. 59 ablesen, so daß also die Subtangente gleich τ, also gleich einem konstanten Werte ist.

Je kleiner τ ist, um so steiler ist die Kurve, um so rascher erfolgt also die Abnahme, so daß τ ein Maß der Abnahmegeschwindigkeit ist. Man nennt dieses Maß die „Zeitkonstante"; sie gibt an, in welcher Zeit der Wert R bis auf Null sinken würde, wenn die augenblicklich herrschende Abnahmegeschwindigkeit unverändert bliebe.

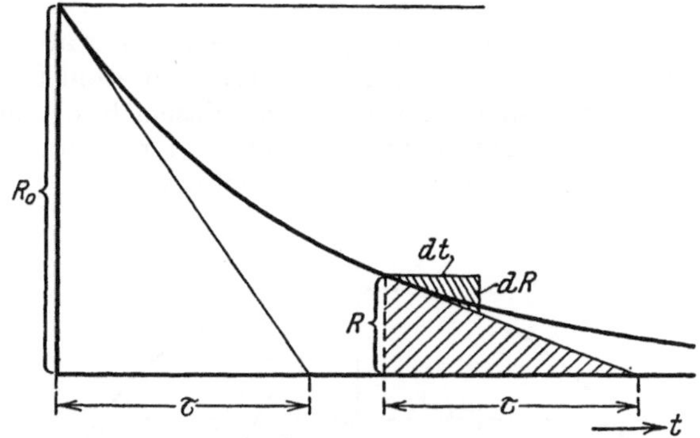

Abb. 59. Schaubild für einen abklingenden Vorgang.

Es gibt aber noch eine zweite Art, die Abnahmegeschwindigkeit festzulegen, indem man die Zeit t' angibt, welche nötig ist, damit R vom Anfangswert R_0 auf den halben Wert, also auf $^1/_2\,R$ sinkt.

Aus der Gleichung

$$e^{-t'/\tau} = \frac{^1/_2\,R_0}{R_0} = {}^1/_2$$

folgt mit Hilfe der Zahlentafel 23, daß $t'/\tau = 0,693$ und somit $t' = 0,693 \cdot \tau$ sein muß.

Den Wert t' nennt man die Halbwertzeit.

V. Darstellung periodischer Vorgänge durch Exponentialfunktionen mit imaginärem Exponenten.

Ist R_1 eine periodisch veränderliche Größe, welche nach dem Gesetz

$$R_1 = R_M \cdot \cos\left(2\,\pi\,t/t_0\right)$$

verläuft und R_2 eine zweite periodisch veränderliche Größe mit dem Gesetz

$$R_2 = R_M \cdot \sin\left(2\,\pi\,t/t_0\right),$$

so kann man aus diesen beiden reellen Funktionen eine imaginäre Größe aufbauen, für welche das Gesetz gilt

$$R = R_1 + i \cdot R_2 = R_M \cdot \left(\cos\left(2\,\pi\,t/t_0\right) + i \cdot \sin\left(2\,\pi\,t/t_0\right)\right). \qquad (160\,\mathrm{a})$$

Wendet man darauf Gl. (158) an, so findet man

$$R = R_M \cdot e^{+i\left(2\,\pi\,t/t_0\right)}. \qquad (160\,\mathrm{b})$$

Auf diese Weise haben wir aus zwei reellen Funktionen eine komplexe Funktion aufgebaut, welche mit den beiden ursprünglichen Funktionen gleiche Periodendauer t_0 hat. Bei Aufgaben der Wärmeleitung geht man den umgekehrten Weg, indem man eine periodische, komplexe Funktion in zwei periodische, reelle Funktionen spaltet.

VI. Das Rechnen mit Raumwinkeln.

Wenn man einen ebenen Winkel im absoluten Maß messen will, so schlägt man um seine Spitze einen Kreis mit dem Radius r und mißt den Bogen s, welchen der Winkel aus diesem Kreis ausschneidet. Der Winkel α ist dann durch den Quotienten s/r oder ein unendlich kleiner Winkel durch $d\alpha = ds/r$ gekennzeichnet.

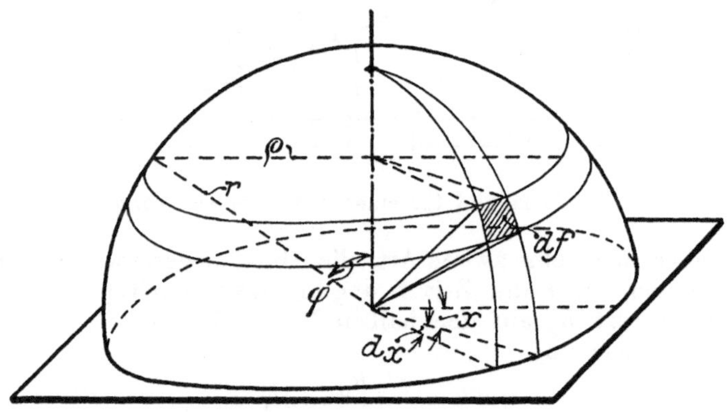

Abb. 60.   Der Raumwinkel.

In ganz ähnlicher Weise werden Raumwinkel gemessen. Man legt um die Spitze des Kegels eine Kugel mit dem Radius r und bestimmt die Fläche f, welche aus der Kugeloberfläche ausgeschnitten wird. Es ergibt sich dann

$$\text{Raumwinkel} \quad \Omega = f/r^2 \quad \text{oder}$$
$$\text{\textquotedbl} \qquad d\Omega = df/r^2.$$

Bezeichnet in Kugelkoordinaten χ die geographische Länge und φ den Polabstand, also 90° minus geographische Breite, so ist durch die Richtungen χ, $\chi + d\chi$ und φ, $\varphi + d\varphi$ ein unendlich kleiner Raumwinkel $d\Omega$ festgelegt, der auf der Kugel mit dem Radius r ein kleines Rechteck df ausschneidet. Die eine Seite dieses Rechteckes ist $r \cdot d\varphi$, die andere ist $\varrho \cdot d\chi = r \cdot \sin\varphi \cdot d\chi$ (vgl. Abb. 60).

Der Raumwinkel ist dann

$$d^2\Omega = \frac{df}{r^2} = \sin\varphi \cdot d\varphi \cdot d\chi. \tag{161}$$

Will man den ganzen Raumwinkel berechnen, der zwischen den Breitegraden φ und $\varphi + d\varphi$ liegt, so integriert man von $\chi = 0$ bis $\chi = 2\pi$:

$$d\Omega = \sin\varphi \cdot d\varphi \cdot \int_0^{2\pi} d\chi = 2\pi \cdot \sin\varphi \cdot d\varphi.$$

Um noch den Raumwinkel zu finden, der alle Richtungen umfaßt, integriert man noch von $\varphi = 0$ bis $\varphi = \pi$ und erhält

$$\Omega = 2\pi \cdot \int_0^{\pi} \sin\varphi \cdot d\varphi = -2\pi \cdot [\cos\varphi]_0^{\pi} = 2\pi \cdot 2 = 4\pi.$$

Dies Ergebnis hätten wir auch auf kürzerem Weg finden können; denn es ist die Kugeloberfläche f gleich $4\pi \cdot r^2$. Damit wird $\Omega = 4\pi \cdot r^2 / r^2 = 4\pi$.

VII. Zahlentafeln verschiedener Funktionen.

Zahlentafel 23. Exponentialfunktion e^{+x} und e^{-x}.

x	e^{+x}	e^{-x}	x	e^{+x}	e^{-x}	x	e^{+x}	e^{-x}
0,0	1,00	1,00	1,5	4,50	0,22	3,0	20,1	0,050
0,1	1,11	0,90	1,6	4,95	0,20	3,1	22,0	0,045
0,2	1,22	0,82	1,7	5,55	0,18	3,2	24,5	0,041
0,3	1,34	0,74	1,8	6,05	0,17	3,3	27,0	0,037
0,4	1,49	0,67	1,9	6,63	0,15	3,4	30,0	0,033
0,5	1,64	0,61	2,0	7,39	0,14	3,5	33,1	0,030
0,6	1,82	0,55	2,1	8,12	0,12	3,6	36,6	0,027
0,7	2,00	0,50	2,2	9,03	0,11	3,7	40,5	0,025
0,8	2,22	0,45	2,3	9,98	0,10	3,8	44,7	0,022
0,9	2,46	0,41	2,4	11,0	0,091	3,9	49,2	0,020
1,0	2,72	0,37	2,5	12,3	0,083	4,0	54,6	0,018
1,1	3,00	0,33	2,6	13,5	0,074	4,1	59,9	0,017
1,2	3,32	0,30	2,7	14,8	0,067	4,2	66,7	0,015
1,3	3,70	0,27	2,8	16,4	0,061	4,4	74,0	0,014
1,4	4,06	0,25	2,9	18,2	0,055	4,3	81,5	0,012

Zahlentafel 24.

Gaußsches Fehlerintegral: $G(x) = \dfrac{2}{\sqrt{\pi}} \int_0^x e^{-x^2} \cdot dx$.

x	$G(x)$	x	$G(x)$	x	$G(x)$	x	$G(x)$
0,05	0,056	0,55	0,563	1,05	0,862	1,55	0,972
0,10	0,113	0,60	0,604	1,10	0,880	1,60	0,976
0,15	0,168	0,65	0,642	1,15	0,896	1,65	0,980
0,20	0,223	0,70	0,678	1,20	0,910	1,70	0,984
0,25	0,276	0,75	0,711	1,25	0,923	1,75	0,987
0,30	0,329	0,80	0,742	1,30	0,934	1,80	0,990
0,35	0,379	0,85	0,771	1,35	0,944	1,85	0,991
0,40	0,419	0,90	0,797	1,40	0,952	1,90	0,993
0,45	0,476	0,95	0,821	1,45	0,960	1,95	0,994
0,50	0,521	1,00	0,843	1,50	0,966	2,00	0,995

Zahlentafel 25. Besselsche Funktionen $J_0(x)$ und $Y_0(x)$.

x	$J_0(x)$	$Y_0(x)$	x	$J_0(x)$	$Y_0(x)$
0,0	1,00	$-\infty$	5,0	$-0,18$	$-0,50$
0,5	0,94	$-0,59$	5,5	$-0,01$	$-0,53$
1,0	0,77	$+0,23$	6,0	$+0,15$	$-0,44$
1,5	0,51	$+0,66$	6,5	$+0,26$	$-0,24$
2,0	0,22	$+0,83$	7,0	$+0,30$	$-0,01$
2,5	$-0,05$	$+0,78$	7,5	$+0,27$	$+0,22$
3,0	$-0,26$	$+0,56$	8,0	$+0,17$	$+0,37$
3,5	$-0,38$	$+0,25$	8,5	$+0,04$	$+0,43$
4,0	$-0,40$	$-0,07$	9,0	$-0,09$	$+0,38$
4,5	$-0,32$	$-0,34$	9,5	$-0,10$	$+0,25$

Zahlentafel 26. Potenz: x^n.

$n = -0,16$.

x	x^n	x	x^n	x	x^n
0,001	3,02				
2	2,70				
3	2,53				
4	2,42				
5	2,33	0,025	1,81	0,12	1,40
6	2,27	30	1,75	14	1,37
7	2,21	35	1,71	16	1,34
8	2,17	40	1,67	18	1,31
9	2,13	45	1,64	20	1,29
10	2,09	50	1,62	25	1,24
12	2,03	0,06	1,57	30	1,22
14	1,98	7	1,53	40	1,16
16	1,94	8	1,50	50	1,12
18	1,90	9	1,47	70	1,06
0,020	1,87	0,10	1,45	1,00	1,00

Zahlentafel 27. Potenz: x^n.

$n = -0,05$.

x	x^n	x	x^n	x	x^n
0,1	1,12	—	—	—	—
2	1,08	2,0	0,97	20	0,86
3	1,06	3,0	0,95	30	0,84
4	1,05	4,0	0,93	40	0,83
5	1,04	5,0	0,92	50	0,82
6	1,03	6,0	0,91	60	0,81
7	1,02	7,0	0,91	70	0,81
8	1,01	8,0	0,90	80	0,80
9	1,01	9,0	0,89	90	0,80
1,0	1,00	10,0	0,89	100	0,79

Zahlentafel 28. Potenz: x^n.

$n = +0,21.$

x	x^n	x	x^n	x	x^n	x	x^n
0,006	0,342	0,045	0,52	0,5	0,86	6,0	1,46
7	0,352	50	0,53	6	0,90	7,0	1,50
8	0,362	60	0,55	7	0,93	8,0	1,55
9	0,372	70	0,57	8	0,95	9,0	1,59
10	0,380	80	0,59	9	0,98	10,0	1,62
		90	0,60	1,0	1,00		
12	0,395	0,100	0,62				
14	0,408	12	0,64			15,0	1,75
16	0,420	14	0,66	1,5	1,09	20,0	1,88
18	0,431	16	0,68	2,0	1,16	25,0	1,97
20	0,439	18	0,70	2,5	1,21	30,0	2,04
		20	0,71	3,0	1,26	35,0	2,11
25	0,461			3,5	1,30	40,0	2,17
30	0,478			4,0	1,34	45,0	2,22
35	0,495	30	0,77	4,5	1,37	50,0	2,28
0,040	0,510	0,4	0,83	5,0	1,40	—	—

Zahlentafel 29. Potenz: x^n.

$n = +0,79.$

x	x^n	x	x^n	x	x^n	x	x^n
0,01	0,025	0,1	0,16	1,0	1,00	10	6,17
2	0,046	2	0,28	2	1,73	15	8,47
3	0,063	3	0,39	3	2,38	20	10,7
4	0,079	4	0,49	4	2,99	25	12,7
5	0,093	5	0,58	5	3,56	30	14,7
6	0,108	6	0,67	6	4,11	35	16,6
7	0,122	7	0,76	7	4,65	40	18,4
8	0,135	8	0,84	8	5,16	45	20,2
0,09	0,148	0,9	0,92	9,0	5,66	50	21,9

Zahlentafel 30. Potenz: x^n.

$n = +0,95.$

x	x^n	x	x^n	x	x^n	x	x^n
0,1	0,11	1,1	1,10	2,5	2,39	10,0	8,9
2	0,22	1,2	1,19	3,0	2,83	15,0	13,1
3	0,32	1,3	1,29	3,5	3,29	20,0	17,3
4	0,42	1,4	1,38	4,0	3,72	25,0	21,2
5	0,52	1,5	1,47	4,5	4,17	30,0	25,1
6	0,62	1,6	1,56	5,0	4,60	35,0	29,1
7	0,71	1,7	1,65	6,0	5,47	40,0	33,1
8	0,81	1,8	1,74	7,0	6,34	45,0	37,0
9	0,90	1,9	1,83	8,0	7,20	50,0	41,0
1,0	1,00	2,0	1,93	9,0	8,05	—	—

Zahlentafel 31. Potenz: x^n.

$n = +1,05.$

x	x^n	x	x^n	x	x^n	x	x^n
10	11,2	50	60,5	90	113	400	537
20	23,3	60	73,3	100	126	500	684
30	35,5	70	86,7	200	260	600	822
40	48,0	80	100	300	398	700	966

Zahlentafel 32. Potenz: x^n.

$n = +1,16.$

x	x^n	x	x^n	x	x^n
0,005	0,0021	0,025	0,0141	0,12	0,085
6	26	30	171	14	102
7	32	35	205	16	119
8	37	40	239	18	137
9	42	45	274	20	155
10	48	50	309	22	173
12	59	60	383	24	191
14	71	70	457	26	209
16	83	80	533	28	229
18	95	90	612	30	247
0,020	0,0107	0,100	0,0692	—	—

Zahlentafel 33. Potenz: x^n.

$n = +1,21.$

x	x^n	x	x^n	x	x^n
0,005	0,0016	0,025	0,0115	0,12	0,077
6	21	30	144	14	93
7	25	35	174	16	109
8	29	40	204	18	125
9	34	45	234	20	143
10	38	50	266	22	160
12	47	60	335	24	178
14	58	70	403	26	196
16	68	80	473	28	215
18	78	90	543	0,30	0,233
0,020	0,0088	0,100	0,0617	—	—

Zahlentafel 34. Potenz: x^n.

$n = +1,79.$

x	x^n	x	x^n	x	x^n
0,1	0,016	1,0	1,000	10	61,7
2	0,056	2,0	3,46	20	214
3	0,116	3,0	7,13	30	442
4	0,194	4,0	11,9	40	741
5	0,289	5,0	17,8	50	1096
6	0,401	6,0	24,7	60	1514
7	0,527	7,0	32,4	70	1995
8	0,670	8,0	41,7	80	2541
9	0,828	9,0	51,3	90	3162
1,0	1,000	10,0	61,7	100	3802

B. Physikalischer Teil.

I. Über die Stoffwerte aus dem Gebiete der Wärmeübertragung.

a) Die Wärmeleitzahl.

Die Wärmeleitzahl ist als ein reiner Stoffwert theoretischer Behandlung nur wenig zugänglich.

1. **Für reine Metalle** gelten das Gesetz von Wiedemann und Franz und das Gesetz von Lorenz. Beide Gesetze gelten jedoch bei allen Metallen nur angenähert und außerdem sind bei einigen Metallen, z. B. bei Eisen, starke Abweichungen vorhanden.

Das Gesetz von Wiedemann und Franz besagt, daß für verschiedene Metalle die Wärmeleitzahlen im selben Verhältnis stehen wie die elektrischen Leitfähigkeiten. Setzt man für Silber die Wärmeleitfähigkeit λ und die elektrische Leitfähigkeit ε beide gleich 100, so gelten für andere Metalle die folgenden Werte:

Silber	$\lambda = 100{,}0$	$\varepsilon = 100{,}0$
Kupfer	91,2	93,0
Gold	69,6	67,2
Aluminium	47,7	51,4
Zink	26,4	26,8
Platin	16,6	15,0
Zinn	14,5	13,5
Wismut	1,9	1,3

Das Gesetz von Lorenz sagt aus, daß für irgendein Metall das Verhältnis Wärmeleitfähigkeit zu elektrischer Leitfähigkeit sich mit der Temperatur ändert, und zwar daß es der absoluten Temperatur proportional ist.

2. **Bei Legierungen** läßt sich die Wärmeleitzahl keineswegs nach der Mischungsregel berechnen; so ergeben z. B. die Versuche für Legierungen von Nickel und Eisen, also Nickelstahl, folgende Werte:

$0\,^0/_0$ Nickel	36	$[\text{kcal.m}^{-1}.\text{h}^{-1}.\text{Grad}^{-1}]$
$10\,^0/_0$,,	22	,,
$20\,^0/_0$,,	14	,,
$40\,^0/_0$,,	9	,,
$60\,^0/_0$,,	14	,,
$85\,^0/_0$,,	25	,,
$100\,^0/_0$,,	50	,,

3. **Für ideale Gase** folgen aus der kinetischen Gastheorie zwei Gesetze.

Erstens ist für ideale Gase die Wärmeleitfähigkeit — ebenso wie die spezifische Wärme, die Zähigkeit und die Schallgeschwindigkeit — vom Druck innerhalb sehr weiter Grenzen unabhängig. Man kann als untere Grenze etwa 1 mm QS. annehmen.

Zweitens gilt für ideale Gase eine wichtige Beziehung zwischen den Größen:

$$\lambda = \text{Wärmeleitzahl} \qquad \left[\frac{\text{kcal}}{\text{m.h.Grad}}\right],$$

$$c_v = \text{spez. Wärme pro kg} \quad \left[\frac{\text{kcal}}{\text{kg.Grad}}\right],$$

$$\mu = \text{Zähigkeit} \qquad \left[\frac{\text{kg.h}}{\text{m}^2}\right],$$

$$g = \text{Erdbeschleunigung} \quad \left[\frac{\text{m}}{\text{h}^2}\right].$$

Stellt man diese Größen zu dem Ausdruck $\dfrac{\lambda}{\mu \cdot c_v \cdot g}$ zusammen, so ergeben sie einen dimensionslosen Ausdruck, also einen reinen Zahlenwert. Das Gesetz besagt nun, daß dieser Wert nur von der Atomzahl des Gases abhängt, und zwar gilt näherungsweise die Gleichung

$$\frac{\lambda}{\mu \cdot c_v \cdot g} = 3{,}75 \cdot \left(\frac{c_p}{c_v} - 1\right).$$

b) Die Strahlungszahl.

1. **Die Strahlungszahl des absolut schwarzen Körpers** wird in der neuesten physikalischen Literatur angegeben zu

$$\sigma_s = (5{,}76 \pm 0{,}08) \cdot 10^{-8} \left[\frac{\text{Watt}}{\text{m}^2 . \text{Grad}^4}\right];$$

dem entspricht

$$C_s = 4{,}88 \text{ bis } 5{,}02 \left[\frac{\text{kcal.}100^4}{\text{m}^2 . \text{h.Grad}^4}\right].$$

2. **Körperoberflächen, welche künstlich geschwärzt sind**, etwa mit Lampenruß oder mit anderen matten, schwarzen Farben, haben eine Strahlungszahl von nur etwa 4,3 bis 4,4, bleiben also hinter dem theoretischen Wert erheblich zurück.

3. **Für die Strahlungszahl der reinen Metalle** gilt eine Beziehung, welche dem Gesetz von Wiedemann und Franz ähnlich ist. Danach nehmen die Strahlungszahlen mit zunehmender elektrischer Leitfähigkeit und damit auch mit zunehmender Wärmeleitzahl ab; natürlich dürfen nur Strahlungszahlen bei gleicher Oberflächenbeschaffenheit der Metalle verglichen werden.

4. Von besonderer Bedeutung für manche Aufgaben ist der Wert der Solarkonstanten. Man versteht darunter jene Energiemenge, welche die Flächeneinheit der Erdoberfläche in der Zeiteinheit an Sonnenstrahlung bei senkrechtem Einfall der Strahlen aufnehmen würde, wenn erstens keine Atmosphäre vorhanden wäre und zweitens die Erdoberfläche als absolut schwarz gelten könnte. Nach den Lehrbüchern der Physik gilt zur Zeit als wahrscheinlichster Wert

$$1{,}932 \frac{\text{gr-cal}}{\text{cm}^2.\text{min}}, \quad \text{das sind} \quad 1160 \frac{\text{kcal}}{\text{m}^2.\text{h}}.$$

Davon absorbiert die Atmosphäre einen erheblichen Teil. In Heft 25 der elektro-techn. Zeitschr. (E. T. Z.) vom 18. VI. 25 findet sich folgende Angabe:

An der Grenze der Atmosphäre vorhanden: $100\,^0/_0$,
am Montblanc, 4810 m, noch „ „ $94\,^0/_0$,
„ Bossongletscher, 1220 m, „ „ $79\,^0/_0$,
in Paris, 60 m, „ „ $68\,^0/_0$.

II. Zahlentafeln.

Ausführlichere Tabellen finden sich:

1. Landolt-Börnstein, Physikalisch-chemische Tabellen. Berlin: Julius Springer 1924.

2. Heft 5 der Mitteilungen des Forschungsheimes, München (s. Lit.-Verz. 11). Dortselbst findet man viele hundert Angaben über Wärmeleitzahlen von Isolierstoffen, Baustoffen, Metallen, Flüssigkeiten oder Gasen — unter Berücksichtigung der ganzen deutschen und ausländischen Literatur — durch Prof. E. Schmidt, dem früheren Leiter des Forschungsheimes, zusammengestellt.

Zahlentafel 35.

Übersicht über die Werte

γ [kg/m³] = spez. Gewicht,

c [kcal/kg] = spez. Wärme der Gewichtseinheit,

$c \cdot \gamma$ [kcal/m³] = spez. Wärme der Raumeinheit,

λ [kcal/m . h . Grad) = Wärmeleitfähigkeit,

$$a = \frac{\lambda}{c \cdot \gamma} \left[\frac{\text{m}^2}{\text{h}}\right] = \text{Temperaturleitfähigkeit [Definition S. 30]},$$

$$b = \sqrt{\lambda \cdot c \cdot \gamma} \;[\text{kcal/m}^2 . \text{Grad} . \text{h}^{1/2}] = b\text{-Werte [Definition S. 52]}.$$

Anmerkung: 1. Die Angaben der physikalischen und technischen Literatur über spezifische Wärmen und vor allem über Wärmeleitzahlen sind äußerst unsicher und die hier angegebenen Dezimalstellen dürfen keineswegs über den Grad der Genauigkeit täuschen.

2. Die Angabe: z. B. für Steinkohle ist $\lambda = 0{,}12$ bis $0{,}15$ besagt nur, daß solche Angaben in der Literatur gefunden wurden. Die wirklichen Abweichungen können je nach Reinheit noch größer sein.

3. Die Physik rechnet λ in gr-cal/cm . sek . Grad, deshalb sind deren Zahlen für λ 360 mal kleiner.

4. Für die Lektüre englischer Schriften sei angegeben: 1 [B. T. U.] = 1 Britisch Thermal Unit = 0,252 kcal. 1 Inch = 2,539 cm und 1 Fuß = 12 Zoll = 0,3048 m.

a) Metalle und Legierungen bei 20 bis 40° C.

	γ	c	$c \cdot \gamma$	λ	a	b
Aluminum, gegossen ,, gehämmert	2560 2750	0,21	557	175	0,31	310
Blei	12250 bis 11370	0,031	350	30	0,086	100
Fluß- und Schweißeisen Fluß- und Schweißstahl Gußeißen	7800 7860 7250	0,12 bis 0,14	920	30 bis 55	0,04	200
Gold	19300	0,031	600	268	0,41	390
Kupfer, gegossen ,, gewalzt	8300 bis 8900 8950	0,094	820	260 bis 340	0,37	500
Nickel, gegossen ,, gewalzt	8350 8600 bis 8900	0,11	940	50	0,053	220
Platin	21400	0,032	690	60	0,087	220
Silber, gegossen ,, gehämmert	10479 10550	0,056	590	360	0,61	460
Zink, gegossen ,, gewalzt	6860 7160	0,093	650	95	0,15	250
Zinn, gegossen ,, gewalzt	7200 7400	0,056	410	54	0,13	150
Messing, gegossen ,, gewalzt	8400 bis 8700 8400 lis 8730	0,092 bis 0,099	820	74 bis 79	0,1	260
Rotguß 85,7 Cu + 7,2 Zn + 6,4 Sn + 0,6 Ni	—	0,091	—	51	—	—
Neusilber	8400 bis 8700	0,095	810	25	0,03	140
85,4 Ni + 7,6 Fe + 0,4 Si	—	0,104	—	38	—	—
Woods Legierung 26 Pb + 7 Cd + 52 Bi + 15 Sn	—	0,035	—	11,5	—	—
Nickelstahl 30 Ni + 70 Fe	—	—	—	9,0	—	—

b) Holz, Glas und verschiedene Stoffe bei 20 bis 40° C.

	γ	c	$c\cdot\gamma$	λ	a	b
Eichenholz, lufttrocken	690 bis 1030	0,57	570	‖ 0,31	0,00057	13
„ frisch	930 bis 1280			⊥ 0,18	0,00031	10
Kiefernholz, lufttrocken	310 bis 760	—	—	‖ 0,31	—	—
„ frisch	380 bis 1080	—	—	⊥ 0,14	—	—
Fichtenholz, lufttrocken	350 bis 600	0,65	390			
„ frisch	400 bis 1070			—	—	—
Teackholz	604 bis 642	—	—	‖ 0,33	—	—
„				⊥ 0,16		
Flintglas	3150 bis 3900	0,117	410	0,515	0,0013	15
Crownglas	2450 bis 2720	0,17	440	0,63	0,0014	17
Glas $10\,Na_2O + 14\,B_2O_3 + 5\,Al_2O_3 + 71\,SiO_2$	—	—	—	0,82	—	—
Glas $79\,PbO + 21\,SiO_2$	—	—	—	0,39	—	—
Porzellan	2240 bis 2500	0,25	600	0,9	0,0015	23
Kautschuk	1000 bis 2000	—	—	0,1 bis 0,2	—	—
Steinkohle	1200 bis 1500	0,31	420	0,12 bis 0,15	0,0003	7,5
Retortenkohle	—	0,2	—	3,7	—	—
Graphit	1900 bis 2300	0,2	420	4,2	0,010	42
Kesselstein	—	—	—	1 bis 3	—	—
Eis	880 bis 920	0,5	450	1,9	0,0042	29

c) Erdreich und Baustoffe bei 20 bis 40° C.

	γ	c	$c \cdot \gamma$	λ	a	b
Erdreich (aus München, lettig mit Isarschotter)	2040	—	—	0,45	—	—
Flußsand, feinkörnig, 0% Feuchtigkeit	1520	—	—	0,28	—	—
„ „ 6,9% „	1640	—	—	0,97	—	—
Feiner Quarzsand ?% „	—	0,19	—	0,05	—	—
Gewachsener Boden, lehmiger, toniger Feinsand, 14% Feuchtigkeit	2020	—	—	2	—	—
Granit	2510 bis 3050	0,19	530	2,7 bis 3,5	0,0059	40
Gneis	2400 bis 2700	0,2	510	3,4	0,0067	41
Basalt	2700 bis 3200	0,2	570	1,14 bis 2,42	0,003	32
Marmor	2520 bis 2850	0,2	540	1,8 bis 3,0	0,0045	36
Sandstein	2200 bis 2500	0,17 bis 0,22	460	—	—	—
Kalkstein	2122	0,202	429	—	—	—
„ aus feinem Material	1662	—	—	0,58	—	—
„ „ grobem „	1987	—	—	0,80	—	—
Natursandstein, grau, aus Schongau in Schwaben, frisch bearbeitet	2259	—	—	1,44	—	—
Desgl. 6 Monate getrocknet	2251	—	—	1,11	—	—
Schiefer	2816	0,181	510	—	—	—
Kreide	1800 bis 2600	—	—	0,8	—	—
Gips, gegossen	970	0,26	250	0,32	0,0012	9
Baugips, 3 Wochen künstlich getrocknet	1250	—	—	0,37	—	—
Zement gepulvert	1450 bis 1950	—	—	0,058	—	—
Zement abgebunden	2000	0,27	540	0,78	0,0015	21
Beton I (1:2:2; ½ Jahr getrocknet)	2180	0,21	440	0,66	0,0016	18
„ II (1:12; 2 Wochen „)	2050			0,76		
Hochofenschlackenbeton	550	—	—	0,19	—	—
Rheinische Schwemm- oder Isolierbimsteine	630	—	—	0,14	—	—
Ziegelsteine	1400 bis 1700	0,18 bis 0,22	310	0,34 bis 0,44	0,0013	11

	γ	c	$c \cdot \gamma$	λ	a	b
Ziegelmauerwerk, frisch	1570 bis 1630	—	—	0,82 bis	—	—
„ trocken	1420 bis 1460	—	—	0,45	—	—
„ sehr altes	1850	—	—	0,35	—	—
Hohlziegelmauerwerk	—	—	—	0,27 bis 0,28	—	—
Bruchsteinmauer	—	—	—	1,3 bis 2,1	—	—
Kalkmörtel, trocken	1600 bis 1650	—	—	—	—	—
„ frisch	1750 bis 1800	—	—	0,68	—	—
Asbestschiefer	1783	—	—	0,19	—	—
Gußasphalt	2100	0,22	460	0,60	0,0013	17
Stampfasphalt	1680	0,21	350	—	—	—
Linoleum	1183	—	—	0,16	—	—
Korkmentlinoleum	535	—	—	0,07	—	—

d) Feuerfeste Steine bei höheren Temperaturen.

	γ	λ bei den Temperaturen		
		200° C	600° C	1000° C
Silica	—	0,56	0,88	1,19
Dinas	—	0,74	0,93	1,13
Schamotte	1716	0,51	0,66	0,82
Magnesit	—	—	1,29	1,43
feuerfester Ton I	—	zwischen 360° und 600°: $\lambda = 0,7$ bis 0,8		
„ „ II	—	„ 380° „ 750°: $\lambda = 1,31$		

e) Wärmeschutzmittel bei 20 bis 40° C.

	γ	c	$c \cdot \gamma$	λ	a	b
Stark expandierter Korkschrot 1—2 mm	47,6	0,33	15,7	0,029	0,0019	0,67
„ „ „ 3—5 mm	45,4		15,0	0,033	0,0022	0,71
Gewöhnliches Korkmehl 1—3 mm	161	—	—	0,035	—	—
„ Korkschrot 3—5 mm	85	—	—	0,042	—	—
Sägemehl	215	—	—	0,055	—	—
Blätterholzkohle	215	—	—	0,052	—	—

	γ	c	$c\cdot\gamma$	λ	a	b
Torfmull, trocken	—	—	—	0,045	—	—
„ naturfeucht	160 bis 195	—	—	0,055 bis 0,070	—	—
Kieselgur, lose I	242	0,21	76	—	—	—
„ „ II	350	—	—	0,056	—	—
Rheinischer Bimskies 1—20 mm	301	—	—	0,079	—	—
„ „ 15—20 mm	292	—	—	0,2	—	—
Hochofenschaumschlacke	360	—	—	0,095	—	—
Asbest	576	—	—	0,140	—	—
Hochofenschlacke	2500 bis 3000	0,18	500	—	—	—
Schafwolle	136	—	—	0,037	—	—
Seide (Abfallseide)	101	—	—	0,041	—	—
„ („ als Zopf)	147	—	—	0,043	—	—
Rohseide	56	0,32	—	—	—	—
Baumwolle	81	—	—	0,050	—	—
Stark expandierter Korkstein	57 bis 61	0,33	19,0	0,035	0,0019	0,81
Expand., nicht imprägnierter Korkstein	163	0,43	70	—	—	—
„ „ „	206	0,31	64	—	—	—
Naturleichtkorkstein	157	0,42	66	—	—	—
Mit Pech gebundener Korkstein	190	0,36	68	—	—	—
Asphaltierter Korkstein	197	—	—	0,04 bis 0,06	—	—
Korkplatte I	60	—	—	0,035	—	—
„ II	220	—	—	0,045	—	—
„ III	400	—	—	0,059	—	—
Gebrannter Kieselgurformstein I	200	—	—	0,067	—	—
„ „ II	200	—	—	0,059	—	—
„ „ III	300	—	—	0,070	—	—
„ „ IV	450	—	—	0,076	—	—
Isolierbimssteine	630	—	—	0,14	—	—
Hochofenschlackenbeton	550	—	—	0,19	—	—

f) Wärmeschutzmittel bei höheren Temperaturen.

	γ	λ bei der Temperatur					
		0° C	100° C	200° C	300° C	400° C	500° C
Korkmehl 1—3 mm	161	0,031	0,048	0,055	—	—	—
Blätterholzkohle	215	0,050	0,063	—	—	—	—
Kieselgur, lose	350	0,052	0,066	0,074	0,078	—	—
Asbest	576	0,130	0,167	0,180	0,186	0,192	0,198
Schafwolle	136	0,033	0,050	—	—	—	—
Seide	101	0,038	0,051	—	—	—	—
Seidenzopf	147	0,039	0,052	—	—	—	—
Baumwolle	81	0,047	0,059	—	—	—	—
Gebrannt. Kieselgurformstein	200	0,064	0,078	0,092	0,106	0,120	—

g) Flüssigkeiten bei 20 bis 40° C.

	γ	c	$c \cdot \gamma$	λ	a	b
Wasser	1000	1,00	1000	0,52	0,0005	22
Alkohol	790	0,54 bis 0,64	470	0,15 bis 0,20	0,0004	9,2
Benzol	900	0,34 bis 0,42	330	0,12	0,00036	6,3
Glyzerin, wasserfrei	1260	0,58	730	0,25	0,00034	13,5
„ 50% H_2O	1130	0,81	920	0,36	0,00039	18
Olivenöl	916	0,43	390	0,15	0,00038	7,6
Mineral. Schmieröle	920	0,4	370	0,1	0,00027	6,1
Petroleum	800	0,5	400	0,13	0,00032	7,2
Quecksilber	13600	0,033	450	5,4 bis 7,1	0,012	53

$$\lambda_{\text{Wasser}} = 0,4769 \cdot (1 + 0,002984\ t).$$

h) Gase und Wasserdampf.

Gasart	−252°	−183°	−78°	±0°C	+100°	+200°	+300°	+400°	+500°
Luft	—	0,0072	0,0153	0,0204	0,0259	0,0314	0,0361	0,0412	0,0452
Sauerstoff	—	0,0070	0,0154	0,0205	0,0268				
Stickstoff	—	0,0073	0,0155	0,0204	0,0258				
Kohlenoxyd	—	0,0066	—	0,0195	—				
Kohlensäure	—	—	0,0079	0,0121	0,0179				
Wasserstoff	0,0116	0,0533	0,1105	0,145	0,184				
Wasserdampf	—	—	—	—	0,0201	0,0258	0,0315		

Zahlentafel 36.

Wärmeleitfähigkeit, spez. Wärme und spez. Gewicht von Luft.

$$\text{Berechnet mit Hilfe der Formeln:}\quad \lambda_{\text{Luft}} = 0{,}00167\,\frac{(1 + 0{,}000\,194\,T)\cdot\sqrt{T}}{1 + \dfrac{117}{T}}\left[\frac{\text{kcal}}{\text{m.h.Grad}}\right]\quad c = 0{,}240 + 0{,}000031\cdot t\left[\frac{\text{kcal}}{\text{kg.Grad}}\right].$$

		0°	20°	40°	60°	80°	100°	200°	300°	400°	500°
W. L. Z.:		0,0203	0,0216	0,0228	0,0240	0,0252	0,0263	0,0318	0,0368	0,0418	0,0460
spez. W.:		0,240	0,241	0,241	0,242	0,242	0,243	0,246	0,249	0,252	0,255
	0,1	0,125	0,117	0,109	0,103	0,097	0,092	—	—	—	—
	0,5	0,627	0,584	0,547	0,513	0,485	0,459	—	—	—	—
	1	1,25	1,17	1,09	1,03	0,97	0,92	0,72	0,60	0,51	0,44
	2	2,51	2,33	2,19	2,05	1,94	1,84	1,45	1,32	1,02	0,88
	3	3,76	3,63	3,28	3,08	2,91	2,75	2,17	1,79	1,52	1,33
	4	5,01	4,67	4,37	4,11	3,88	3,67	2,89	2,38	2,03	1,77
	5	6,27	5,84	5,46	5,14	4,85	4,59	3,61	2,99	2,54	2,21
	6	7,52	7,01	6,56	6,16	5,81	5,50	—	—	—	—
	7	8,77	8,17	7,65	7,19	6,78	6,42	—	—	—	—
	8	10,02	9,35	8,75	8,22	7,76	7,34	—	—	—	—
	9	11,27	10,51	9,84	9,26	8,73	8,26	—	—	—	—
	10	12,53	11,68	10,93	10,27	9,70	9,18	—	—	—	—
	11	13,8	12,8	12,0	11,3	10,7	10,1	—	—	—	—
	12	15,0	14,0	13,1	12,3	11,6	11,0	—	—	—	—
	13	16,3	15,2	14,2	13,4	12,6	11,9	—	—	—	—
	14	17,5	16,3	15,3	14,4	13,6	12,8	—	—	—	—
	15	18,8	17,5	16,4	15,4	14,5	13,8	—	—	—	—
	16	20,0	18,7	17,5	16,4	15,5	14,7	—	—	—	—

spez. Gewicht bei 0,1 at bis 16 at.

Zahlentafel 37.

Temperaturleitfähigkeit von Luft.

at	0°	20°	40°	60°	80°	100°	200°	300°	400°	500°
0,1	0,68	0,77	0,87	0,97	1,07	1,18	—	—	—	—
0,5	0,135	0,154	0,173	0,194	0,215	0,236	—	—	—	—
1,0	0,068	0,077	0,087	0,097	0,107	0,118	0,179	0,247	0,326	0,412
2	0,034	0,039	0,043	0,049	0,054	0,059	0,089	0,112	0,163	0,206
3	0,023	0,025	0,029	0,032	0,036	0,039	0,060	0,083	0,109	0,136
4	0,017	0,019	0,022	0,024	0,027	0,030	0,045	0,062	0,082	0,102
5	0,0135	0,0154	0,0173	0,0194	0,0215	0,0236	0,036	0,050	0,065	0,082
6	0,0113	0,0128	0,0144	0,0161	0,0179	0,0197	—	—	—	—
7	0,0097	0,0110	0,0123	0,0138	0,0154	0,0170	—	—	—	—
8	0,0084	0,0096	0,0108	0,0121	0,0134	0,0148	—	—	—	—
9	0,0075	0,0086	0,0096	0,0107	0,0119	0,0131	—	—	—	—
10	0,0068	0,0077	0,0087	0,0097	0,0107	0,0118	—	—	—	—
11	0,0061	0,0070	0,0079	0,0088	0,0098	0,0107	—	—	—	—
12	0,0056	0,0064	0,0072	0,0081	0,0089	0,0098	—	—	—	—
13	0,0052	0,0059	0,0067	0,0074	0,0083	0,0091	—	—	—	—
14	0,0048	0,0055	0,0062	0,0069	0,0077	0,0084	—	—	—	—
15	0,0045	0,0051	0,0058	0,0065	0,0072	0,0079	—	—	—	—
16	0,0042	0,0048	0,0054	0,0061	0,0067	0,0074	—	—	—	—

Zahlentafel 38.

Wärmeleitfähigkeit, spez. Wärme, spez. Gewicht und Temperaturleitfähigkeit von Wasserdampf.

$$\text{Berechnet mit Hilfe der Formel} \quad \lambda_D = 0{,}00578 \cdot \frac{c_v \cdot \sqrt{T}}{1 + \dfrac{327}{T}} \left[\frac{\text{kcal}}{\text{m.h.Grad}}\right].$$

		100°	120°	140°	160°	180°	200°	220°	240°	260°	280°	300°
W. L. Z.: λ		0,0201	0,0212	0,0223	0,0235	0,0246	0,0258	0,0269	0,0281	0,0292	0,0303	0,0315
Spez. Wärme c_p	1 at	0,487	0,480	0,475	0,471	0,471	0,471	0,471	0,472	0,473	0,475	0,478
	3 at	—	—	—	0,499	0,490	0,484	0,482	0,481	0,481	0,482	0,483
	5 at	—	—	—	0,534	0,516	0,503	0,494	0,490	0,488	0,488	0,488
	7 at	—	—	—	—	0,545	0,526	0,511	0,501	0,496	0,495	0,494
Spez. Gewicht γ	1 at	0,579	0,547	0,519	0,495	0,472	0,451	0,432	0,415	0,400	0,385	0,371
	3 at	—	—	—	1,505	1,432	1,373	1,307	1,252	1,203	1,157	1,116
	5 at	—	—	—	2,551	2,420	2,300	2,198	2,100	2,016	1,936	1,864
	7 at	—	—	—	—	3,440	3,260	3,104	2,962	2,839	2,723	2,619
Temperaturleitfähigkeit a	1 at	0,071	0,081	0,091	0,101	0,101	0,121	0,133	0,143	0,154	0,166	0,178
	3 at	—	—	—	0,031	0,035	0,039	0,043	0,047	0,051	0,054	0,058
	5 at	—	—	—	0,017	0,020	0,022	0,025	0,027	0,030	0,032	0,035
	7 at	—	—	—	—	0,013	0,015	0,017	0,019	0,021	0,023	0,024

Zahlentafel 39.

a) Zähigkeit von Flüssigkeiten.

Werte von $\mu \cdot 10^6$, z. B. für Wasser bei 18^0: $\mu = 0{,}000107 \left[\mathrm{kg} \cdot \dfrac{\mathrm{sec}}{\mathrm{m}^2}\right]$.

	18°	50°	100°
Benzol	67	44	26
Wasser	107	56	29
Alkohol	133	71	—
Quecksilber	162	142	122
Olivenöl	9400	—	—
Glyzerin	100000	—	—

b) Zähigkeit von Gasen und Dämpfen.

Werte von $\mu \cdot 10^6$, z. B. für Luft bei 300^0 C ist: $\mu = 0{,}00000289 \left[\mathrm{kg} \cdot \dfrac{\mathrm{sec}}{\mathrm{m}^2}\right]$.

Gasart	0°C	100°C	200°C	300°C	400°C	500°C
Sauerstoff . .	1,84	2,34	2,79	3,19	3,56	3,89
Luft	1,69	2,15	2,53	2,89	3,21	3,53
Stickstoff . .	1,63	2,06	2,44	2,77	3,08	3,36
Kohlensäure .	1,40	1,88	2,32	2,72	3,09	3,43
Wasserdampf .	0,89	1,04	1,17	1,29	1,39	1,50
Wasserstoff . .	0,85	1,05	1,23	1,38	1,53	1,66

Diese Zahlentafel ist berechnet mit Hilfe der nachstehenden Formel, welche von -100^0 C bis $+1200^0$ C gültig ist:

$$\mu_T = \mu_0 \frac{1 + \dfrac{C}{273}}{1 + \dfrac{C}{T}} \cdot \sqrt{\frac{T}{273}} \quad \text{mit den Werten}$$

Gasart	$\mu_0 \cdot 10^6$	C
Sauerstoff	1,84	128
Luft	1,69	114
Stickstoff	1,63	110
Kohlensäure	1,40	260
Wasserdampf	0,89	673
Wasserstoff	0,85	74

13*

Zahlentafel 40.   Strahlungszahlen in $\left[\dfrac{\text{kcal}}{\text{m}^2 \cdot \text{h} \cdot \dfrac{\text{Grad}^4}{100}}\right]$.

Die Tabelle ist im wesentlichen aus dem Taschenbuch „Die Hütte" entnommen.

Körper	Oberflächenbeschaffenheit	Temp. °C	C
Absol. schwarz. Körper	Hohlraum	—	4,9
Lampenruß	glatt	0—50	4,30
Kupfer I	schwach poliert	50—280	0,79
„ II	poliert	50	0,63
„ II	matt, gewalzte Oberfläche	50	3,10
„ II	aufgerauht	50	3,68
Schmiedeeisen	hoch poliert	40—250	1,31
„	blank	30—108	1,60
„	matt, oxydiert	20—360	4,32
Gußeißen	rauh, stark oxydiert	40—250	4,39
Gold, galv. niedergeschlagen	glänzend, doch nicht poliert	20	2,35
Messing	matt	50—350	1,05
Zink	matt	50—290	0,97
Basalt	glatt geschliffen, doch nicht glänzend	60—200	3,42
Tonschiefer	„ „ „ „ „	60—200	3,29
Roter Sandstein	„ „ „ „ „	60—200	2,86
Italienischer Marmor	„ „ „ „ „	60—200	2,70
Granit	„ „ „ „ „	60—200	2,12
Dolomitkalk	„ „ „ „ „	60—200	1,96
Kalkmörtel	rauh, weiß	—	4,30
Humus	—	—	3,14
Lehm	—	—	1,85
Ackererde	—	—	1,79
Schlämmkreide	—	60—200	1,45
Kies	—	60—200	1,37
Glas	glatt	20	4,4
Eis	—	0	3,06
Wasser	—	60	3,20

Literaturverzeichnis.

I. Bücher.

1. Enzyklopädie der mathem. Wissenschaften. Bd. V.
2. Warburg, E.: Über Wärmeleitung und andere ausgleichende Vorgänge. Berlin: Julius Springer 1924.
3. Gröber, H.: Die Grundgesetze der Wärmeleitung und des Wärmeüberganges. Berlin: Julius Springer 1921.
4. ten Bosch, R.: Die Wärmeübertragung. Berlin: Julius Springer 1922.
5. Hencky, K.: Die Wärmeverluste durch ebene Wände. München: Oldenbourg 1921.
6, Knoblauch, O., und Hencky, K.: Anleitung zur genauen techn. Temperaturmessung. München: Oldenbourg 1919.
7. Hausbrand, E.: Verdampfen, Kondensieren und Kühlen. Berlin: Julius Springer 1924.
8. — Das Trocknen mit Luft und Dampf. Berlin: Julius Springer 1924.
9. Thoma, H.: Hochleistungskessel. Berlin: Julius Springer 1921.
10. Münzinger, F.: Leistungssteigerung von Großdampfkesseln. Berlin: Julius Springer 1922.
11. Mitteilungen aus dem Forschungsheim für Wärmeschutz (E. V.), München, Bayerstr. 3. Im Selbstverlag bisher erschienen: Heft 1 bis 5.
12. Die Hütte. Des Ingenieurs Taschenbuch. I. Bd. — Die neueste 25. Auflage konnte nicht mehr berücksichtigt werden.

II. Kürzere Aufsätze.

13. Prandtl, L.: Abriß der Lehre von der Flüssigkeits- und Gasbewegung. — Sonderdruck a. d. Handwörterbuch d. Naturw. Bd. 4. Jena: Fischer 1913.
14. Schiller, L.: Das Turbulenzproblem und verwandte Fragen. Phys. Z. 17. IX. 1925. H. 16.
15. Nußelt, W.: Der Wärmeübergang in Rohrleitungen. Mitt. Forsch.-Arb., H. 89.
16. — Das Grundgesetz des Wärmeüberganges. Gesundhtsing. 1915, H. 42 u. 43.
17. — Die Kühlung eines Zylinders durch einen senkrecht zur Achse strömenden Luftstrom. Gesundhtsing. 4. III. 1922. H. 9.
18. — Die Oberflächenkondensation des Wasserdampfes. Z. V. d. I. 1. VII. 1916, S. 541.
19. — Der Wärmeübergang in der Verbrennungskraftmaschine. Mitt. Forsch.-Arb. H. 264.
20. — Der Wärmeübergang im Kreuzstrom. Z. V. d. I. 1911, S. 2021.
21. Gröber, H.: Beziehungen zwischen Theorie und Erfahrung in der Lehre vom Wärmeübergang. Gesundhtsing. 14. XII. 1912, H. 50.
22. — Der Wärmeübergang im Rohr bei veränderlicher Wandtemperatur. Gesundhtsing. 30. VI. 1923, H. 26.
23. — Die Erwärmung und Abkühlung einfacher geometrischer Körper. Z. V. d. I. Bd. 69 (1925), S. 705.
24. Williamson and Adams: Temperature Distribution in Solids During Heating or Cooling. Physical Review Vol. XIV, Series II (1919), S. 99. 23. V. 1925, H. 21, S. 705.
25. Poensgen, R.: Über die Wärmeübertragung von strömendem, überhitztem Wasserdampf an Rohrwandungen und von Heizgasen an Wasserdampf. Mitt. Forsch.-Arb. H. 191/192.
26. Soennecken, A.: Der Wärmeübergang von Rohrwänden an strömendes Wasser. Mitt. Forsch.-Arb. H. 108.

27. **Stender, W.:** Der Wärmeübergang an strömendes Wasser in vertikalen Rohren   Berlin: Julius Springer 1924.
28. — Der Wärmeübergang bei kondensierendem Heißdampf.   Z. V. d. I. 4. VII. 1925, H. 27, S. 905.
29. **Jürgens, W.:** Der Wärmeübergang an einer ebenen Wand.   Beihefte z. Gesundhtsing., Reihe 1, H. 19.
30. **Schack, A.:** Strahlung von Gaskörpern.   Z. techn. Phys. 1924, H. 6, S. 278 und 287.
31. — Der Wärmeübergang in techn. Feuerungen unter dem Einfluß der Eigen-Strahlung der Gase.   Mitt. Wärmestelle V. d. Eisenhleute.   Mitt. 55. Verlag Stahleisen, Düsseldorf.
32. **Rummel, K.,** und **A. Schack:** Anwendung der Gesetze des Wärmeüberganges und der Wärmestrahlung auf die Praxis.   Mitt. Wärmestelle V. d. Eisenhleute.   Mitt. 51 (Ausg. 1).   Verlag Stahleisen, Düsseldorf.

Während des Druckes erschienen:

33. **Reiher, H.:** Wärmeübergang von Luft an Rohre und Rohrenbündel im Kreuzstrom.   Mitt. Forsch.-Arb.   H. 269.
34. **Merkel, F.:** Verdunstungskühlung.   Mitt. Forsch.-Arb.   H. 275.
35. **Nußelt, W.:** Die Wärmeübertragung an Wasser im Rohr.   Festschr. der Jahrhundertfeier der Techn. Hochschule Karlsruhe 1925.
36. **Schack, A.:** Strahlung von leuchtenden Flammen.   Z. techn. Phys. 1925, H. 10.
37. **Schwarz, C.:** Wärmeübergang und Wärmespeicherung in einseitig periodisch beheizten Wänden.   Z. techn. Physik 1925, H. 9 und 10.

Sachverzeichnis.

Die Wärme-Übertragung. Auf Grund der neuesten Versuche für den praktischen Gebrauch zusammengestellt von Dipl.-Ing. **M. ten Bosch,** Zürich. Mit 46 Textabbildungen. (127 S.) 1922. RM 5.—

Über Wärmeleitung und andere ausgleichende Vorgänge. Von Prof. Dr. **Emil Warburg,** Berlin. Mit 18 Abbildungen. (116 S.) 1924. RM 5.70

Der Wärmeübergang an strömendes Wasser in vertikalen Rohren. Von Dr.-Ing. **Waldemar Stender.** Mit 25 Abbildungen im Text. (86 S.) 1924. RM 5.10

Neue Tabellen und Diagramme für Wasserdampf. Von Prof. Dr. **Richard Mollier,** Dresden. Dritte, durchgesehene und ergänzte Auflage. Mit 2 Diagrammtafeln. (26 S.) 1925. RM 2.70

JS-Tafel für Wasserdampf berechnet und aufgezeichnet von **A. Bantlin,** Professor des Maschineningenieurwesens an der Technischen Hochschule Stuttgart. Zweite, unveränderte Auflage. 1925.
In Umschlag RM 1.50

Die Entropietafel für Luft und ihre Verwendung zur Berechnung der Kolben- und Turbo-Kompressoren. Von Dipl.-Ing. **P. Ostertag,** Winterthur. Zweite, verbesserte Auflage. Mit 18 Textfiguren und 2 Diagrammtafeln. (46 S.) 1917. Unveränderter Neudruck. 1922. RM 2.50

Technische Thermodynamik. Von Prof. Dipl.-Ing. **W. Schüle.**

Erster Band: **Die für den Maschinenbau wichtigsten Lehren nebst technischen Anwendungen.** Vierte, neubearbeitete Auflage. Berichtigter Neudruck. Mit 225 Textfiguren und 7 Tafeln. (569 S.) 1923.
Gebunden RM 18.—

Zweiter Band: **Höhere Thermodynamik** mit Einschluß der chemischen Zustandsänderungen nebst ausgewählten Abschnitten aus dem Gesamtgebiet der technischen Anwendungen. Vierte, erweiterte Auflage. Mit 228 Textfiguren und 5 Tafeln. (527 S.) 1923. Gebunden RM 18.—

Leitfaden der Technischen Wärmemechanik. Kurzes Lehrbuch der Mechanik der Gase und Dämpfe und der mechanischen Wärmelehre. Von Prof. Dipl.-Ing. **W. Schüle.** Vierte, vermehrte und verbesserte Auflage. Mit 110 Textfiguren und 5 Tafeln. (303 S.) 1925.
RM 6.60; gebunden RM 7.50

Die Kondensation bei Dampfkraftmaschinen einschließlich Korrosion der Kondensatorrohre, Rückkühlung des Kühlwassers, Entölung und Abwärmeverwertung. Von Oberingenieur Dr.-Ing. **K. Hoefer,** Berlin. Mit 443 Abbildungen im Text. (453 S.) 1925.
Gebunden RM 22.50

Graphische Thermodynamik und Berechnen der Verbrennungsmaschinen und Turbinen. Von **M. Seiliger,** Ingenieur-Technolog. Mit 71 Abbildungen, 2 Tafeln und 14 Tabellen im Text. (258 S.) 1922.
RM 6.40; gebunden RM 8.—

Technische Wärmelehre der Gase und Dämpfe. Eine Einführung für Ingenieure und Studierende. Von **Franz Seufert,** Studienrat a. D., Oberingenieur für Wärmewirtschaft. Dritte, verbesserte Auflage. Mit 26 Textabbildungen und 5 Zahlentafeln. (85 S.) 1923.
RM 1.80

Der Wärmeübergang und die thermodynamische Berechnung der Leistung bei Verpuffungsmaschinen. insbesondere bei Kraftfahrzeug-Motoren. Von Dr.-Ing.
August Herzfeld. Mit 27 Textabbildungen. (100 S.) 1925.
RM 6.—

Die Abwärmeverwertung im Kraftmaschinenbetrieb mit besonderer Berücksichtigung der Zwischen- und Abdampfverwertung zu Heizzwecken. Eine wärmetechnische und wärmewirtschaftliche Studie. Von Dr.-Ing. **Ludwig Schneider.** Vierte, durchgesehene und erweiterte Auflage. Mit 180 Textabbildungen. (280 S.) 1923.
Gebunden RM 10.—

Abwärmeverwertung zu Heiz-, Trocken-, Warmwasserbereitungs- und ähnlichen Zwecken. Von Ing. **M. Hottinger,** Privatdozent, Zürich. Mit 180 Abbildungen im Text. (250 S.) 1925.
RM 8.—; gebunden RM 10.—

Höchstdruckdampf. Eine Untersuchung über die wirtschaftlichen und technischen Aussichten der Erzeugung und Verwaltung von Dampf sehr hoher Spannung in Großbetrieben. Von Dr.-Ing. **Friedrich Münzinger.** Zweite, unveränderte Auflage. Mit 120 Textabbildungen. (151 S.) 1926.
RM 7.20; gebunden RM 8.70

Kälteprozesse. Dargestellt mit Hilfe der Entropie-Tafel. Von Dipl.-Ing. Prof. **P. Ostertag,** Winterthur. Mit 58 Textabbildungen und 3 Tafeln. (120 S.) 1924.
RM 6.—; gebunden RM 6.80

Die Kältemaschine. Grundlagen, Berechnung, Ausführung, Betrieb und Untersuchung von Kälteanlagen. Von Dipl.-Ing. **M. Hirsch,** beratender Ingenieur (V. B. I.) Mit 261 Abbildungen im Text. (522 S.) 1924.
Gebunden RM 21.—

H. Rietschels Leitfaden der Heiz- und Lüftungstechnik. Ein Hand- und Lehrbuch für Architekten und Ingenieure. Siebente, verbesserte Auflage. Von Prof. Dr. techn. **K. Brabbée,** Berlin.
Erster Band: Mit 257 Textabbildungen. (191 S.) 1925.
Zweiter Band: Mit 42 Textabbildungen, 32 Zahlentafeln und den Hilfstafeln I—X. (188 S.) 1925.
In zwei Bänden gebunden RM 33.—